施工现场管理人员工作细节详解系列图书

建筑工程甲方代表
工作手册

盖卫东 主编

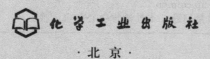
化学工业出版社

·北京·

内 容 提 要

本书详细阐述了甲方代表的工作职责、业务管理细则及其应具备的专业技术知识等内容。本书共分为十章，内容主要包括：甲方代表基本知识、基本建设管理、建设项目规划管理与前期准备、建设项目招标管理、建设项目造价管理、建设项目合同管理、建设项目设计管理、建设项目施工管理、建设项目监理管理、建设项目收尾与竣工验收管理。

本书内容翔实、通俗易懂，可供建设单位、施工企业工程技术管理人员使用，也可作为建筑工程甲方代表上岗培训参考书。

图书在版编目（CIP）数据

建筑工程甲方代表工作手册/盖卫东主编. —北京：化学工业出版社，2013.12（2023.3 重印）
（施工现场管理人员工作细节详解系列图书）
ISBN 978-7-122-18781-9

Ⅰ.①建… Ⅱ.①盖… Ⅲ.①建筑工程-工程管理-手册 Ⅳ.①TU71-62

中国版本图书馆 CIP 数据核字（2013）第 251595 号

责任编辑：彭明兰　　　　　　　文字编辑：余纪军
责任校对：顾淑云　　　　　　　装帧设计：关　飞

出版发行：化学工业出版社（北京市东城区青年湖南街 13 号　邮政编码 100011）
印　　装：北京印刷集团有限责任公司
710mm×1000mm　1/16　印张 16　字数 315 千字　　2023 年 3 月北京第 1 版第 17 次印刷

购书咨询：010-64518888　　　　售后服务：010-64518899
网　　址：http://www.cip.com.cn
凡购买本书，如有缺损质量问题，本社销售中心负责调换。

定　　价：45.00 元

前　言

　　随着我国全面建设小康社会的开展和新型工业化进程的推进，我国已成为世界最大的建设投资市场。近几年建设投资规模在迅速增长，工程建设随处可见。工程建设是一项多主体参与的系统工程，每一个主体责任单位的工作质量都与最终建筑产品的质量相关。

　　在我国基本建设工作中，常年工作在第一线的建设单位甲方代表担负着繁重而艰巨的任务。由于建设工作越来越复杂，业务管理水平要求越来越高，为了更好地适应建设工作的需要，建设工程甲方代表渴望提高其业务水平与管理能力，迫切需要一本集工作职责、专业技术、业务管理细则、专业法规、标准规范于一体的知识读本。为此，我们组织相关人员编写了本书。

　　建设工程甲方代表的工作范围较宽，要求的知识面较广、业务管理水平较高。限于篇幅，本书主要针对甲方代表在实际工作中的需要进行编写，着重对基本建设管理、建设项目规划管理与前期准备、建设项目招标管理、建设项目造价管理、建设项目合同管理、建设项目设计管理、建设项目施工管理、建设项目监理管理、建设项目收尾与竣工验收管理等知识进行阐述，尽可能做到文字内容通俗易懂，简明扼要，希望能对建设工程甲方代表有所裨益。

　　本书采用"细节"的模式引导读者阅读，既起到了提醒读者注意的作用，又便于读者在实际工作中对照使用。

　　本书由盖卫东主编，并由高美玲、张晓曦、程惠、李娜、姜鸿昊、宋巧琳、高飞、成育芳、王晓东、曲彦泽、李香香、何影、于涛、朱思怡、李萌萌、李东、杜思宇、曲永芳、白雅君等参编共同完成。

　　由于编者的水平有限，加之当今我国建设工程飞速发展，尽管尽心尽力编写，但内容难免有不妥之处，敬请广大读者批评指正。

编　者

2013.11

目 录

4 建设项目招标管理　　　　　79

1 甲方代表基本知识

1.1 甲方代表基本要求 ▷▷▷

细节1： 甲方代表工作要求

(1) 工程准备阶段

① 甲方代表负责完成工程开工的前期条件（即施工现场的"三通一平"工作、办理质监手续、办理施工许可证等），并将已持有的以下资料的副本提供给监理单位和施工单位：

a. 工程资料；

b. 批准的设计文件及图纸。

② 甲方代表负责组织施工图会审会议和设计交底会，将设计技术和施工技术有机地衔接起来，并将所提的问题交给设计单位。

③ 甲方代表负责工程建设相关外部关系的协调。

(2) 工程设计阶段

① 甲方代表要审核各设计阶段的设计图纸是否符合国家有关设计规范、有关设计规定要求和标准。

② 甲方代表要审核施工图设计是否达到足够的深度，是否满足设计任务书中的要求，各专业设计之间有无矛盾，是否具备可施工性。

③ 甲方代表要审核有关水、电、气等系统设计是否满足有关政府部门的审批意见。

④ 甲方代表要对设备方案进行技术经济分析比较，提出优化意见。

⑤ 甲方代表要对基础形式、结构体系组织专家进行分析、论证，确定结构可靠性、经济性、合理性及可施工性。

(3) 工程施工阶段

① 甲方代表要对工程总承包商、主要分包商的资质进行审核，确保其有足够的经济技术条件和信用条件。

② 甲方代表要对工程有关设计变更、修改设计图纸等进行审批，确保设计

及施工图纸的质量。

③ 甲方代表要对工程质量实行目标管理。

④ 甲方代表要审批施工单位提交的施工方案、施工组织设计，以可靠的技术措施来保障工程质量。

⑤ 甲方代表要对材料、设备的进场进行严格检验，并抓好进场材料的复检工作，以保证工程质量有可靠的基础。

⑥ 甲方代表要在施工过程中，对分项工程质量进行跟踪检查，审核工程承包商所提交的有关分项工程质量的检验记录及试验报告，特别加强对隐蔽工程的检查验收，以确保和控制施工工程的质量。

细节 2： **如何做好甲方代表**

（1）凭专业知识和经验树立威信 甲方通常不通过自己直接对工程施工和管理过程的监督来实现对质量的管理，而是通过聘请负责任的监理单位实行对工程质量的管理。在疑难问题的处理、重大事项的决定上凭借出众的才能和智慧作出科学的决策，是甲方代表赢得各方信任、树立威信的主要途径。业主负责制的含义没有赋予甲方代表独断和专断的权利，业主负责制得以实现的基础是合理的工期、适当的价格、优秀的施工单位、负责任的监理单位、严格的契约精神。

（2）区分监理方与建设方之间的职责，做好本职工作 在履行好自身职责的同时，要处理好建设方内部的关系；充分利用好监理单位；强化合同意识；努力协调好工程建设各方责任人的关系；在施工合同制定中合理设置奖惩的责任、权利及义务的关系。平等对待设计、监理等相关单位，理顺与设计单位和监理方等的关系。必要时对监理方给予扶持，充分调动监理方在项目管理中的积极性和能动性。

（3）在项目管理过程中，摆正自己的位置

① 正确理解各个利益群体之间不同的目标和追求。

② 正确理解和把握项目建设各参与单位之间平等合作的合同关系。

③ 正确认识甲方代表的职责和肩负的使命。

④ 正确处理好与各个不同项目参与单位之间的关系，在工作中既不越位也不缺位。

⑤ 不以个人喜好或个人感情疏密裁决各种利益冲突事件，做到一碗水端平。

⑥ 充分发挥协调者、监督者、推动者和管理者的作用。

（4）在项目管理中，正确应对各种不同的利益或诱惑

① 增强法律意识和法律观念，做到拒腐蚀永不沾。

② 树立良好的道德标准。

③ 头脑要保持清醒，防范不同利益群体中的圈套。

④ 公平、公正对待各利益相关者，不偏袒，也不无原则克扣任何一方的利益。

⑤ 以事实为依据、以法律、法规、政策及合同为准绳，处理各种往来的事件，要以平和的心态或平常心面对各种各样的诱惑和挑战，做到廉洁、守法、奉公。

1.2 甲方代表工作职责 ▶▶▶

细节3：甲方代表的岗位职责

① 协助办理工程前期的各项手续，参与投标队伍的考察、选择。参与招标文件的起草、工程招标、施工合同的签订工作。

② 熟悉施工图纸，组织图纸会审和技术交底工作，对图纸中存在的问题和建议及时向分管领导进行汇报，会同相关部门共同解决。

③ 落实五通一平，组织施工单位进场，协调施工现场内外部关系。

④ 检查承建单位质量管理体系，审核施工方案和施工方法。加强对工程现场的巡视和监督检查，对违章操作现象及时进行纠正，做好工序交接检查和隐蔽工程的检查验收工作。

⑤ 审核承建单位提交的甲供材料计划。对进场材料、设备按设计要求及相关规范进行检查验收，以确保进场材料、设备质量。

⑥ 对承建单位编制的总进度计划中所采取的具体措施、进度控制方法、进度目标实现的可能性及风险分析进行检查论证，并在实施的过程中控制执行，以保证合同工期的实现。

⑦ 明确投资控制的重点，预测工程风险以及可能发生索赔的诱因，制定防范措施，减少索赔的发生。对索赔发生的原因进行分析、论证，明确责任。

⑧ 加强对施工现场安全生产和文明施工的管理，对存在的安全隐患及违章作业及时进行纠正。

⑨ 协助分管领导、职能部门对设计变更进行统一管理。对涉及投资的变更，重视多方案比较和选择。

⑩ 配合审计部门，完成对工程项目的结算审计工作。及时做好变更工程量的计量，真实、完整地提供审计资料。

⑪ 组织工程验收工作，协助办理工程竣工资料移交和备案工作。

⑫ 做好竣工工程使用回访工作，对存在质量问题，协调承建单位及时进行返修。

⑬ 监督施工进度、质量、安全文明施工，以月报的形式定期向单位汇报。

⑭ 监督监理合同的执行情况向单位汇报。

⑮ 监督总包合同的执行情况向单位汇报。

⑯ 代表甲方驻现场解决总包单位与甲方独立分包单位之间出现的问题。

⑰ 代表甲方驻现场协调与周边各有关单位的关系，如安检站、质检站、派

出所等一些政府部门。

⑱ 代表甲方驻现场解决现场技术图纸问题、现场签证等问题。

⑲ 代表甲方请安检、质检、档案馆、人防办、防蚁办、设计院相关人员到施工现场进行第一次交底会议。

⑳ 完成单位领导交办的其他工作。

细节4： 甲方代表的合约职责

甲方代表按照以下要求，履行合同约定的职责，行使合同约定的权力。

① 甲方代表可委派相关具体管理人员，承担自己部分权力和职责，并可以任何时候撤回这种委派。委派和撤回均应提前5天通知乙方。

② 甲方代表的指令、通知由其本人签字后，以书面形式交给乙方代表，乙方代表在回执上签署姓名和收到时间后生效。必要时，甲方代表可发出口头指令，并在48小时内给予书面确认，乙方对甲方代表的指令应予执行。甲方代表无法及时给予书面确认，乙方应于甲方代表发出口头指令后3天内提出书面确认要求，甲方代表在乙方提出确认要求后3天内不予答复，应视为乙方要求已被确认。乙方认为甲方代表指令不合理，应在收到指令后的24小时内提出书面申告，甲方代表在收到乙方申告后24小时内作出修改指令或继续执行原指令的决定，以书面形式通知乙方。紧急情况下，甲方代表要求乙方立即执行的指令或乙方虽有异议，但甲方代表决定仍继续执行的指令，乙方应予执行。因指令错误所发生的费用和给乙方造成的损失由甲方承担，延误的工期相应顺延。

③ 甲方代表按照合同约定，及时向乙方提供所需指令、批准、图纸并履行其它约定的义务，否则乙方在约定时间后24小时内将具体要求、需要的理由和迟误的后果通知甲方代表，甲方代表收到通知后48小时内不予答复，应承担因此造成的经济支出，顺延因此延误的工期，赔偿乙方有关损失。

④ 实行社会监理的工程，甲方委托的总监理工程师按协议条款的约定，部分或全部行使合同中甲方代表的权力，履行甲方代表的职责，但无权解除合同中乙方的义务。

⑤ 甲方代表和总监理工程师在换人时，甲方应提前7天通知乙方，后任继续承担前任应负的责任（合同文件约定的义务和其职权内的承诺）。

2 基本建设管理

2.1 建设项目管理组织 >>>

细节 5：**建设项目管理组织机构的类别**

我国建设单位项目管理机构一般分为三种。

(1) 工程监理制 工程监理制是建设单位分别和承包商及监理机构签订合同，由监理机构全权代表建设单位对建设项目实施管理，对承包商进行监督。建设单位（业主）不直接管理项目，而是委托监理机构，全权代表建设单位对项目进行管理、监督、协调及控制。在采取这种方式时，项目的管理权和拥有权分离，建设单位只需对制定项目目标提出要求，对监理单位进行监督，并负责工程的最后验收工作。

(2) 建设单位自行管理 对中小型建设项目或在工程内容不太复杂时，由建设单位临时组建项目的指挥班子，由基建部门组织项目实施具体工作。基建部门实际上起组织协调运筹的作用，工程勘察设计、施工均采取发包、招标的办法，有时还聘请监理机构进行工程监督、协调、管理。这是大多数建设单位对中小型项目实行的项目管理方式。

建设单位的组织方式及其与各方的关系如图 2-1 所示。

(3) 工程总承包制 由建设单位提出项目的建设及使用要求，将项目管理一揽子包出去，即将勘察设计、设备选购、工程施工、试生产验收等全部工作委托给总承包公司去做，工程竣工后，接收项目即可启用，这种管理方式也称为交钥匙管理方式。

细节 6：**建设项目管理组织建立的原则**

(1) 目的性 明确工程项目管理的总目标，并以此作为基本出发点和依据，将其分解为各项分目标、各级子目标，建立一套完整的目标体系。各部门、层次、岗位的设置，各级关系的安排，各项责任制及规章制度的建立，信息交流系统的设计，均要服从各自的目标和总目标，做到与目标一致和任务统一。

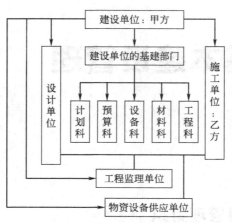

图 2-1 建设单位的组织方式及其与各方关系

(2) 效率性 尽可能简化机构,各部门、层次、岗位的职责分明,分工协作。避免业务量不足、人浮于事等现象的发生。通过考核选聘素质高、能力强及称职敬业的工作人员。领导班子要有团队精神;力求工作人员精干,工作效率高。

(3) 管理跨度与管理层次的统一 按工程项目的规模确定合理的管理跨度与管理层次,设计切实可行的组织机构系统。使整个组织机构的管理层次适中,减少设施,节约经费,加快信息传递速度与效率。使各级管理者都有适当的管理范围,使其能在职责范围内集中精力、有效领导,调动下级人员的积极性和主动性。

(4) 业务系统化管理 根据项目施工活动中,各个不同单位工程,不同组织、工种及作业活动,不同职能部门、作业班组以及与外部单位、环境之间的纵横交错、相互制约、相互衔接的业务关系,设计工程项目管理组织机构。应使管理组织机构的层次、部门划分、岗位设置、人员配备、职责权限、信息沟通等方面能适应项目施工活动的特点,以利于各项工作的进行,充分体现责、权与利的统一。使管理组织机构与工程项目施工活动,与生产业务、经营管理匹配,形成上下一致、分工协作的严密及完整组织系统。

(5) 弹性与流动性 工程项目管理组织机构应能适应工程项目生产活动单件性、阶段性及流动性的特点,具有弹性与流动性。施工的不同阶段,当生产对象数量、要求及地点等条件发生改变时,在资源配置的品种、数量发生变化时,工程项目管理组织机构都要及时作出相应的调整和变动。工程项目管理组织机构要适应工程任务的变化,使部门设置、人员安排合理流动始终保持在精干、高效及合理的水平上。

(6) 与企业组织一体化 工程项目组织机构是企业组织的一个有机组成部分,而企业是工程项目组织机构的上级领导。企业组织是项目组织机构的母体,项目组织形式、结构要与企业母体相协调、相适应，以体现一体化的原则，便于企业对其领导和管理。在组建工程项目组织机构及调整、解散项目组织时，项目经理由企业自行任免，人员通常来自企业内部的职能部门，并根据需要在企业组织与项目组织之间流动。工程项目组织机构在管理业务上接受企业有关部门的指导。

细节 7： 建设工程项目管理组织机构建立程序

建设工程项目管理组织机构建立的程序如图 2-2 所示。

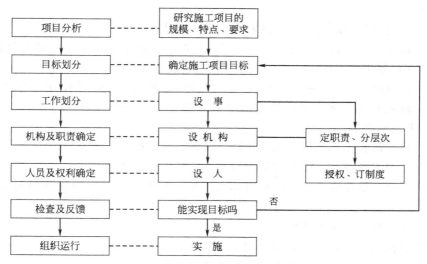

图 2-2　建设工程项目管理组织机构建立程序

细节 8： 建设项目管理机制

（1）项目法人责任制　项目法人责任制是建设项目决策、实施的有效组织形式和经营机制，也是项目管理组织制度。原国家计划委员会于 1996 年 4 月 6 日发布的计建设 ［1996］ 673 号《关于实行建设项目法人责任制的暂行规定》，就是为了建立投资约束机制，规范项目法人的行为，明确法人的权、责、利，提高投资的效益。其中规定，"国有单位经营性基本建设大中型项目在建设阶段必须组建项目法人。项目法人可按《中华人民共和国公司法》的规定设立有限责任公司和股份有限公司。实行项目法人责任制，由项目法人对项目的策划、资金筹措、生产经营、建设实施、债务偿还和资产的保值增值实行全过程负责"。

在工程项目建议书被批准后，应由建设工程项目的投资方派代表组成项目法人筹备组，具体负责项目法人的筹建工作。在申报项目可行性研究报告时，同时要提出项目法人的组建方案，否则不得予以审批。在项目可行性研究报告批准后，正式设立项目法人，以确保资本金按时到位，并及时办理公司设立登记。重点工程项目的公司章程报国家发改委进行备案，其他项目的公司章程按隶属关系分别报有关部门、地方发改委。由原有企业负责建设的大中型基建项目，需新设子公司，要重新设立项目法人；只设分公司或分厂的，原企业法人即为项目法人，原企业法人要向分公司或分厂派遣专职管理人员，并实行专项考核。

(2) 项目法人职责　项目法人作为建设项目财产的拥有者，应承担以下职责。

① 负责建设项目的科学规划和决策，确定合理的建设规模和适应市场需求的方案。

② 负责项目的融资，并合理安排投资使用计划。

③ 制定项目全过程的全面工作计划，并进行监督与检查，组织工程设计、施工，在计划投资范围内，按质、按期完成建设任务。

④ 将建设任务进行分解，确定每项工作的责任者及其职责范围，并进行协调。

⑤ 负责项目监理业务的管理，对工程质量、工期及投资进行监督、检查、控制，并进行必要的协调工作。

⑥ 组织落实项目的生产准备和竣工验收，按期投入生产经营。

⑦ 组织工程设计、施工的招标与发包，严格履行合同。

⑧ 负责项目建成后的生产经营，实现投资的保值增值，审定项目利润分配方案。

⑨ 建设项目的文档管理。

⑩ 建设项目的财务、纳税管理。

⑪ 向有关部门报送项目建设、生产信息和统计资料。

⑫ 组织项目后评价，提出项目后评价报告。

⑬ 提请董事会聘任或解聘项目高级管理人员。

⑭ 按贷款合同规定，负责贷款本息的偿还。

(3) 项目法人组织形式

① 由政府出资的新建项目，如能源、交通、水利等基础设施工程，可由政府授权设立工程管理委员会作为项目法人。

② 由企业投资进行的扩建、新建、技改项目，企业的董事会（或实行工厂制的企业领导班子）是项目法人。

③ 由各个投资主体以合资方式投资建设的扩建、新建、技改项目，则由出资各方代表组成的企业（项目）法人作为项目法人。

(4) 项目法人的考核与奖罚

① 项目董事会负责对总经理进行定期考核，各投资方负责对董事会成员进行定期考核。

② 国务院各有关部门、各地发改委负责对有关项目进行考核。

③ 考核的主要内容如下。

a. 固定资产投资与建设的法律、法规执行情况。

b. 国家年度投资计划和批准设计文件的执行情况。

c. 建设工期、安全和工程质量控制情况。

d. 概算控制、资金使用和工程组织管理情况。

e. 生产能力和国有资产形成及投资效益情况。

f. 土地、环境保护及国有资源的利用情况。

g. 精神文明建设情况。

h. 其他需要考核的事项。

④ 建立工程项目董事长、总经理的任职及离职审计制度。

⑤ 凡应实行项目法人责任制却没有实行的建设项目，投资计划主管部门均不得批准其开工，也不安排年度投资计划。在实行了项目法人责任制以后，建设单位便可以以法人的身份进入市场，作为市场的主体之一，与施工单位、设计单位及监理单位进行公平交易。

2.2 项目建设程序 >>>

细节9： 我国现阶段基本建设程序

建设程序是指一个建设项目从设想、选择、评估、决策、设计、施工、竣工验收以及投入生产使用的整个过程中各项工作要遵循的先后次序的法则，这个法则是人们在认识自然规律及经济规律的基础上制定出来的。

现阶段我国的建设程序是根据国家经济体制改革和投资管理体制深化改革的要求与国家现行政策规定来实施的，通常大中型投资项目的工程建设程序包括立项决策的项目建议书阶段、可行性研究报告阶段、建设地点选择阶段、设计文件阶段、建设准备阶段、建设实施阶段、竣工验收交付使用阶段及项目后评估阶段，如图2-3所示。以上各阶段均包含了许多各异的工作内容与内在环节，各阶段之间又包含了相互之间的联系纽带，并根据一定的规律形成一个循序渐进的工作过程，这种符合一定规律的工作过程就演变成了工程建设项目。

(1) 项目建议书阶段 项目建议书是在项目周期内的最初阶段，提出轮廓设想来要求建设某一具体投资项目及作出初步选择的建议性文件。它主要从总体及宏观上考察拟建项目其建设的必要性、建设条件的可行性与获利的可能性，并提出项目的投资建议与初步设想，以作为国家选择投资项目的初步决策依据与进行可行性研究的基础，其主要作用表现有以下三个方面。

① 从宏观上考察拟建项目是否符合国家长远规划、宏观经济政策及国民经济发展的要求，初步说明项目建设的必要性，分析人力、物力及财力投入等建设条件的可能性与具备程度。

② 对于批准立项的投资项目即可列入项目前期相关的工作计划，开展可行

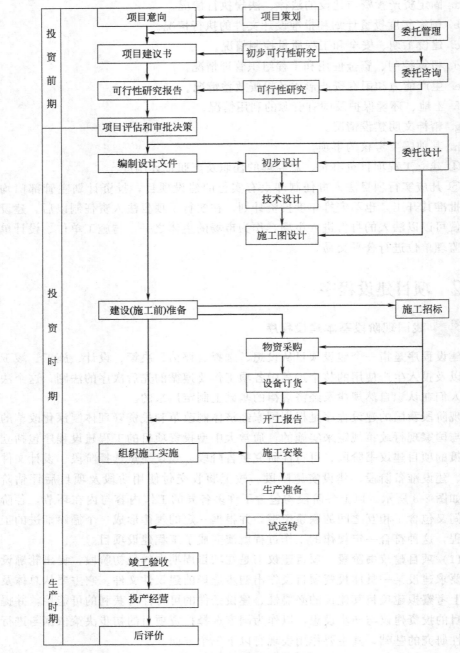

图 2-3 工程项目建设程序

性研究工作。

③ 对于涉及利用外资的项目，项目建议书还要从宏观上论述合资、独资项目设立的必要性与可能性。项目在批准立项后，项目建设单位才可正式对外开展

工作，编写可行性研究报告。项目建议书的内容要根据项目的不同情况而定，一般应包括以下几点。

　　a. 使用功能要求，拟建规模和建设地点的初步设想。

　　b. 建设条件、协作关系等的初步分析。

　　c. 建设项目提出的必要性与依据。

　　d. 投资估算和资金筹措的设想。

　　e. 社会效益、经济效益和环境效益的估计。

　　各部门、地区和企事业单位应根据国民经济和社会发展的长远规划、行业规划及地区规划等要求，经过调查与预测分析后，提出项目建议书。一些部门在提出项目建议书前还增加了初步可行性研究工作，对拟进行建设的项目进行初步论证后，再编制项目建议书。项目建议书按要求编制完成后，按建设总规模与限额的划分审批权限报批。

　　（2）可行性研究及其报告编制阶段

　　① 可行性研究　项目建议书经批准后，便可着手进行可行性研究，对项目在技术上是否可行和经济上是否合理做科学的分析与论证。经可行性研究未获通过的项目不得编制向上级报送的可行性研究报告和进行下一阶段工作。

　　② 可行性研究报告的编制　可行性研究报告要有相当的深度和准确性，它是确定建设项目与编制设计文件的重要依据之一。

　　③ 可行性研究报告审批　属中央投资、中央及地方合资的大中型和限额以上项目的可行性研究报告要报经国家发改委审批。总投资 2 亿元以上的项目，要经国家发改委审查后再报经国务院审批。中央各部门限额以下项目，由各主管部门进行审批。地方投资限额以下项目，由地方发改委进行审批。可行性研究报告批准后，不可随意修改或变更。

　　（3）建设地点的选择阶段　建设地点的选择，应按其隶属关系，由主管部门组织勘察设计等单位与所在地主管部门共同进行。凡在城市辖区内选点的均需取得城市规划部门的同意。选择建设地点主要考虑三个因素：工程地质、水文地质等自然条件是否可靠；建设时所需水、电、运输条件是否落实；服务半径与周围环境的考虑。

　　（4）设计工作阶段　设计是建设项目的先导，是对拟建项目的实施，是在技术上与经济上进行全面且详尽的安排，是组织施工安装的依据，可行性研究报告经批准的建设项目要通过招标投标择优选择设计单位。视建设项目的不同情况，设计过程通常可划分为两个阶段，即初步设计和施工图设计。重大项目或技术复杂项目，可根据其需要，增加技术设计或扩大初步设计阶段。

　　（5）建设准备阶段　项目在开工建设前，要做好各项准备工作，其主要内容包括以下几点。

　　① 征地、拆迁和场地平整。

　　② 完成施工用水、电、路等工程。

③ 组织设备、材料订货。

④ 组织施工招标投标，择优选定施工单位和监理单位。

⑤ 准备必要的施工图纸。

（6）建设实施阶段　建设项目经批准开工建设，项目进入建设实施阶段。按统计部门的规定，项目新开工时间是指建设项目设计文件中规定的任何一项永久性工程第一次正式破土开槽开始施工的日期。不需开槽的工程应以建筑物组成的正式打桩作为正式开工。工程地质勘察、旧有建筑物的拆除、临时建筑、平整土地、施工用临时道路和水、电等施工不算正式开工。分期建设的项目要分别按各期工程开工的时间进行填报，如二期工程要根据二期工程设计文件规定的永久性工程开工填报开工时间。建设工期要从新开工时算起。

（7）竣工验收阶段　竣工验收是工程建设过程中的最后一环，是全面考核基本建设成果、检验设计及施工质量的重要步骤，也是确认建设项目能否使用的标志。通过竣工验收，检验设计和工程质量，确保项目按设计要求的技术经济指标正常使用；有关部门和单位可以总结经验教训；建设单位对经过验收合格的项目可以及时移交使用。按照国家规定，所有建设项目按照上级批准的设计文件所规定的内容与施工图纸的要求全部建成，符合相关设计要求，可以正常使用，都要及时组织验收。建设项目的验收阶段根据项目规模的大小与复杂程度可分为初步验收和竣工验收两个阶段。规模较大和比较复杂的建设项目应先进行初验，再进行全部建设项目的竣工验收。规模较小、较简单的项目可以一次进行全部项目的竣工验收。建设项目全部建成，经各单项工程的验收，符合相关设计要求，并具备竣工图纸、竣工决算及工程总结等必要文件资料，由建设单位向负责验收的主管部门提出竣工验收申请报告。

（8）项目后评价阶段　项目建成投入使用后，进入正常使用过程可对建设项目进行总结评价工作，编写项目后评价报告。后评价报告的基本内容应包括以下几点。

① 使用效益实际发挥情况。

② 投资回收和贷款偿还情况。

③ 社会效益和环境效益。

④ 其他需要总结的经验。

细节 10：　国外工程的建设程序

国外工程的建设程序与我国基本相似，大致可分为：项目计划阶段、执行阶段、生产运营阶段，如图 2-4 所示。各阶段基本内容如下。

（1）项目决策阶段　主要工作是进行投资机会研究、初步可行性研究和详细可行性研究，然后报请主管部门进行审批。

（2）项目组织、计划和设计阶段　主要工作是进行项目初步设计和施工图设计，项目招标及承包商的选定，签订项目承包合同，制定项目实施的总体计划，

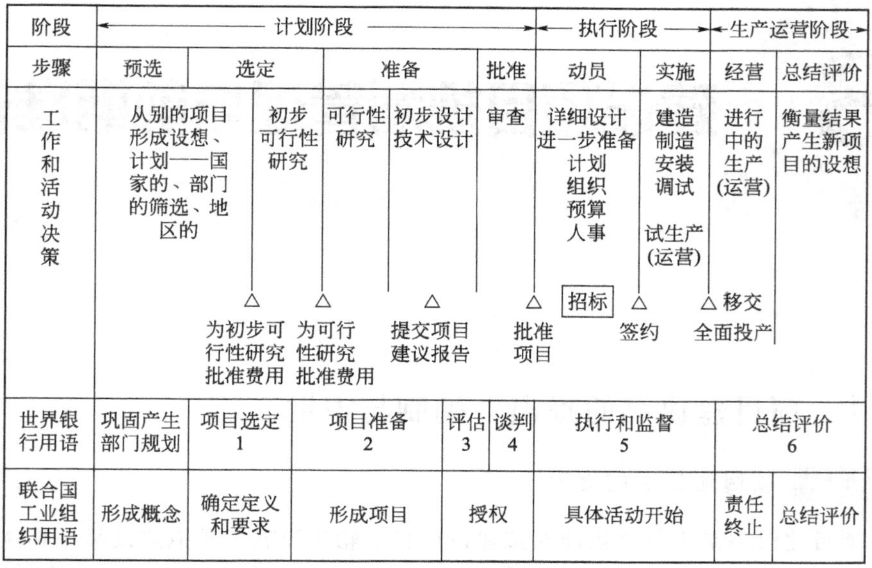

阶段	计划阶段				执行阶段		生产运营阶段	
步骤	预选	选定	准备	批准	动员	实施	经营	总结评价
工作和活动决策	从别的项目形成设想、计划——国家的、部门的筛选、地区的	初步可行性研究	可行性研究 / 初步设计技术设计	审查	详细设计进一步准备计划组织预算人事	建造制造安装调试 试生产(运营)	进行中的生产(运营)	衡量结果产生新项目的设想
		△ 为初步可行性研究批准费用	△ 为可行性研究批准费用 / △ 提交项目建议报告	△ 批准项目	招标 / △ 签约	△ 移交全面投产		
世界银行用语	巩固产生部门规划	项目选定 1	项目准备 2	评估 3	谈判 4	执行和监督 5	总结评价 6	
联合国工业组织用语	形成概念	确定定义和要求	形成项目	授权	具体活动开始		责任终止	总结评价

图 2-4　国外建设程序与阶段划分图

项目征地及建设条件准备等。

（3）项目实施阶段　主要工作是通过施工，在规定的工期、质量、造价范围内，按设计要求实现项目目标。

（4）项目试运营、竣工验收阶段　主要工作是完成项目的竣工验收、试生产运营。项目试生产运营正常并经建设单位认可后，项目即全部完成。

细节11：坚持工程建设程序的意义

基本建设程序是基本建设客观规律的反映，如果只为图快而违背这一规律，则会欲速而不达，浪费人力、物力、财力，推迟建设进度，甚至会造成不可挽回的损失。为加速工程进度，可在项目实施时，根据工程的特点，在遵循基本程序的前提下，平行及交叉进行工作，以争取时间。但是，项目所需的几个阶段一个都不能减少。坚持工程建设程序的意义概括如下。

① 建设项目顺利实施，确保工程质量的需要。

② 建设项目进行科学决策，保证获得投资效果的需要。

③ 依法管理工程建设，以保证建设秩序的需要。

3 建设项目规划管理与前期准备

3.1 项目建议书的提出、编制与审批 ▷▷▷

项目建议书的提出

项目建议书是投资决策前对拟建设项目的轮廓设想，是拟建设某一具体项目的建议文件。在宏观上考察拟建项目是否符合国家（或地区、企业）长远规划、宏观经济政策和国民经济发展的要求，初步说明项目建设的必要性；初步分析人力、物力和财力投入等建设条件的可能性与具备程度。对于批准立项的投资项目即可列入项目前期的工作计划，开展可行性研究工作。对于涉及利用外资的项目，项目建议书还应从宏观上论述合资、独资项目设立的必要性和可能性。在项目批准立项以后，项目建设单位方可正式对外开展工作，编写可行性研究报告。

项目建议书的编制

因为项目建议书是初步选择投资项目的依据，各部门、各地区、各行业的投资主体要按照国民经济和社会发展的长远规划、行业规划、地区规划等要求，通过调查、预测、分析及初步可行性研究，提出项目的大致设想，编制项目建议书。一般工业项目的项目建议书通常应该包括以下几方面内容。

(1) 投资项目建设提出的必要性与依据

① 阐明拟建项目提出的背景、拟建地点，提出与项目有关的长远规划或行业、地区规划资料，说明项目建设的必要性。

② 对改建、扩建项目要说明现有企业的概况。

③ 对于引进技术与设备的项目，还要说明国内外技术的差距与概况、进口的理由及工艺流程与生产条件的概要等。

④ 产品方案设想包括主要产品和副产品的规模、质量标准等。

⑤ 建设地点论证包括分析项目拟建地点的自然条件与社会经济条件，论证建设地点是否符合地区布局的相关要求。

(2) 资源、交通运输及其他建设条件和协作关系的初步分析

① 拟利用的资源供应的可能性与可靠性。

② 对于技术引进和设备进口项目要说明其主要原材料、燃料、电力、交通运输及协作配套等方面的近期和长期要求，以及目前已具备的条件及资源落实的情况。

③ 主要协作条件情况、项目拟建地点水电及其他公用设施、地方材料的供应情况的分析。

（3）产品方案、拟建规模和建设地点的初步设想

① 产品的市场预测包括国内外同类产品的生产能力、销售情况分析与预测、产品销售方向和销售价格的初步分析等。

② 说明产品的年产量、一次建成规模和分期建设的设想，及对拟建规模经济合理性的评价。

（4）主要工艺技术方案的设想

① 主要生产技术和工艺。拟引进国外技术，要说明引进的国别、技术来源、技术鉴定以及国内技术与之相比所存在的差距等概况。

② 主要专用设备来源。拟采用国外设备，要说明引进理由及拟引进设备的国外厂商的概况。

（5）投资估算与资金筹措的设想　投资估算要视掌握数据的情况，既可详细估算，也可按单位生产能力（或类似企业）情况进行估算（或匡算）。在投资估算中，要包括建设期利息、投资方向调节税和考虑一定时期内的涨价影响因素（即涨价预备金），流动资金可参照同类型企业情况估算。资金筹措计划中要说明资金的来源，利用贷款的，需要附上贷款意向书，分析贷款条件及利率，说明偿还方式，测算偿还能力。对于技术引进和设备进口项目要估算项目的外汇总用额，说明其用途、外汇的资金来源与偿还方式，及估算国内费用并说明其来源。

（6）项目建设进度的安排　建设前期工作的安排包括涉外项目的询价、考察及设计等。项目建设进度所需时间包括项目建设需要的时间及生产经营时间。

（7）经济效益和社会效益的初步估计　计算项目全部投资的内部收益率、贷款偿还期等指标及其他必要的指标，对盈利能力、清偿能力进行初步分析。项目的社会效益与实际影响的初步分析。

（8）初步结论和建议　技术引进与设备进口项目建议书中还应包括邀请外国厂商来华进行技术交流的计划、出国考察计划，及可行性研究工作的计划等附件。

细节 14：　项目建议书的审批

在完成项目建议书后，要向上级相关主管部门申请立项审批。按照国家有关规定，审批权限应按报建项目的级别来进行划分。

（1）大、中型及限额以上工程项目

① 大、中型基本建设项目及限额以上技术改造项目，技术引进及设备进口项目的项目建议书，应按企业的隶属关系，送省、市、自治区、计划单列城市或

国家主管部门进行审查后，再由国家发改委审批。

② 重大项目、技改引进项目总投资在限额以上的项目，由国家发改委报经国务院进行审批。需由银行贷款的项目要由银行总行进行会签。

③ 技术改造项目内容简单的、且外部协作条件变化不大的、无需从国外引进技术和进口设备的限额以上项目，项目建议书由省、市、自治区审批，国家发改委只作备案。

(2) 小型及限额以下工程项目

① 小型基本建设项目及限额以下技术改造项目的建议书应按建设单位的隶属关系，由国务院主管部门或省、市、自治区发改委进行审批，实行分级管理。

② 项目建议书批准，即为"立项"，立项的项目即可纳入项目建设前期的工作计划，列入前期工作计划的项目可开展可行性研究。

③ "立项"只是初步的，由于审批项目建议书可以否决一个项目，但无法肯定一个项目。立项仅说明一个项目有投资的必要性，但还要进一步开展研究工作。

3.2 项目可行性研究与评估 ▶▶▶

细节 15： **项目可行性研究阶段划分**

(1) 投资机会研究阶段 即投资机会论证。这一阶段的主要任务是提出建设项目投资方向建议，即在一个确定的地区和部门内，根据自然资源、市场需求、国家产业政策和国际贸易情况，通过调查、预测和分析研究，选择建设项目，寻找投资的有利机会。机会研究要解决两个方面的问题：一是社会是否需要；二是有没有可以开展项目的基本条件。

机会研究一般从以下几个方面着手开展工作：

① 以开发利用本地区某一丰富资源为基础，谋求投资机会；

② 以现有工业的拓展和产品深加工为基础，通过增加现有企业的生产能力与生产工序等途径创造投资机会；

③ 以优越的地理位置、便利的交通运输条件为基础，分析投资机会。

这一阶段的工作较为粗略，一般是根据条件和背景相类似的工程项目来估算投资额和生产成本，初步分析建设投资效果，提供一个或一个以上可能进行建设的投资项目或投资方案。此阶段所估算的投资额和生产成本的精确程度控制在±30%左右，大中型项目的机会研究所需时间为1~3个月，所需费用占投资总额的0.2%~1.0%。如果投资者对该项目感兴趣，则可再进行下一步的可行性研究工作。

(2) 初步可行性研究阶段 项目建议书经国家有关部门审定同意后，对于投资规模较大、工艺技术较复杂的大中型骨干建设项目，仅靠机会研究无法决定其取舍，在开展全面研究工作之前，往往需要先进行初步可行性研究，进一步判断建设项目的生命力。这一阶段的主要工作目标有以下几点。

① 分析投资机会研究的结论，并在现有详细资料的基础上作出初步投资估价。该阶段工作需深入弄清项目的规模、工艺技术、原材料资源、厂址、组织机构和建设进度等情况，进行经济效果评价，以判定是否有可能和必要进行下一步的可行性研究。

② 确定对某些关键性问题进行专题辅助研究。例如，市场需求预测和竞争能力的研究，原料辅助材料和燃料动力等供应和价格预测研究，工厂中间试验、厂址选择、合理经济规模以及主要设备选型等研究。在广泛的方案分析比较和论证后，对各类技术方案进行筛选，选择效益最佳的方案，排除一些不利方案，缩小下一阶段的工作范围以及工作量，以尽量节省时间和费用。

③ 鉴定项目的选择依据和标准，确定项目的初步可行性。根据初步可行性的研究结果编制初步可行性研究报告，决定是否有必要继续进行研究，如通过所获资料的研究确定该项目设想不可行，则应立即停止工作。该阶段是项目的初选阶段，研究结果应作出是否投资的初步决定。

初步可行性研究与可行性研究相比，除了研究的深度与准确度有差异外，其内容大致相同。初步可行性研究得出的投资额误差要求一般为±20％，研究费用一般占总投资额的 0.25％～1.25％，时间一般为 4～6 个月。

(3) 详细可行性研究阶段　即技术经济可行性研究，是可行性研究的主要阶段，是建设项目投资决策的基础。它为项目决策提供经济、技术、社会、商业方面的评价依据，为项目的具体实施提供科学依据。这一阶段的主要目标有以下几个。

① 深入研究有关产品方案、资源供应、生产流程、厂址选择、设备选型、工艺技术、工程实施进度计划、资金筹措计划，以及组织管理机构和定员等各种可能选择的技术方案，进行全面深入的技术经济分析和比较选择工作，并推荐一个可行的投资建设方案。

② 着重对投资总体建设方案进行企业财务效益、国民经济效益和社会效益的分析与评价，对投资方案进行多方案的比较选择，确定一个能使项目投资费用和生产成本降到最低限度，以取得最佳经济效益和社会效果的建设方案。

③ 确定项目投资的最终可行性和选择依据标准。对拟建投资项目提出结论性意见。对于可行性研究的结论，可推荐一个最佳的建设方案；也可以提出可供选择的几个方案，说明各方案的利弊和可能采取的措施，或者也可以提出"不可行"的结论。按照可行性研究结论编制出可行性研究报告，作为项目投资决策的基础和重要依据。

这一阶段的内容较为详尽，所花费的时间和精力都比较大。且本阶段还为下一步工程设计提供基础资料和决策依据。因此，在此阶段，建设投资和生产成本计算精度控制在±10％以内；大型项目研究工作所花时间为 8～12 个月，所需费用约占投资总额的 0.2%～1.0%；中小型项目研究工作所花时间为 4～6 个月，所需费用约占投资总额的 1.0%～3.0%。

（4）评估决策阶段　项目评估是由投资决策部门组织和授权给诸如国家开发银行、投资银行、建设银行、国际工程咨询公司或有关专家，代表国家或投资方（主体）对上报的建设项目可行性研究报告所进行的全面审核和再评价。其主要任务是对拟建项目的可行性研究报告提出意见，对该项目投资的可行性作出最终决策，确定出最佳的投资方案。项目评估决策应在可行性研究报告的基础上进行。其内容包括：

① 分析项目可行性研究报告中各项指标计算是否正确，包括各种参数、基础数据、定额费率的选择；

② 分析判断项目可行性研究的可靠性、真实性和客观性，对项目作出最终的投资决策；

③ 从企业、国家和社会等方面综合分析和判断工程项目的经济效益和社会效益；

④ 全面审核可行性研究报告中所反映的各项情况是否属实；

⑤ 最后写出项目评估报告。

细节 16：　项目可行性研究的内容

一般工业建设项目的可行性研究应包括以下几个方面的内容。

（1）总论（综述项目概况）

① 项目的名称、主办单位、承担可行性研究的单位、投资的必要性和经济意义、投资环境。

② 提出项目调查研究的主要依据、项目提出的背景、工作范围和要求、项目的历史发展概况。

③ 建议书及有关审批文件、可行性研究的主要结论概要和存在的问题与建议。

（2）产品的市场需求和拟建规模

① 调查国内外市场近期的需求状况，对未来趋势进行预测。

② 对国内现有工厂的生产能力进行调查估计，进行产品销售预测、价格分析，判断产品的市场竞争能力及进入国际市场的前景。

③ 确定拟建项目的规模，对产品方案和发展方向进行技术经济论证比较。

（3）资源、原材料、燃料及公用设施情况

① 经国家正式批准的资源储量、品位、成分以及开采、利用条件的评述。

② 所需原料、辅助材料、燃料的种类、数量、质量及其来源和供应的可能性。

③ 材料试验情况。

④ 含毒、有害及危险品的种类、数量和储运条件。

⑤ 所需动力（水、电、气等）、公用设施的数量、供应方式和供应条件。

⑥ 外部协作条件以及签订协议和合同的情况。

（4）建厂条件和厂址方案

① 厂区的地理位置，与原料产地和产品市场的距离，厂区周边的条件。

② 根据建设项目的生产技术要求，应在指定的建设地区内，对建厂的地理位置、气象、地质、地形条件、地震、水文、洪水情况和社会经济现状进行调查研究，收集基础资料，了解交通、运输及水、电、气、热的现状和发展趋势。

③ 厂址面积、占地范围、厂区总体布置方案、地价、建设条件、拆迁及其他工程费用情况。

④ 对厂址选择进行多方案的技术经济分析和比较选择，提出选择意见。

（5）项目工程技术方案

① 在选定的建设地点内进行的总图和交通运输的设计，须进行比较和选择，以确定项目构成的范围，主要单项工程（车间）的组成，厂内外主体工程和公用辅助工程的方案。

② 项目土建工程总量估算，土建工程布置方案的选择，其中包括场地平整、主要建筑和构筑物与室外工程的规划。

③ 采用技术和工艺方案的论证，技术来源、工艺流程和生产方法，主要设备选型方案和技术工艺的比较。

④ 引进技术、设备的必要性及其来源国的选择比较；并应附上工艺流程图等。

（6）企业组织、劳动定员和人员培训　全厂生产管理体制、机构的设置，对选择方案的论证；工程技术和管理人员的素质和数量的要求；劳动定员的配备方案；人员的培训规划和费用估算。

（7）环境保护与劳动安全

① 对项目建设地区的环境状况进行调查，分析拟建项目"三废"（废气、废水、废渣）的种类、成分和数量，并预测其对环境的影响。

② 提出治理方案的选择和回收利用情况，对环境影响进行评价。

③ 提出劳动保护、安全生产、城市规划、防洪、防震、防空、文物保护等要求以及采取相应的措施方案。

（8）项目施工计划和进度要求　根据勘察设计、设备制造、工程施工安装、试生产所需时间与进度要求，选择项目实施方案和总进度，并用网络图和横道图来表述最佳实施方案。

（9）投资估算和资金筹措

① 投资估算包括：项目总投资估算，主体工程及辅助、配套工程的估算，以及流动资金的估算。

② 资金筹措应说明资金来源、筹措方式、各种资金来源所占的比例、资金成本及贷款的偿付方式。

(10) 项目的经济评价　项目的经济评价包括国民经济评价和财务评价，并通过有关指标的计算，进行项目盈利能力、偿还能力等分析，得出经济评价结论。

(11) 评价结论与建议

① 对建设方案作综合分析评价与方案选择。

② 运用各项数据，从技术、社会、经济、财务等各方面论述建设项目的可行性，推荐一个以上的可行方案，提供决策参考，指出其中存在的问题。

③ 最终应得出结论性意见和改进的建议。

细节 17：**项目可行性研究应遵循的原则**

(1) 项目可行性研究应遵循的原则

① 科学性原则　按客观规律办事是可行性研究工作必须遵循的基本原则，因此，承担可行性研究的单位要做到以下几点。

a. 以科学的方法和认真负责的态度来收集、分析和鉴别原始的数据和资料，以确保数据、资料的真实性和可靠性。

b. 要求每一项技术与经济指标，都有科学的依据，是经过认真分析计算得出的。

c. 可行性研究报告和结论不能掺杂任何主观成分。

② 客观性原则　坚持从实际出发，实事求是的原则，根据项目的要求和具体条件进行分析和论证，以得出可行和不可行的结论。因此，建设所需要的条件必须客观存在，而非主观臆造的。

③ 公正性原则　可行性研究工作中要排除各种干扰，尊重事实，不弄虚作假，这样才能使可行性研究正确、公正，为项目投资决策提供可靠的依据。

(2) 可行性研究工作中存在的问题及注意事项　目前，在可行性研究工作中确实存在不按科学规律办事，不尊重客观实际，为得到主管部门批准，编造数据，夸大有利条件，回避困难因素，故意提高效益指标等不良行为。这种行为既害国家，又害投资者自己，是不可取的。因此，建设单位应做好下列工作。

① 提供准确真实的资料数据，如拟建地区的环境资料，企业投资的真实目的与要求，单位的生产、工艺、技术资料。

② 委托有资格的机构进行可行性研究，并签订有关合同，确定研究的具体内容，如建设意图、建设进度和建设质量要求，主要的技术经济指标等。

③ 进行监督。合同签订后，建设单位对可行性研究的进度、研究的质量不断进行检查和监督。

细节 18：**可行性研究报告的内容**

按照原国家计划委员会审定发行的《投资项目可行性研究指南》（以下简称《指南》）的规定，项目可行性研究报告，一般应按表 3-1 的结构内容进行编写。

表 3-1　可行性研究报告的结构内容

序号	项目	具体内容
1	总论	主要说明项目提出的背景、概况、可行性研究报告编制的依据、项目建设条件以及问题、建议
2	市场调查与预测	市场分析包括市场调查和市场预测,是可行性研究的重要环节。其内容包括市场现状调查、产品供需预测、价格预测、竞争力分析、市场风险分析
3	资源条件评估	主要内容为资源可利用量、资源品质情况、资源赋存条件、资源开发价值
4	建设规模与产品方案	主要内容为建设规模与产品方案构成、建设规模与产品方案比选、推荐的建设规模与产品方案、技术改造项目与原有设施利用情况等
5	场址选择	主要内容为场址现状及建设条件描述、场址方案比选、推荐的场址方案、技术改造项目当前场址的利用情况
6	技术方案、设备方案和工程方案	主要内容包括技术方案选择、主要设备方案选择、工程方案选择、技术改造项目改造前后的比较
7	原材料燃料供应	主要内容包括主要原材料供应方案、燃料供应方案
8	总图运输与公用辅助工程	主要内容包括总图布置方案、场内外运输方案、公用工程与辅助工程方案、技术改造项目现有公用辅助设施利用情况
9	节能措施	主要内容包括节能措施、能耗指标分析
10	节水措施	主要内容包括节水措施、水耗指标分析
11	环境影响评价	主要内容包括环境条件调查、影响环境因素分析、环境保护措施、技术改造项目与原企业环境状况比较
12	劳动安全卫生与消防	主要内容包括危险因素和危害程度分析、安全防范措施、卫生保健措施、消防设施、技术改造项目与原企业比较
13	组织机构与人力资源配置	主要内容包括组织机构设置及其适应性分析、人力资源配置、员工培训
14	项目实施进度	主要内容包括建设工期、实施进度安排、技术改造项目建设与生产的衔接
15	投资估算	主要内容包括投资估算范围与依据、建设投资估算、流动资金估算、总投资额及分年投资计划
16	融资方案	主要内容包括融资组织形式、资本金筹措、债务资金筹措、融资方案分析
17	财务评价	主要内容包括财务评价基础数据与参数选取、销售收入与成本费用估算、财务评价报表、盈利能力分析、偿债能力分析、不确定性分析、财务评价结论
18	国民经济评价	主要内容包括影子价格及评价参数选取、效益费用范围与数值调整、国民经济评价报表、国民经济评价指标、国民经济评价结论
19	社会评价	主要内容包括项目对社会影响分析、项目与所在地互适性分析、社会风险分析、社会评价结论
20	风险分析	主要内容包括项目主要风险识别、风险程度分析、防范与降低风险对策
21	研究结论与建议	主要内容包括推荐方案总体描述、推荐方案优缺点描述、主要对比方案、结论与建议

(1) 可行性研究报告是可行性研究人员向投资者进行汇报或交流的基本形式

① 这是一种正式书面的形式，便于保存、传播及反复研究。

② 这种形式已经形成了相对较为规范的结构形式和内容体系，也便于比较和查阅。

③ 提供的是一种内容全面的终极结果，对于投资决策具有权威性的参照意义，是投资者进行项目最终决策的重要书面依据。

(2) 可行性研究报告是可行性研究工作的主要成果表现形式 为了使投资者满意和可行性研究报告发挥更大的作用，当然首先是要应切实做好可行性研究工作，不但要认真作好调查研究、预测分析和资料准备工作，充分占有各种有效信息资料，而且还要利用各种科学方法来进行构造、分析比选、论证评价可能的项目方案。但是同样的可行性研究成果，如果总结表现的形式不同，其作用也可能会有很大差别。其中最主要的是要处理好以下几方面关系。

① 科学地选定可行性研究的内容。虽然可行性研究报告是可行性研究成果的主要表现形式，但不可能覆盖可行性研究过程中遇到的全部内容。必须选择主要的、需要用文字表达的成果，一些不确切的、不正规的和需要严格保密的信息资料可通过其他渠道进行交流。

② 正确处理主次、详略关系。可行性研究涉及的问题太多，如果都等量齐观，那可行性研究报告的规模就太大了，同时投资人也不是对所有的方面都有兴趣，因此，需要在保持结构内容完整的条件下，尽可能突出重点。

③ 正确处理可行性研究正文、过程和方法的关系。可行性研究工作不仅在内容上要满足投资者的需要，而且还应该尽可能让投资者了解可行性研究的过程、依据和方法。其目的是让投资者对可行性研究报告的真实性、可靠性和精确性放心。但过程、依据和方法可以选择性的在可行性研究报告中体现，更多的需要通过其他方式来交流。

(3) 可行性研究报告是评价可行性研究机构或人员工作成效的基本依据 投资者和可行性研究工作人员之间的关系为委托与被委托，这种关系的严格形式就是可行性研究合同。投资者要评价或考核可行性研究人员的工作，可行性研究报告是最重要、最基本的依据，如果双方是合同关系，那么合同是否被完成、履行情况如何，其主要的依据就是可行性研究报告。

(1) 文本格式要求 按照原国家发展计划委员会审定发行的《指南》的规定，可行性研究报告的文本格式如下。

① 可行性研究报告文本排序如下。

a. 封面：项目名称、研究阶段、编制单位、出版年月，并加盖编制单位印章。

    b. 扉一：编制单位资格证书。如工程咨询资质证书、工程设计证书。

    c. 扉二：编制单位的项目负责人、技术管理负责人、法人代表名单。

    d. 扉三：编制人、校核人、审核人、审定人名单。

    e. 目录。

    f. 正文。

    g. 附图、附表、附件。

    ② 报告文本的外形尺寸统一为 A4 幅面（210mm×297mm）。

（2）深度要求

    ① 可行性研究报告应能充分反映项目可行性研究工作的成果，内容齐全，数据准确，论据充分，结论明确，满足决策者定方案定项目要求。

    ② 可行性研究报告选用主要设备的规格、参数应满足订货的要求。引进的技术设备的资料应满足合同谈判的要求。

    ③ 可行性研究报告中的重大技术、经济方案，应有两个以上方案的比较选择。

    ④ 可行性研究报告构造的融资方案，应能满足银行等金融部门信贷决策的需要。

    ⑤ 可行性研究报告中确定的主要工程技术数据，应能满足项目初步设计的要求。

    ⑥ 可行性研究报告中应反映在可行性研究过程中出现的某些方案的重大分歧及未被采纳的理由，以供委托单位和投资者权衡利弊进行决策。

    ⑦ 可行性研究报告应附带评估、决策（审批）所必需的合同、协议、意向书、政府批件等。

细节 21： 可行性研究报告的编制

（1）可行性研究报告的编制要求　编制可行性研究报告的要求主要包括以下内容。

    ① 确保可行性研究报告的真实性与科学性。可行性研究是一项技术性、政策性、经济性都很强的工作。编制单位应站在公正的立场，保持独立性，遵照事物的客观经济规律及科学研究工作的客观规律办事，在调查研究的基础上，按客观实际情况实事求是地进行技术经济论证、技术方案比较与评价，不得主观臆断、行政干预、划框架、定调子，保证可行性研究的严肃性、真实性、客观性、科学性和可靠性，保证可行性研究的质量。

    ② 编制单位必须具备承担可行性研究的条件。建设项目可行性研究报告的内容涉及面广泛，且有一定的深度要求，因此需要由具备一定的技术力量、技术手段、技术装备和相当实践经验等条件的工程咨询公司、设计院等专门单位来进行承担。参加可行性研究的成员要由工业经济专家、市场分析专家、工程技术人

员、企业管理人员、机械工程师、土木工程师、财会人员等组成，必要时，可聘请地质、土壤等方面的专家短期协助工作。

③ 可行性研究的内容和深度及计算指标应达到标准要求。对于不同行业、不同特点、不同性质的建设项目，其可行性研究的内容和深度及计算指标，必须满足作为项目投资决策和进行设计的要求。

④ 可行性研究报告必须经签证与审批。可行性研究报告编制完成之后，应有编制单位的行政、技术、经济方面的责任人签字，并对研究报告的质量负责。另外，还须上报主管部门进行审批。通常大中型项目的可行性研究报告，均由各主管部门及各省、市、自治区或全国性专业公司负责预审，报国家发改委审批，或由国家发改委委托有关单位审批。小型项目的可行性研究报告，按隶属关系由各主管部门及各省、市、自治区进行审批。重大和特殊建设项目的可行性研究报告，由国家发改委会同相关部门预审，报经国务院审批。可行性研究报告的预审单位对预审结论负责，可行性研究报告的审批单位对审批意见负责。如果发现工作中有弄虚作假现象，要追究有关负责人的责任。

（2）可行性研究报告的编制依据

① 国民经济与社会发展的长期规划与计划，行业、部门、地区的发展规划与计划，国家的进出口贸易政策和有关税法政策，国家、地方经济建设的方针、政策（产业政策、投资政策、金融政策、信贷政策、技术政策、财税政策）及地方法规。

② 经批准的项目建议书及项目建议书批准后签订的意向性协议。

③ 与投资项目有关的工程技术规范、标准、定额等资料。

④ 拟建场址的自然、经济、文化、社会等的基础资料。

⑤ 国家批准的资源报告、区域国土开发整治规划、建厂地区的规划（如城市建设规划、交通道路网络的规划及生产力布局等）。

⑥ 国家正式公布的编制可行性研究报告的内容、编制程序及评价方法与参数等。

（3）可行性研究报告的编制方法 按我国现行的工程项目建设程序和国家颁布的《关于建设项目进行可行性研究试行管理办法》，可行性研究的工作程序如下。

① 建设单位提出项目建议书与初步可行性研究报告。各投资单位根据国家经济发展的长远规划、经济建设的方针任务及技术经济政策，结合资源情况、建设布局等条件，在广泛调查研究、踏勘建设地点、收集资料、初步分析投资效果的基础上，提出需要进行可行性研究的项目建议书及初步可行性研究报告。跨地区、跨行业的建设项目以及对国计民生有重大影响的大型项目，由有关部门与地区联合提出项目建议书与初步可行性研究报告。

② 项目业主、承办单位委托有资格的单位进行可行性研究工作。当项目建议书经国家计划部门、贷款部门审定并批准后，此项目即可立项。项目业主或承

办单位就可以签订合同的方式委托有资格的工程咨询公司着手编制拟建项目可行性研究报告。双方签订的合同中，需规定研究工作的依据、研究范围和内容、前提条件、费用支付办法、研究工作质量和进度安排、协作方式、合同双方的责任和关于违约处理的方法等。

③ 设计（或咨询）单位进行可行性研究工作。设计单位与委托单位签订合同后，便可开展可行性研究工作。通常按以下几个步骤开展工作，如图 3-1 所示。

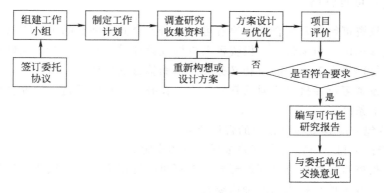

图 3-1　可行性研究报告的编写步骤

a. 组建工作小组。结合委托项目可行性研究的工作量、范围、内容、技术难度、时间要求等组建可行性研究报告编制小组。通常工业项目和交通运输项目可分为市场组、工艺技术组、工程组、设备组、总图运输及公用工程组、环保组、技术经济组等专业组。为使各专业组能够协调工作，保证可行性研究报告的总体质量，通常应由总工程师、总经济师负责统筹协调。

b. 制定工作计划。其内容包括研究工作的范围、深度、重点、进度安排、人员配置、费用预算及可行性研究报告编制大纲，并与委托单位交换意见。

c. 调查研究收集资料。各专业组可根据可行性研究报告编制大纲进行实地调查，收集整理有关资料，一般包括向市场与社会调查、向行业主管部门调查、向项目所在地区调查、向项目涉及的有关企业及单位调查并收集项目建设及生产运营等各方面所需的信息资料与数据。

d. 方案设计与优选。在调查研究收集资料的基础上，对项目的建设规模与产品方案、厂址方案、设备方案、技术方案、工程方案、原材料供应方案、总图布置与运输方案、环境保护方案、公用工程与辅助工程方案、组织机构设置方案、实施进度方案以及项目投资与资金筹措方案等，提出备选方案，并通过论证比选优化，构造项目的整体推荐方案。

e. 项目评价。对推荐的建设方案做环境评价、国民经济评价、财务评价、社会评价及风险分析，以判别项目的环境可行性、经济可行性、社会可行性和抗风险能力。当有关评价指标结论不足以支持项目方案成立时，需对原设计方案进行调整（或重新设计）。

f. 编写可行性研究报告。项目可行性研究各专业方案，经过技术经济论证与优化后，由各专业组分工编写。经项目负责人进行协调综合汇总，提出可行性研究报告初稿。

g. 与委托单位交换意见。在可行性研究报告初稿形成后，与委托单位交换意见，并修改完善，形成正式可行性研究报告。

细节 22： 可行性研究合同

（1）投资可行性研究合同 投资可行性研究合同是项目的委托方（项目业主或业主代理机构）与承包方（投资咨询机构或设计单位）之间为了明确双方在项目投资可行性研究工作中的权利义务关系进而签订的协议。

（2）投资可行性研究合同的签订条件 在我国，投资可行性研究合同的签订应具备如下条件。

① 承包方应具备项目相应的咨询资格。

② 委托项目本身需符合有关法规政策的规定。

（3）投资可行性研究合同的形式 投资可行性研究合同一般为标准格式的书面形式，也有函件委托或回函确认委托。

（4）投资可行性研究合同的基本条款

① 合同双方。

② 委托方义务。明确合同委托方应提供的资料范围、详细程度，对所提供资料准确性应负的责任。

③ 承包方义务。明确承包方应按合同提供的可行性研究报告的基本内容和工作期限、承包方应负的责任。

④ 费用支付条款。明确规定委托方应付承包方的可行性研究费用及支付方式（包括币种、支付期限以及支付额度或比例）等。

⑤ 违约罚金。明确双方违约应承担的责任和罚金额度。

⑥ 合同生效及其他。规定合同生效的时间和合同份数，合同附件或补充协议的生成等。

细节 23： 项目评估与项目评估报告

项目评估的目标是为投资决策提供科学依据。虽然项目的类型多，规模、性质及复杂程度各不相同，其评估的内容与侧重点也均有差异，但其基本内容却大同小异，主要包括以下几个方面。

（1）对项目与企业概况评估 首先对项目实施的背景进行简要分析，然后对各类项目的基本概况作简要分析。对于基本建设项目，主要评估项目的投资者、建设性质、建设内容、产品方案、项目隶属关系以及项目得以成立的依据等。对于更新改造项目，除以上内容外，还要评估现有企业的基本概况、组织机构、历史沿革、经济效益、技术经济水平、资信程度等。中外合资项目，则还要分别评估合资各方的基本概况。

（2）对项目建设必要性评估

① 从国民经济和社会发展的宏观角度论证项目建设的必要性；分析拟建项目是否符合国家宏观经济和社会发展意图，是否符合市场的要求、国家规定的投资方向、国家建设方针与技术经济政策；项目的产品方案和产品纲领是否符合国家的产业政策、国民经济长远发展规划、行业规划及地区规划的要求。

② 产品需求的市场调查和预测。分析产品的性能、品种、规模构成及价格是否符合国内外市场需求趋势，有无竞争能力，是否属于升级换代产品。

③ 根据产品的市场需求与所需生产要素的供应条件，分析项目的经济规模是否合理。

（3）对项目建设和生产条件的评估

① 根据水文地质、原料供应和产品销售市场及生产与生活环境状况，分析项目建设地点的选择是否经济合理，建设场地的总体规划是否符合国土规划、地区规划、城镇规划、土地管理、文物保护及环境保护的要求与规定，有无多占土地和提前征地的情况发生，有无用地协议文件。

② 项目所需的建设资金是否落实，资金来源能否符合国家有关政策规定，是否可靠。

③ 建设项目的"三废"治理是否符合保护生态环境的要求，项目的环境保护方案是否获得环境保护部门的批准认可。

④ 在建设过程和建成投产后，所需原材料、燃料和设备的供应条件及供电、供水、供热与交通运输、通讯设施条件是否落实，能否保证，可否取得有关方面的协议及意向性文件，相关配套协作项目能否同步建设。

⑤ 生产条件评估。一般根据不同行业建设项目的生产特点，评估项目建成投产后是否具备生产条件。如加工企业项目应着重分析原材料、燃料及动力的来源是否可靠稳定，产品方案与资源利用是否合理。

（4）对工艺技术的评估

① 对拟建项目所采用的工艺、设备、技术的先进性、经济合理性和实际适用性应进行综合的论证分析。

② 分析项目采用的工艺、设备、技术是否符合国家的科技政策和技术的发展方向，是否有利于提高生产效率和降低能耗与物耗，是否利于资源的综合利用，是否适应时代技术进步的要求，并能否提高产品质量。通过技术指标衡量项目技术水平的先进性，与国内外同类企业的先进技术作对比。

③ 论证建筑工程总体布置方案的比较优选是否合理，论证工程地质、水文、气象、地震、地形等自然条件对工程影响及治理措施；审查建筑工程所采用的标准、规范是否先进、合理，能否符合国家的有关规定和贯彻勤俭节约的方针。

④ 对于引进的国外技术和设备，需要分析其是否成熟，是否为国际先进水

平，是否符合我国的国情，有无盲目（或重复引进）情况的发生；引进技术和设备是否与国内设备零配件及工艺技术相互配套，是否有利于"国产化"。

⑤ 对于改建扩建项目还应注意评估原有固定资产是否得到充分的利用，采用新的工艺、技术能否与原有的生产环节相互配合。

⑥ 最新技术和最新科研成果的采用情况，其中包括是否先进、安全、适用、可靠，是否经过工业性试验及正式技术鉴定，是否属于国家明文规定淘汰（或禁止）使用的技术或设备。

⑦ 论证项目建设工期和实施进度所选择的方案是否正确。

(5) 对项目效益的评估

① 对拟建项目进行财务预测与财务、经济及社会效益评估，并在此基础上进行抵御投资风险能力的不确定性分析。

② 首先对项目效益评估所必需的各项基础经济数据（如生产成本、投资、收入、税金、利润、折旧和利率等）认真、细致和科学地测算、核实，分析这些数据估算是否合理，有无高估冒算、任意提高标准及扩大规模计算定额和费率等现象出现，或有无漏项、少算、压价等情况发生；基础数据的测算是否符合国家现行财税制度及国家政策；还要论证资金筹措计划是否可行。

③ 财务效益分析。从项目本身出发，采用国家现行财税制度及现行价格，测算项目在投产后企业的成本、效益，分析项目对企业的财务净效益、盈利能力及偿还贷款的能力，检验财务效益指标的计算是否正确，能否达到国家或行业投资收益率和贷款偿还期的基准，以此确定项目在财务上的可行性。

④ 经济效益分析。一般从宏观角度，分析项目对国民经济和社会的贡献，检验经济效益指标（例如经济内部收益率和经济净现值等）的计算是否正确，审查项目投入物和产出物所采用的影子价格及国际经济参数测算是否科学合理，项目是否符合国家规定的评价标准，进而确定项目在经济上的合理性。

⑤ 社会效益分析。按照项目的具体性质及特点，分析项目给整个社会所带来的效益。如对促进国家（或地区）社会经济发展和社会进步，提高国家、部门或地方的科学技术水平和人民文化生活水平，对社会收入分配、劳动就业、生态平衡、环境保护和资源综合利用等进行定量与定性分析，检验指标的分析是否恰当、计算是否正确，进而确定项目在社会效益上的可行性。

⑥ 不确定性分析。包括对项目评估的各种效益盈亏平衡分析、敏感性分析的概率分析，以确定项目在财务及经济上抵御投资风险的能力，主要是测算项目财务经济效益的可靠程度和项目承担投资风险的能力，有利于提高项目投资决策的可靠性、有效性及科学性。

(6) 对项目进行总评估 即在全面调查、预测、分析及评估上述各方面内容的基础上对拟建项目做总结性的评估，即通过汇总各方面的分析论证结果，综合研究，提出关于能否批准项目可行性研究报告和能否进行贷款等结论性意见和建议，为项目决策提供科学依据。

项目评估的具体操作方法

(1) 项目评估的步骤 项目评估一般包括以下步骤：确定评估对象；组织评估小组；制定评估工作计划；对可行性研究报告进行一般性审查核实；通过调查，并对可行性研究报告进行详细审查评估；编写评估报告，对项目提出评估结论；建立评估档案。

(2) 项目评估报告的编制 项目评估报告作为书面文本，是为政府有关部门、贷款金融机构及社会公众或企业投资者提供投资决策依据的论述性文件，因此要求评估者以第三方的角度，用公正、客观的立场，依靠各种数据资料，对项目作具体介绍和评估。报告的撰写要求：语言简练准确，论据充分可靠，结构紧凑严谨，结论客观明确。要求重点突出、观点明确，所提出的建议要有针对性，即根据项目的具体特点，对投资者和决策部门极为关心的问题作重点论述，得出明确的结论，防止重复、遗漏及千篇一律等现象的发生。项目评估人员应按照有关规定对项目进行严格、认真的评估，并以实事求是的科学态度，按统一的要求和格式编写评估报告。

书面的项目评估报告是投资人、国家或地方综合部门与项目主管部门对项目作投资决策的重要依据，也是贷款机构与银行参与投资决策与贷款决策的重要依据，是对项目实行监督管理的基础性资料。

建设项目的类型诸多，建设项目性质、规模和行业各不相同，因此评估报告的内容和重点也各有侧重，一般应包括以下内容。

① 报告的封面写上"×××项目评估报告"字样，写明评估单位的全称及报告完成的时间；在第 1、第 2 页上分别说明"评估小组人员名单及分工"和"评估报告目录"。

② 正文部分应说明以下内容。

a. 总论与项目概况。

b. 建设及生产条件评估。

c. 建设必要性评估。

d. 技术评估。

e. 基础财务数据预测与财务效益评估。

f. 不确定性分析。

g. 投资来源及资金筹措方式评估。

h. 国民经济效益评估。

i. 问题与建议。

j. 总评估。

③ 附表、附图及附件。

a. 附表：包括项目财务数据预测表、项目财务和经济效益分析表、企业财务状况预测表。

b. 附图：包括项目（工厂）平面布置图、项目产品生产工艺流程图和项目建设实施进度计划。

c. 附件：包括项目建议书审批文件副本、项目可行性研究报告审批文件副本及贷款担保函副本。

d. 其他，附件中还需包括：可行性研究报告、项目建议书、初步设计、概算调整等批复文件，借款人、投资者与保证人近三年的损益表、资产负债表和财务状况变动表，项目章程、合同及批复文件，以及各项建设与生产条件、环境和资金落实文件和担保、承诺函等。

细节 25：项目评估与可行性研究的关系

项目评估实际是对可行性研究的再研究和再论证，但并非简单的重复，两者有共同点，又有区别。

（1）共同点　项目评估和可行性研究都是对投资项目进行技术经济论证，以说明项目建设是否必要，技术上是否可行，经济上是否合理，因此采用的分析方法和指标体系是相同的。

（2）区别

① 编制单位不同。项目评估是项目审批单位委托评估机构和银行进行评估。

② 时间不同。项目评估是在设计任务书批准前，项目可行性研究报告编写后进行，而可行性研究是在项目建议书批准后进行。

③ 立足点不同。可行性研究通常从部门、建设单位的局部角度考虑问题，而项目评估则是站在国家和银行的角度考虑问题。

④ 研究的侧重点不同。可行性研究侧重于项目技术的先进性及建设条件的论证，而项目评估则侧重于经济效益与项目的偿还能力方面。

⑤ 作用不同。可行性研究主要为项目决策提供依据，而项目评估不只为项目决策服务，它对银行来说，也是决定是否提供贷款的依据。

3.3　建设项目场地选择（选址）　▶▶▶

细节 26：建设项目场地选择的重要性

建设项目场地选择是指在一定范围内，选择、确定拟建项目建设的地点与区域，并在该区域内选定项目建设的坐落位置。建设项目场地选择的是否合理直接影响到项目建成后的微观、宏观经济效果，甚至影响整个国民经济。具体说来，场地选择的重要性主要体现在以下两点。

（1）场地选择合理与否对投资效益会产生重要影响

① 场地选择不合理可能会造成基建投资大幅度增加。若场地选择不当，则可能发生工程量加大、延长工期、地方建设材料等价格昂贵、搬迁负担太重、协

作条件差、气候条件恶劣、工程地质条件复杂、施工困难等许多问题，均会导致投资增加，工期延长，影响投资的经济效益。

② 场地选择不合理可能造成生产成本增加。如果场地选择不当，则原材料、燃料和产品销售等运输费用也会随之增加，或造成资源分散、水源、电力不足等，造成停工待料，从而使生产能力利用率降低，都可能导致生产成本大幅度增加而影响投资经济效益。

③ 场地选择不合理还会影响正常的生产和职工生活。由于场地选择不当，有的由于对建设项目场地工程地质情况不了解，建厂后导致厂房倾斜、裂缝，甚至引起事故。

④ 场地选择不合理可能造成环境污染，破坏生态平衡。如果将一些污染严重的工厂建在重要河流的上游，或水源附近，或建于居民区的上风口，或建在某些自然保护区、文物古迹附近等，均会导致严重的后果，有的甚至会危及人民的生命安全，引起某些严重的社会问题。

(2) 场地选择合理与否对项目布局会产生重要影响 建设项目的场地选择，直接关系到基建投资在各地区的分配比例、区域社会经济发展、经济结构、自然生态环境的保护与利用等方面。在场地选择的过程中，应自觉地运用地区经济发展不平衡的客观规律，应遵循社会主义市场经济的基本规律与自然生态环境的保护与合理利用的客观要求。也就是说，场地选择应当正确处理内地与沿海经济协调发展的关系、工程生产集中与分散的关系、地区生产专业化与综合发展的关系等，否则必然会影响社会各种资源的合理配置，进而影响国民经济协调和稳定发展。一旦造成建设项目布局的不合理，改变起来将是十分困难的。

场地选择是一项涉及多方面、多因素、多环节的复杂的技术经济分析与论证工作，是可行性研究中必不可少的一个环节，因此应该引起足够的重视，必须在综合分析和多方案比较的基础上，慎重选择项目的建设地址。

细节 27： **项目建设场地选点的基本要求及原则**

(1) 基本要求 在国民经济战略规划的指导下，按照生产力合理布局的原则进行选点。

① 使工业布局同地区自然资源和技术经济、社会条件相结合。

② 使地区主导工业的发展与其他工业发展相结合。

③ 使工业生产力既适当分散又合理集中，以充分发挥集聚规模经济效益。

④ 使沿海发达地区经济、文化、教育的超前发展与边远贫穷落后地区的加速发展相结合，外引内联，逐步缩小地区间的差距。

⑤ 要有利于保持生态系统平衡，保护生态环境。

⑥ 要有利于巩固国防。

(2) 建设地点要靠近原料、燃料和消费地 工业项目对原料、燃料的依赖度高，需求量大，选址建设在靠近原料、燃料的地区，可极大降低原料、燃料的运输成本，降低产品成本，提高生产效益和产品生产竞争力。同时也利于原料和燃料等基础资源的充分有效和快捷的供给，减少流通环节，提高资金流动和周转速度，充分发挥资金的作用。同时有利于企业产品在品种、质量等方面与消费者沟通，随时调整企业的生产经营活动。当然，具体项目因技术经济的特点不同，对项目建设地区的要求也不同。

(3) 基本原则

① 要以城市总体规划为主要依据。建设场地选择工作是一项政策性非常强的综合性工作，要以城市总体规划、分区规划、详细规划等为依据，并按拟建项目的技术经济要求，结合建设地区的自然地理特征、交通运输条件、水源和动力供应条件、建设施工条件与住宅及公用设施条件等，做多方案的技术经济比较。厂址选择要视不同系统或行业的特点，选择能最大限度满足使用要求，并且能节省建设投资的建设位置。

② 原材料、能源及水和人力的供应要满足项目生产工艺和营销的要求。

③ 合理利用土地。建设场地的选择要以节约项目用地为准则，尽可能不占或少占农田。

④ 应以节约和效益为基本原则，尽量降低建设投资，节省运费，减少成本及提高利润。

⑤ 认真考虑环境保护原则。在选择建设场地时，要注意环境保护，以人为本，减少对生态与环境的不良影响。

⑥ 满足实事求是的原则。在选择建设场地时，应对多个建设场地调查研究，科学地分析和比选。

细节 28： **建设项目场地选择应考虑的因素**

(1) 自然因素 自然因素包括自然资源与自然条件两方面。

① 自然资源包括矿产资源、土地资源、水资源、海洋资源、气象资源等。

一些大中型建设项目选址主要受某种或几种资源赋存状况的影响。如矿山采选项目的厂址选择为矿产资源指向型，而水力发电站项目的选择是水资源指向型的。许多项目本身并不直接使用矿产资源，也要了解占地的矿产资源状况。因为非经国务院有关部门批准，不得覆盖重要矿床。用水量大的项目选址由水源的开发条件、水量、水质以及可能对地区生态环境的影响而决定。我国水资源空间分布不平衡，制约了耗水量大的火电、钢铁及石化等工业项目选址的自由度。

② 自然条件包括地形、地貌和水文地质、占地面积、工程地质等，对项目选址影响很大，有时可起到决定性的作用。避免设于强烈地震带、泥石流、断层等不良地质地段；地下建筑物、构筑物、工程管线较多的项目应尽可能选在地下水位较低的地段。有些项目本身并没有对环境产生不利影响，但对环境影响的结果较敏感。如农产品加工业项目的原材料可能因水和土壤被污染而无法使用。

（2）运输和地理位置因素

① 运费是生产成本的重要部分。选址要在原料、燃料及产品销售地的关系网中综合研究，寻求最小运费点。

② 地理位置因素是指建设项目拟选地点与资源产地水陆交通干线及港口、大中城市、经济发达地区、消费市场等的空间关系。有利的地理位置通常有好的经济协作条件，从而能方便地获得原料、燃料、技术及信息。

（3）经济技术因素 经济技术因素一般包括拟选地的经济实力、协作条件、基础设施、技术水平、人口素质与数量、市场潜力等。它们是工业化的结果，并对工业发展与项目选址产生影响。

在经济实力强的地区新建、扩建企业，可利用已有的基础设施，协作条件好，离消费地近，明显有集聚经济效益，但也可能存在远离原材料供应地等的不足。对于所需要的投入物，在决策分析与评价阶段不仅应考虑其数量的充足性，还要考虑供应的可靠性和质量等。

有的项目对当地项目融资能力要求高，选址时应对各地的融资能力进行比较。高新技术项目一般对某种专业人才有特别要求，因此应着重研究人才的可获得性。

（4）社会、政治因素与管理机构素质 国家对经济社会发展的总体战略布局、少数民族地区和贫困地区经济发展问题、国防安全、保护生态环境等因素都影响甚至制约着重大建设项目的厂址选择。

在选择厂址时，首先要遵循国家法规、投资指南及开发战略和鼓励、限制与禁止政策等。其次是地方法规，经济特区、沿海城市、各类开发区的项目审批权限和程序及税费减免等鼓励和优惠政策对投资项目也很重要，都应进行考虑。当地管理机构以及合作伙伴的素质，关系到项目能否正常运营的大问题，对选址很重要，需要由项目业主单位通过合作协商等方式亲自体会并提出意见。

在 WTO 条款下，项目选址的地域范围更宽。海外选址时，要熟悉政治、法规、税务、人文等特殊条件，要摸清合作方的资信，并应遵循项目选址的一般原则。

细节29： 备选地点建设条件分析

（1）费用分析

① 项目投资费用。项目投资费用包括：土地征购费、土石方工程费、拆迁补偿费、排水及污水处理设施费用、运输设施费、动力设施费用、生产设施费用、生活设施费用、建材运输费、临时设施费等。

② 项目投产后生产经营费用比较。项目投产后生产经营费用的比较包括：原材料、燃料运入及产品运出的费用，给水、排水、污水处理费，以及动力供应费用等。

（2）市场供需分析 通过市场调查了解各地区该产品生产、供应、销售等情况，特别是供需缺口情况，同时预测未来该产品供需趋势及地域分布状况，进而确定该产品的最主要消费市场和最具潜力市场在哪个地区。

（3）资源蕴藏条件分析 资源是工业生产的基础，工业生产所需资源有矿产资源和农业资源（其中包括农、林、牧、渔）两大类。备选地点资源蕴藏条件是采掘、冶炼、建材、基础化工与农产品初加工等工业项目选择厂址的先决条件。一般情况下，对资源分析评价的内容包括：项目产品所需资源的种类与性质，被选地区资源分布的特点，蕴藏量，品位，资源开采条件与综合利用方式，供本项目使用的可能性等。

（4）原料、燃料、电力、水资源供应条件分析

① 对原料与燃料供应条件的分析主要依据项目产品与生产工艺的要求，分析原料与燃料供应的可能性、供应距离、供应来源、出运方式、种类、形态、数量、质量、价格等。

② 对供电条件的分析。对供电条件的分析包括：供电量、电价、电压、工频、输电距离、必备供电设施等，对蒸汽压缩空气等动力介质应当分析供应来源（外厂购进或自备），供应方式（集中供应还是分散供应）。

③ 对供水条件的分析应当调查被选地区的水源类型、水位、分布、水质、可供量、水源变动规律、取水设施投资费用等情况，并根据项目用水的性质、水质、水量要求，通过技术经济综合对比选择合适的水源地建厂。水源包括城市供水、地下水与地表水。项目用水按性质可分为原料用水、锅炉用水、冷却用水、工艺用水、生活用水等。选择水源地的原则是：取水、输水、净化、排放安全便利，经济合理，对用水量不大的工厂可采用城市供水，而用水量大的工厂应当靠近河流，水库等地面水源。

（5）劳动力资源条件分析 项目所需劳动力应当在建厂地区就近解决，避免从远处大量调动工人，对建厂地区劳动力资源分析应根据项目对劳动力的数量、年龄、性别、工种、文化程度、技术等级等方面要求进行。劳动力资源条件分析中还应包括当地项目施工技术力量，现有生活供应服务设施和住宅等方面的情况。

（6）交通运输条件分析 交通运输条件分析包括运输方式、运输距离、运量和运价等。交通运输条件分析应尽可能选择具备现成或拟建运输线的地区，在同一地区内有铁路、分路、河运、海运及航空运输等多种不同的运输方式，应当根据原料，产品的特点及流向，选择最适宜的运输方式，并考虑其运价，载重能力，运输速度和运输均衡性等条件。

（7）生产技术协作条件分析 根据项目生产经营特点对经济协作的要求，将工厂建在可充分利用区域经济优势，便于分工协作与专业化生产的地区。这就需要调查备选地点现有工业配置情况，现有企业、教育、科研、情报、商贸及金融等机构的分析情况，并分析该项目进行生产技术协作、分享专业化分工和集聚带来的经济效益的可能性。

（8）社会、政治、经济、文化状况分析　社会、政治、经济、文化状况分析包括文明程度、道德风尚、治安秩序、开放意识、行政效率、产业政策、发展规划、经济形势、消费能力、教育水平、生活方式、文化传统与科研力量等。以上因素构成项目投资的软环境，虽然都是定性因素，但对工厂日后生产经营影响极大，在选择厂址时，同样应当高度重视。

（9）自然生态环境状况与分析　工厂是处于自然环境中的人为的系统，地理位置、地貌、地质、气候、水文等环境要素能够对工厂生产经营产生影响。反之，工厂从自然环境获取原料，生产过程中排放废水、废气、废物等活动，又对自然生态环境产生不利影响。因此，自然环境因素是厂址选择的重要因素，对采用化学工艺过程为主的项目更是如此。

对自然生态环境状况的分析包括：对自然环境要素的描述、拟建项目与环境相互作用分析、对环境影响后果的预测、拟采取防护措施的有效性评价等。

细节30：　建设项目场地选择的步骤

（1）准备阶段

① 组织专门的选址工作小组，制定选址工作计划。选址工作小组成员包括多方面的有专长和有经验的专家。

② 根据拟建工厂生产经营的技术经济特点，拟定建厂条件与指标，明确拟建工厂对厂址选择的相关要求。

a. 根据工厂生产规模，比照类似工厂（或扩大指标）估算工厂占地面积，确定土建工程内容与工程量，提出对用地外形、工程地质及水文地质等要求，设想若干个厂区布局方案，并绘制总平面草图。在估算占地面积时，要考虑将来发展的需要与合理的使用土地。

b. 根据工厂生产纲领与工艺流程确定工厂的组织形式、组成和协作条件要求。

c. 根据工厂生产纲领，确定工厂运输量和运输方式、用水量与水质要求、用电量和负荷等级以及燃气、蒸汽及氧气等的概略需要量。

d. 根据工厂生产规模、组织形式及工作制度来确定全厂劳动定员（年龄、工种、等级、性别）及劳动力来源。

③ 收集查阅建厂地区已有资料，包括历史，地质，人文，气象，地理，水文，交通等情况以及城市规划图、厂区地形图等，其目的是为了对建厂地区有初步印象。

（2）现场勘察阶段　在完成准备工作后，选址工作小组开赴建厂地区做实地调查及勘测，搜集厂址基础资料，研究建厂的可能性，了解并解决有关建厂的问题。工作组要邀请当地城建部门参加，并取得当地政府的指导和支持。为了方便工作，要事先制定周密的调查提纲。现场勘察需进行下列工作。

① 从当地政府城建部门取得城市规划图、拟选厂址地形图及其他书面材料，并听取其介绍情况及对建厂的意见。在此基础上，初步选出几个备选厂址，并大致绘出工厂的生产区、废料场及生活区的总平面图，来作分析比较。

② 对备选厂址进行现场勘察，进一步收集、核查有关建厂条件的资料数据。现场勘察的内容主要包括以下几项。

a. 厂区面积与外形以及地形、地质、地貌、土壤、水文、气象等情况，观察附近河道与水井的水位及全年变化的情况，查明厂区被洪水淹没的可能性及淹没的范围。

b. 厂区及其附近现有农田、果园、林地、鱼塘、沟渠、高压电线及微波发射设施、坟墓、房屋及文物古迹等地物情况。

c. 厂区附近供水、供电及供气等基础设施情况，能否利用现有管线，可否与其他单位共同建设，或需自建输运管线。工程用水、电及燃气的来源与进厂地点。预计工程费用。

d. 厂区附近现有交通运输线路情况，研究修建铁路专用线、专用公路及专用码头等场外运输工程的必要性、可行性、工程量与投资额。

e. 厂区附近的卫生防疫情况，工厂排放"三废"对周围居民及自然环境的影响，厂区附近已有生产设施排放"三废"对拟建厂区的影响；可能采用的治理"三废"措施及费用。

f. 当地施工条件情况，调查当地的施工力量、现有工程造价及建筑材料生产供应（包括：品种、规格、质量、可供应数量、价格）等方面的情况。

注意：现场勘察时，一定要有熟悉当地情况的有关部门人员参加。选择合适的勘察季节，便于清楚观察场地的自然概貌。对收集的资料数据做认真细致的核查，详细记录。当地类似工厂或工程的建设资料具有重要参考价值，也应进行收集和利用。

（3）确立方案阶段

① 根据收集到的资料与现场勘察结果，对各备选厂址方案从技术条件、建设费用和经营费用三方面列表进行比较，见表 3-2、表 3-3。

表 3-2　厂址技术条件比较表

序号	内容	厂址方案		
		第 1 厂址	第 2 厂址	第 3 厂址
1	厂址位置			
2	厂址面积：平方米			
3	厂址地貌特征			
4	土石方工程量			
	土方：立方米			
	石方：立方米			
5	占用土地			
	耕地：公顷			
	荒地：公顷			

序号	内容	厂址方案		
		第1厂址	第2厂址	第3厂址
6	厂址的工程地质条件			
7	厂址的交通条件			
	铁路专用线:千米			
	厂外公路:千米			
	水运码头:个			
8	厂外供水工程			
9	厂外排水工程			
10	供电工程			
11	三废处理条件及废料堆场			
12	厂址上的拆迁工程量			
13	原材料、燃料和成品的运输条件			
14	施工条件			
15	其他需要比较的项目			

注:本表可用工程量作比较,亦可用描述优缺点来进行比较。

表3-3　建设费用和经营费用比较表

序号	工程名称	单位	第Ⅰ方案		第Ⅱ方案		第Ⅲ方案	
			数量	金额	数量	金额	数量	金额
	建设费用(一次支出)							
1	土地购置费	亿元						
2	土石方量	立方米						
3	交通运输							
	铁路	千米						
	公路	千米						
	码头	个						
4	供水							
	取水口	个						
	管道	米						
5	排水							
	管道	米						
	废水处理	套						
6	动力供应							
	电(或自备电站)	千瓦						
	气(或自备气)	吨						
7	电气线路	千米						
8	建筑材料运输费用	万元						
9	其他需要比较的项目	万元						
	经营费用(每年支出)							
1	原材料运输费	万元						
2	燃料运费	万元						
3	成品运费	万元						
4	水　费	万元						
5	电　费	万元						
6	动力供应沿管线损失	万元						
7	其他需要比较的项目	万元						
	合计	万元						

注:投资相等的项目,可不列入表内比较。

经综合分析论证，提出推荐方案，并绘制厂址规划示意图及工厂总平面布置示意图。

② 确定方案以后，要与当地政府及有关部门签订关于土地使用、铁道接轨、电力供应等协议，协商中的有关分歧报经上级仲裁。

③ 编制选址报告，提交上级批准。选址报告的内容包括以下几方面。

a. 选址工作过程概述。

b. 选址的依据包括：工厂生产纲领、建厂条件指标及初选若干厂址的情况说明。

c. 建厂地区的自然、地理、经济、社会概况。

d. 厂址方案的比较，综合分析论证主要包括：各厂址技术条件比较表、各厂址建设费用与运营费用比较表及其说明。

e. 厂址建设条件概况包括：原材料和燃料供应、供水、供电、供汽、运输、施工等条件以及地质、水文、地貌、气象等方面的情况。

f. 当地政府及有关部门对厂址的意见。

g. 存在的问题及建议。

h. 推荐方案及推荐的理由。

i. 附录：主要包括厂址规划示意图、厂址总平面布置示意图、有关协议文本及附件等。

细节 31： 建设项目厂址方案评价

(1) 分级计分法 分级计分法是将影响厂址的所有因素按重要性划分等级、计分，按总分值的大小选择厂址的一种综合评价方法。主要步骤如下：

列出影响厂址的各项因素→按各因素的重要性，定出评价每个因素的分级计分标准→将被评价厂址方案的每个因素按分级计分标准，分出等级，并给出分值→将被评价厂址方案的每一个因素的分值相加得总分，总分值最高的方案即为最优方案。

(2) 重心平衡法 如在厂址选择的各个因素中，运输费用为决定性因素，或其他因素都已做出判断，只需考虑运输成本的大小，可用此法来确定厂址的位置，以得到使运输距离最短、运输费用最低的厂址位置。

假设已知各原料基地在某段时间内的供应量为 Q_i（$i=1, 2, \cdots, n$）；各原料基地的地理位置已知，则可将其标于直角坐标图上（如图 3-2 所示），可按照下列公式求出最佳厂址坐标，即到各供应地运距最短的重心坐标 (x_0, y_0)，其公式为

$$x_0 = \frac{\sum\limits_{i=1}^{n} Q_i x_i}{\sum\limits_{i=1}^{n} Q_i}, \quad y_0 = \frac{\sum\limits_{i=1}^{n} Q_i y_i}{\sum\limits_{i=1}^{n} Q_i} \tag{3-1}$$

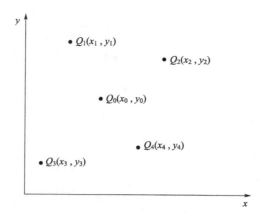

图 3-2　原料基地的地理位置坐标

式中　x_0, y_0——选定的厂址离中心城市在 x 方向及 y 方向的距离；

　　　　x_i——第 i 材料供应地离中心城市 x 方向距离；

　　　　y_i——第 i 材料供应地离中心城市 y 方向距离；

　　　　n——主要材料供应地的数目；

　　　　Q_i——第 i 个材料供应地的年供应量（即运输量）。

按以上公式，计算出待定厂址到各供应地的运距，从中选取最短的。

（3）费用比较法　费用比较法是厂址选择中较为常用的方法。具体步骤有以下几点。

① 在已确定的建厂地区，按照建设的一般要求及企业的特殊要求，提出若干厂址方案，对拟建厂址进行初步勘察，对各项建厂条件作概略说明和定量计算。

② 对于备选厂址各项建厂条件进行对比，从中选出 2～3 个较优方案，详细勘察，估算出这些厂址的建设费用与经营费用。

③ 对初选出的 2～3 个方案的建设费用和经营费用进行分析比较。如果某个方案的建设费用和经营费用都最小，则该方案最优。如果某个方案的建设费用大而经营费用小，另一个方案的建设费用小而经营费用大，则需要计算追加投资回收期，以确定最优方案。

【例 3-1】现对分别计划坐落于 A、B、C 三个地区的甲、乙、丙三个厂址进行分级评分。假设根据项目要求，项目地区位置分级评定标准表见表 3-4，厂址分级评分标准表见表 3-5。请根据项目要求，确定厂址的位置。

表 3-4　项目地区位置分级评定标准表

因素序号	评价指标	评价选择标准及得分			
		最优(1)	良好(2)	可用(3)	恶劣(4)
1	接近原料	40	30	20	10

因素序号	评价指标	评价选择标准及得分			
		最优(1)	良好(2)	可用(3)	恶劣(4)
2	接近市场	40	30	20	10
3	能源供应	20	15	10	5
4	劳动力来源	20	15	10	5
5	用水供应	20	15	10	5
6	企业协作	20	15	10	5
7	气候条件	16	12	8	4
8	文化情况	8	6	4	2
9	居住条件	8	6	4	2
10	企业配置情况	8	6	4	2
	合计最大总分	200	150	100	50

表 3-5 厂址分级评分标准表

评价因素	评价指标	分级评分标准			
		最优(Ⅰ)	良好(Ⅱ)	可用(Ⅲ)	恶劣(Ⅳ)
1	位置	80	50	40	30
2	地形地势	40	30	20	10
3	地质条件	50	40	20	5
4	运输条件	60	40	30	10
5	生产经营条件	80	60	30	10
6	协作条件	40	30	20	10
7	劳动力质量	30	20	10	5
8	污染及治理	20	15	10	5
9	建设施工条件	40	30	20	10
10	生活条件	30	20	10	5
	合计最大总分	470	335	210	100

【解】(1) 根据上述标准，分别对三个地区进行打分，地区位置选择评价评分见表 3-6。

表 3-6 地区位置选择评价评分表

评价因素	A 区		B 区		C 区	
	等级	分数	等级	分数	等级	分数
1	(1)	40	(2)	30	(3)	20

评价因素	A区		B区		C区	
	等级	分数	等级	分数	等级	分数
2	(2)	30	(2)	30	(2)	30
3	(1)	20	(1)	20	(3)	10
4	(3)	10	(3)	10	(2)	15
5	(2)	15	(3)	10	(1)	20
6	(3)	10	(1)	20	(2)	15
7	(2)	12	(3)	8	(3)	8
8	(1)	8	(2)	6	(3)	4
9	(2)	6	(1)	8	(2)	8
10	(2)	6	(1)	8	(3)	4
总计得分		157		150		134

（2）根据每个区得分来计算评价总分，并根据每区所得总分进行选择。从表中可看出 A 区得分最高。

（3）根据（厂址分级评分标准表）规定的标准，分别对甲、乙、丙三个厂址进行评价打分，其结果见厂址选择评分表 3-7。

表 3-7　厂址选择评分表

评价因素	甲厂址		乙厂址		丙厂址	
	等级	分数	等级	分数	等级	分数
1	Ⅰ	80	Ⅱ	50	Ⅲ	40
2	Ⅱ	30	Ⅰ	40	Ⅱ	30
3	Ⅱ	40	Ⅱ	40	Ⅰ	50
4	Ⅱ	40	Ⅲ	30	Ⅰ	60
5	Ⅰ	80	Ⅱ	60	Ⅱ	60
6	Ⅲ	20	Ⅱ	30	Ⅳ	10
7	Ⅲ	10	Ⅰ	30	Ⅳ	5
8	Ⅱ	15	Ⅰ	20	Ⅳ	5
9	Ⅰ	40	Ⅱ	30	Ⅲ	20
10	Ⅱ	20	Ⅱ	20	Ⅱ	20
总计得分		375		350		300

由厂址分级评分标准表和评分结果可以看出：甲厂址得分最高。

（4）对厂址的地区位置和具体厂址进行综合评分，其结果见表 3-8。

表 3-8　厂址综合评分表

备选厂址方案	地区位置评价总分	厂址选择总分	综合评价总分
甲厂址	157	375	532
乙厂址	150	350	500
丙厂址	134	300	434

可以看出：甲厂址得分最高，可作为最佳厂址方案。

细节 32：　建设项目选址报告的内容及审批

（1）建设项目选址报告的内容

① 选址工作过程概述。

② 选址的依据包括：工厂生产纲领、建厂条件指标以及初选若干厂址的情况说明。

③ 建厂地区的自然、地理、经济、社会概括。

④ 厂址建设条件概况包括：原材料和燃料供应、供电、供水、供汽、运输、施工等条件以及地质、地貌、水文、气象等方面的情况。

⑤ 厂址方案比较，综合分析论证包括：各厂址技术条件比较表，各厂址建设费用、运输费用报价表及其说明。

⑥ 推荐方案及推荐理由。

⑦ 所存在的问题及建议。

⑧ 当地政府及有关部门对厂址的意见。

⑨ 附录包括：厂址规划示意图，厂址总平面布置示意图，有关协议文本及附件等。

（2）建设项目选址报告的审批　　建设场地的审批权限，新建工业区和大型建设项目报住房和城乡建设部（原国家建委）审查批准；中小型项目按隶属关系由国务院主管部门或省、市、自治区审查批准。国务院各部门直属的中小型项目的具体建设地点，应取得所在省、市、自治区的同意。

细节 33：　建设项目场地地震安全性评价

（1）进行场地地震安全性评价的建设项目　　地震安全性评价工作，建设单位必须在项目可行性研究阶段委托具有建设工程安全性评价资质的单位进行。

① 占地面积大，位于跨越不同地质条件或地质复杂条件区域的大型建设项目。

② 位于地震带参数区分界线两侧各 8km 区域内的新建、改建、扩建工程。

③ 地震研究资料尚不发达的地区。

④ 80m 以上的高层建筑工程。

⑤ 公路、铁路建设中长度大于 500m 的多孔桥梁或跨度大于 100m 的单孔

桥梁。

⑥ 铁路特大型站的候车楼、地下铁路、机场中的候机楼、航管楼、大型机库。

⑦ 水库大坝、堤防及其他有严重灾害隐患的大型工程。

⑧ 500 张床位以上的医院，6000 个座位以上的大型体育馆，1200 个座位以上的大型影剧院，建筑面积在 10000m² 以上的、人员活动集中的多层大型公共建筑。

（2）建设单位对场地地震安全性评价管理程序

① 项目建设单位需持项目建议书批复文件到市地震工作主管部门进行登记，由地震工作主管部门确定地震安全性评价类别，出具地震安全性评价类别认定书。

② 评价单位必须持有国家地震局核发的《工程建设场地地震安全性（或抗震性能）评价许可证》。许可证上注明资质、等级和评价范围。建设单位所选的评价单位的资质、等级和评价范围必须与建设项目的性能、规模、当地条件相一致。建设单位通过与选择的设计单位协商后，由设计单位（或建设单位）填写建设场地地震安全性评价委托书，由建设单位或建设单位授权的监理单位委托给评价单位。评价单位编制评价工作大纲，经地震设计部门、主管部门、建设单位审查同意后，由建设单位与评价单位签订评价合同。

③ 市地震工作主管部门对地震安全性评价报告进行评审后，确定抗震设防要求，出具确认证明。

④ 建设单位按合同收到《建设项目场地地震安全性评价报告》后，应立即上报当地地震安全性评价委员会评审，评审意见转评价单位进行修正评价报告，再送评价委员会评审。经评审通过的地震安全性评价报告送省（自治区、直辖市）地震主管部门审核批准，确定抗震设防标准。大型、特大型工程由当地地震主管部门确定送国家地震局进行审核批准。建设单位最后将评价报告副本和审批副本转交设计单位，进行抗震设计。

⑤ 经审核批准后的抗震设防标准，任何单位和个人不得擅自降低或提高。

（3）场地地震安全性评价报告内容与审定

① 地震安全性评价报告的内容：

a. 建设项目概述和地域地震概述；

b. 地震地质构造评价；

c. 区域及近场区地震活动性研究；

d. 震害分析研究；

e. 设防烈度或设计地震的参数；

f. 地震预报；

g. 其他有关技术资料。

② 地震安全性评价报告的审定

a. 国务院地震工作主管部门负责下列地震安全性评价的审定：

ⅰ. 国家重大建设工程；

ⅱ. 跨省、自治区、直辖市行政区域的建设工程；

ⅲ. 核电站和核设施建设工程。

b. 各省、自治区、直辖市的人民政府负责管理地震工作的部门或者机构负责上述规定以外的建设工程地震安全性评价报告的审定。

3.4 建设项目环境影响评价 ▶▶▶

细节34：建设项目环境影响评价分类管理

根据《中华人民共和国环境影响评价法》的规定，国家根据建设项目对环境的影响程度，对建设项目的环境影响评价实行分类管理。

建设单位应当按照下列规定组织编制环境影响报告书、环境影响报告表或者填报环境影响登记表（统称为环境影响评价文件）：

① 可能造成重大环境影响的，应当编制环境影响报告书，对产生的环境影响进行全面评价；

② 可能造成轻度环境影响的，应当编制环境影响报告表，对产生的环境影响进行分析或者专项评价；

③ 对环境影响很小、不需要进行环境影响评价的，应当填报环境影响登记表。

建设项目的环境影响评价分类管理名录，由国务院生态环境主管部门制定并公布。

细节35：建设项目环境影响评价的主要任务

按照国家现行规定，对于新建项目必须进行环境评价，其主要任务如下。

（1）环境条件调查 对拟建项目所在地的环境条件作全面详细的调查，确定所在地的自然环境、生态环境、社会环境和其他特殊环境的环境状况，这样才能对建设项目引起的所有重要的直接或间接的环境影响进行评价。环境条件调查的重点因素和调查内容有以下几点。

① 自然环境调查 调查项目所在地的大气、土壤、水体、地貌等自然环境状况及其发展趋势。

a. 说明拟建项目所在位置，并提供区域位置图和地形图；叙述区域周围地形、地貌及厂区的主要地质特征，如山崩、滑坡、河堤冲刷、火山、地震；工程地质对建筑物的影响很大，如地基由于建筑物的重量而下沉，土坡因挖掘而崩陷等有关结论性意见；水文地质是与工程现象有关的地下水文现象，调查对可能受到拟建项目运行影响的水体及其地下水的形成、含水厚度分布、水位等值线、水力坡度及运动规律等，提供理化性质及生物、水文特性、季节水位变化幅度的均值及极值。

b. 叙述拟建项目区域的地表水，如江、河、湖、水库等的相对位置、大小形状、流动方式及流域概况，给出温度、水位、流量、流速、湖位、洪水位、丰水期与枯水期水位、水体底部以及岸边构造等参数；对海洋需提供潮型、潮流速度、潮位、流向、持续时间、盐度和波浪活动等参数；对湖泊应提供半交换期和容量；对可能受污染的水体应提供平均宽度、深度、扩散系数和稀释的不均匀性等参数值。

c. 提供对厂址有影响的暴雨、风暴与溃坝等造成的洪水水位、流量、规模及作用数据。

d. 调查拟建项目所在地区的气候特征，包括年、月平均和极端温度，湿度、降水量、降水和出现雾的小时数等；给出各类大气稳定度下适宜的大气扩散参数和现场必要的观测与实验资料。

② 生态环境调查 调查项目所在地的森林草原植被、水产、矿藏、农作物、动物栖息、水土流失等生态环境状况及其发展趋势。主要是调查土地利用与资源概况，如对矿藏、森林、草原、水产及野生动植物、农作物等分布和利用情况；农、牧、副、渔业生产概况，包括面积、品种、产量、活动方式、生长和贮存、经济价值以及项目建成后对其影响程度。

③ 社会环境调查 调查项目所在地的居民生活、风俗习惯、文化教育卫生等社会环境状况及其发展趋势。主要调查当地居民的分布状况，常住人口及流动人口数量、密度，各个年龄组人口数量比例与文化层次，风俗习惯等社会经济活动所造成的污染，并分析环境破坏后的现状资料。调查厂址周围的政治、文化及娱乐设施，工矿企业和军事设施分布状况，特别指出弹药、油料和易燃、易爆的化学品仓库，武器试验场等；对陆、海、空交通要道的位置及分布状况进行说明。

④ 环境保护区调查 调查项目周围地区自然保护区、名胜古迹、风景游览区、温泉、疗养地等环境保护区状况及其发展趋势。

(2) 工程分析 工程分析是环境影响预测和评价的基础，并且贯穿于整个评价工作的全过程，主要任务是对工程的一般特征、污染特征以及可能导致生态破坏的因素作全面分析，从宏观上掌握建设项目与区域乃至国家环境保护全局的关系，从微观上为环境影响预测、评价和提出消减负面影响的措施提供基础数据。工程分析的主要内容需根据建设项目的特征以及项目所在地的环境条件来确定。对于环境影响以污染因素为主的大多数建设项目，工作内容一般包括以下几点。

① 工程概况描述。包括工程的一般特征、工艺路线、生产方法、物料能源消耗定额及主要的技术经济指标等。

② 污染影响因素分析。包括污染源分布和排放量分析与废水、废气和固体废弃物的处理与处置。

③ 污染源分布的调查方法。

④ 事故与异常排污的源强分析。事故和异常排污是非正常排污，其发生不确定。在源强分析中，不但要确定污染物排放量，还要确定与其对应的发生概率，因此属于风险评价的范畴。

⑤ 污染物排放水平的检验。为了辨识以上工程分析的结果是否合理，应将本项目的结果与国内外同类项目按单位产品与万元产值的排放水平进行比较。

⑥ 污染因子的筛选。工业建设项目排放的废气、废水及固体废弃物中，存在多种不同的污染物，但对环境有重大影响的只是其中一部分，且影响程度也各不相同。所以，必须抓住重点，筛选出主要的污染因子并进行评价。

⑦ 工程分析用于环境影响辨识。这一步的工作是辨识主要污染因子的污染影响特征、危害环境的途径及对象。

⑧ 环境保护方案与工程总图的分析。

⑨ 对生产过程和污染防治的建议。

⑩ 工程分析小结。

(3) 环境影响因素确定及环境影响程度分析　在全面分析项目所在地的环境信息之后，即可根据工程项目类型、性质及规模来分析和预测该工程项目对环境的影响，找出其主要影响因素，作为环境影响程度分析。在分析工程项目对环境的影响之后，即可对项目建设过程中破坏环境、生产运营过程中污染环境且导致环境质量恶化的因素进行分析。

(4) 环境保护措施　在分析环境影响因素和其影响程度的基础上，根据国家有关环境保护法律、法规的要求，研究治理的方案。结合项目的污染源与排放污染物的性质，采取不同的治理措施。在比选后，提出推荐方案，并编制环境保护治理设施与设备表，同时列出用于污染治理所需的投资，此投资以可行性研究报告估算值为基础，必要时可作适当调整。

细节 36：　建设项目环境影响评价的作用

(1) 保障和促进国家可持续发展战略的实施　当前，实施可持续发展战略已成为我国国民经济和社会发展的基本指导方针。实施可持续发展的一个重要途径，就是将环境保护纳入综合决策，转变传统的经济增长模式。国家制定环境影响评价的法规，建立健全环境影响评价制度，即为了在建设项目实施前就综合考虑到环境保护问题，从源头上预防或减轻对环境的污染和对生态的破坏，从而保障和促进可持续发展战略的实施。

(2) 预防因建设项目实施对环境造成不良影响　以预防为主，是环境保护的一项基本原则。如果等造成环境污染后再去治理，不但在经济上要付出很大代价，而且很多环境污染一旦发生，即使花费很大代价，也难以得到恢复。甚至某些生态系统具有不可逆转性，一旦遭到破坏，根本无法恢复。因此，对建设项目进行环境影响评价，使其在兴建动工之前，就可根据环境影响评价的要求，修改和完善建设方案设计，提出相应的环保对策和措施，进而预防和减轻项目实施对环境造成的不良影响。

(3) 促进经济、社会和环境的协调发展　经济的发展和社会的进步要与环境相协调。为实现经济和社会的可持续发展，必须将经济建设、城乡建设与环境建设和资源保护同步规划、同步实施，以此达到经济效益、社会效益和环境效益的统一。对建设项目进行环境影响评价在于避免和减轻环境问题对经济和社会的发展可能造成的负面影响，达到促进经济、社会和环境协调发展的目的。

细节37：建设项目环境影响评价工作要求

在具体的环境影响评价工作中应体现政策性、针对性和科学性，并符合下列工作要求。

(1) 符合政策　政策性是建设项目环境影响评价工作的灵魂，评价工作必须根据国家和地方颁布的有关法律、方针、政策、标准、规范以及规划，提出切合实际的环境保护措施与对策，使其达到必须执行的规定标准，符合国家环境保护法律法规和环境功能规划的要求。

① 项目选址。应根据产业政策，并结合总体规划去评价其布局的合理性。

② 项目用地。要结合国家的土地政策与生态环境条件去评价其节约用地的必要性。

③ 所选工艺和污染物排放状况。要结合能源和资源利用政策去评价其技术经济指标的先进性。要求工艺设计积极采用无毒无害或低毒低害的原料，采用不产生或少产生污染的新工艺、新技术、新设备，最大限度地提高资源、能源的利用率，尽可能在生产过程中将污染物减少到最低限度，实现清洁生产的要求。

④ 环境保护措施和装备水平。要结合现行技术政策去评价其"三效益"的统一。并从"三效益"统一的角度进行分析与论证，力求环境保护治理方案技术可行、经济合理。

⑤ 环境质量。要结合环境功能规划和质量指标去评价其保证性。要坚持污染物排放总量的控制，达到国家或当地有关部门颁发的排放标准的要求。

⑥ 资源的综合利用。对项目产生的废水、废气、固体废弃物，应尽可能提出回收利用的方案，提高资源的利用价值。

(2) 有针对性　环境影响评价工作者必须针对项目的工程特征和所在地区的环境特征进行深入分析，并抓住危害环境的主要因素，带着问题搞评价，使工作有的放矢，进而确保环境影响评价报告起到为主管部门提供决策依据，为设计工作制定防治措施，为环境管理提供科学依据的三个基本作用。

(3) 具备科学性　环境影响评价是由多学科组成的综合技术，其工作内容主要是针对开发建设项目预测其未来的影响。由于这项工作在时间上具有超前性，所以开展这项工作时，从现状调查、评价因子筛选到专题设置、监测布点、取样、测试、分析、数据处理、模式预测以及评价结论都应严守科学态度，认真完成各项任务。

建设项目环境影响评价文件的编制与报批

① 建设单位可以委托技术单位对其建设项目开展环境影响评价，编制建设项目环境影响报告书、环境影响报告表；建设单位具备环境影响评价技术能力的，可以自行对其建设项目开展环境影响评价，编制建设项目环境影响报告书、环境影响报告表。

② 编制建设项目环境影响报告书、环境影响报告表应当遵守国家有关环境影响评价标准、技术规范等规定。

③ 接受委托为建设单位编制建设项目环境影响报告书、环境影响报告表的技术单位，不得与负责审批建设项目环境影响报告书、环境影响报告表的生态环境主管部门或者其他有关审批部门存在任何利益关系。

④ 建设单位应当对建设项目环境影响报告书、环境影响报告表的内容和结论负责，接受委托编制建设项目环境影响报告书、环境影响报告表的技术单位对其编制的建设项目环境影响报告书、环境影响报告表承担相应责任。

⑤ 除国家规定需要保密的情形外，对环境可能造成重大影响、应当编制环境影响报告书的建设项目，建设单位应当在报批建设项目环境影响报告书前，举行论证会、听证会，或者采取其他形式，征求有关单位、专家和公众的意见。

⑥ 建设单位报批的环境影响报告书应当附具对有关单位、专家和公众的意见采纳或者不采纳的说明。

建设项目环境影响报告书

(1) 建设项目概况
① 建设项目名称，建设性质。
② 建设地点。
③ 建设规模（扩建项目应说明原有规模）。
④ 主要原料、燃料、水的用量和来源。
⑤ 产品方案和主要工艺方法。
⑥ 废水、废气、废渣、粉尘、放射性废物等的种类，排放量和排放方式。
⑦ 废弃物回收利用，综合利用和污染处理方案，设施和主要工艺原则。
⑧ 占地面积和土地利用情况。
⑨ 职工人数和生活区布局。
⑩ 发展规划。

(2) 建设项目周围环境现状
① 建设项目的地理位置（附位置平面图）。
② 周围地区地形地貌和地质情况、江河湖海和水文情况、气象情况等。
③ 周围地区的自然保护区、风景游览区、名胜古迹、温泉、疗养区以及重

要政治文化设施情况。

④ 周围地区矿藏、草原、森林、水产和野生动植物等自然资源情况。

⑤ 周围地区现有工矿企业分布情况。

⑥ 周围地区大气、水的环境质量状况。

⑦ 周围地区人口密度和生活居住分布情况，地方病等情况。

（3）建设项目对环境可能造成影响的分析、预测和评估

① 对周围地区的地质，水文气象可能产生的影响，避免或减少上述影响的措施，最终不可避免的影响。

② 对周围地区自然资源可能产生的影响，避免或减少上述影响的措施，最终不可避免的影响。

③ 对周围地区自然保护区等可能产生的影响，避免或减少这种影响的措施，最终不可避免的影响。

④ 各种污染物最终排放量，其对周围大气、水、土壤的环境质量的影响范围和程度。

⑤ 噪声、振动等对周围生活居住区及基础设施、生产设施的影响范围和程度。

⑥ 绿化措施，其中包括防护地带的防护等和建设区域的绿化。

⑦ 专项环境保护措施的投资估算。

（4）建设项目环境保护措施及其技术、经济论证

（5）建设项目对环境影响的经济损益分析

（6）对建设项目实施环境监测的建议

（7）环境影响评价的结论

细节 40： **建设项目环境影响评价文件的审批**

建设项目环境影响评价文件的审批要求如下：

① 建设项目的环境影响报告书、报告表，由建设单位按照国务院的规定报有审批权的生态环境主管部门审批；

② 海洋工程建设项目的海洋环境影响报告书的审批，依照《中华人民共和国海洋环境保护法》的规定办理；

③ 审批部门应当自收到环境影响报告书之日起 60 日内，收到环境影响报告表之日起 30 日内，分别作出审批决定并书面通知建设单位；

④ 国家对环境影响登记表实行备案管理；

⑤ 审核、审批建设项目环境影响报告书、报告表以及备案环境影响登记表，不得收取任何费用；

⑥ 建设项目的环境影响评价文件经批准后，建设项目的性质、规模、地点、采用的生产工艺或者防治污染、防止生态破坏的措施发生重大变动的，建设单位应当重新报批建设项目的环境影响评价文件；

⑦ 建设项目的环境影响评价文件自批准之日起超过 5 年，方决定该项目开工建设的，其环境影响评价文件应当报原审批部门重新审核；原审批部门应当自收到建设项目环境影响评价文件之日起 10 日内，将审核意见书面通知建设单位；

⑧ 建设项目的环境影响评价文件未依法经审批部门审查或者审查后未予批准的，建设单位不得开工建设；

⑨ 在项目建设、运行过程中产生不符合经审批的环境影响评价文件的情形的，建设单位应当组织环境影响的后评价，采取改进措施，并报原环境影响评价文件审批部门和建设项目审批部门备案；原环境影响评价文件审批部门也可以责成建设单位进行环境影响的后评价，采取改进措施。

建设项目有下列情形之一的，环境保护行政主管部门应当对环境影响报告书、环境影响报告表作出不予批准的决定：

① 建设项目类型及其选址、布局、规模等不符合环境保护法律法规和相关法定规划；

② 所在区域环境质量未达到国家或者地方环境质量标准，且建设项目拟采取的措施不能满足区域环境质量改善目标管理要求；

③ 建设项目采取的污染防治措施无法确保污染物排放达到国家和地方排放标准，或者未采取必要措施预防和控制生态破坏；

④ 改建、扩建和技术改造项目，未针对项目原有环境污染和生态破坏提出有效防治措施；

⑤ 建设项目的环境影响报告书、环境影响报告表的基础资料数据明显不实，内容存在重大缺陷、遗漏，或者环境影响评价结论不明确、不合理。

细节 41： 建设项目环境影响评价结论

在可行性研究报告中的环境影响部分，应该根据国家和地方政策颁布的法规、条例的标准，对以下几点提出明确的结论性意见。

① 从环境现状和环境容量的方面分析，阐明拟建项目排放总量及浓度可否接受。

② 从对环境和居民的影响及危害分析，说明拟建项目及厂址是否可取，是否已优化。

③ 从保护环境的角度考虑，强调设计落实"三同时"等若干环保措施。

④ 阐明影响环境的重要污染物、影响途径及人群。

⑤ 对存在问题提出建设性意见和措施。

除此之外，还必须从人类生存的高度及我国的基本国策的角度来考虑，在评价过程中不能仅仅满足法规、条例和标准的要求，应考虑最优化的高度，尽量以最少花费做更多的事。对国家标准规定的限值不能仅考虑单一因素，还要考虑叠加和累积效应的影响。

上述内容是针对中小型项目或污染物排放并不严重的项目而言的。对于大型项目或污染环境严重的项目，在可行性研究阶段必须由专业环保设计单位编制独立且完整的环境影响报告书，在批准可行性研究报告之前，先由环保部门主持对环境影响报告书进行审批。

细节 42：建设项目环境影响评价的法律责任

① 建设单位未依法报批建设项目环境影响报告书、报告表，或者未依照《中华人民共和国环境影响评价法》第二十四条的规定重新报批或者报请重新审核环境影响报告书、报告表，擅自开工建设的，由县级以上生态环境主管部门责令停止建设，根据违法情节和危害后果，处建设项目总投资额百分之一以上百分之五以下的罚款，并可以责令恢复原状；对建设单位直接负责的主管人员和其他直接责任人员，依法给予行政处分。

② 建设项目环境影响报告书、报告表未经批准或者未经原审批部门重新审核同意，建设单位擅自开工建设的，依照前款的规定处罚、处分。

③ 建设单位未依法备案建设项目环境影响登记表的，由县级以上生态环境主管部门责令备案，处五万元以下的罚款。

④ 海洋工程建设项目的建设单位有本条所列违法行为的，依照《中华人民共和国海洋环境保护法》的规定处罚。

⑤ 建设项目环境影响报告书、环境影响报告表存在基础资料明显不实，内容存在重大缺陷、遗漏或者虚假，环境影响评价结论不正确或者不合理等严重质量问题的，由设区的市级以上人民政府生态环境主管部门对建设单位处五十万元以上二百万元以下的罚款，并对建设单位的法定代表人、主要负责人、直接负责的主管人员和其他直接责任人员，处五万元以上二十万元以下的罚款。

⑥ 接受委托编制建设项目环境影响报告书、环境影响报告表的技术单位违反国家有关环境影响评价标准和技术规范等规定，致使其编制的建设项目环境影响报告书、环境影响报告表存在基础资料明显不实，内容存在重大缺陷、遗漏或者虚假，环境影响评价结论不正确或者不合理等严重质量问题的，由设区的市级以上人民政府生态环境主管部门对技术单位处所收费用三倍以上五倍以下的罚款；情节严重的，禁止从事环境影响报告书、环境影响报告表编制工作；有违法所得的，没收违法所得。

⑦ 编制单位有⑤、⑥规定的违法行为的，编制主持人和主要编制人员五年内禁止从事环境影响报告书、环境影响报告表编制工作；构成犯罪的，依法追究刑事责任，并终身禁止从事环境影响报告书、环境影响报告表编制工作。

⑧ 负责审核、审批、备案建设项目环境影响评价文件的部门在审批、备案中收取费用的，由其上级机关或者监察机关责令退还；情节严重的，对直接负责的主管人员和其他直接责任人员依法给予行政处分。

⑨ 生态环境主管部门或者其他部门的工作人员徇私舞弊，滥用职权，玩忽职守，违法批准建设项目环境影响评价文件的，依法给予行政处分；构成犯罪

的，依法追究刑事责任。

3.5 建设项目经济评价 ▶▶▶

细节 43： **建设项目经济评价基本要求**

（1）动态分析与静态分析相结合，以动态分析为主 过去的评价方法是以静态分析为主，不考虑投入—产出资金的时间价值，其评价指标很难反映未来时期的变动情况。应强调考虑资金时间因素，进行动态的价值判断。即将项目建设和生产不同时间段上资金的流入及流出折算成同一时点的价值，变成可加性数额，进而为不同项目或方案的比价提供同等的基础。对于投资者和决策者树立资金时间价值的观念，资金回收观念有重要作用。

（2）定量分析与定性分析相结合，以定量分析为主 经济评价的根本要求，是对项目建设和生产过程中的经济活动通过费用—效益计算，给出明确的数量概念，进行价值判断。过去，因为缺乏必要的定量分析计算手段，对一些本应定量的因素，往往只能作笼统的定性描述，应强调，凡可量化的经济要素都应作出量的表述，这就是说，一切工艺技术方案、工程方案、环境方案的优劣，都应尽可能通过计算指标将隐含的经济价值揭示出来。

（3）全过程效益分析与阶段效益分析相结合，以全过程效益分析为主 经济评价的最终要求是看项目整个计算期，其中包括建设阶段和生产经营阶段全过程经济效益的大小，因此应将项目经济评价的着眼点和归宿点放在全过程的经济效益分析上。

（4）宏观经济分析与微观效益分析相结合，以宏观经济分析为主 对项目进行经济评价，不仅要看项目本身获利多少，有无财务生存能力，还要考察项目的建设和运营需要国民经济付出多大代价及其对国家所做的贡献。现行评价方法规定，项目评价分为财务评价和国民经济评价两个层次，当两个层次的评价结论发生矛盾时，一般情况下，应以国民经济评价的结论为主，考虑项目的取舍。

（5）价值量分析与实物量分析相结合，以价值量分析为主 无论是财务评价还是国民经济评价都需要设立若干实物指标和价值指标，在评价时应从发展社会主义市场经济前提出发，将资源因素、投资因素、时间因素等都量化为资金价值因素，对任何项目或方案都用一可比的价值量去分析，作为判别、取舍的标准。

（6）预测分析与统计分析相结合，以预测分析为主 进行项目经济评价，既要以现有状况水平为基础，又要做有根据的预测。在对资金流入流出数额进行常规预测的同时，还应对某些不确定性因素和风险性作出估算，包括敏感性分析，盈亏平衡分析和概率分析。

细节 44： **建设项目经济评价基本原则**

项目经济评价应在国家宏观经济政策的指导下进行，使各投资主体的内在利益符合国家宏观经济计划的发展目标。建设项目的经济效益评价应遵循以下基本原则。

(1) 正确处理宏观经济效益与微观经济效益的关系　宏观经济效益是全局的，微观经济效益是局部的，宏观经济效益是微观经济效益的前提和保证，微观经济效益是宏观经济效益的基础，二者在总体上统一，但在局部上又可能存在矛盾。例如有的建设项目从局部来看是可行的，但从全局来看却不利于整个国民经济的综合平衡和协调发展，此时必须坚持微观经济效益服从宏观经济效益的原则。

(2) 正确处理当前经济效益与长远经济效益的关系　任何建设项目的选择，既要重视当前经济的效益，更要重视长远经济的效益，对企业对国家都应如此。在二者发生矛盾时，一般来说，当前的经济效益应服从长远的经济效益，但是应该创造条件，消除或尽可能减少对当前经济效益的损害。

(3) 正确处理直接经济效益和间接经济效益的关系　社会主义国民经济各部门各企业之间既相互联系，又相互制约，虽然其生产目的是一致的，但一个建设项目的实施，有的给本部门或本企业带来较大的经济效益，却影响了其他相关部门或企业的经济效益，相反，有的项目虽对本部门或本企业的经济效益不显著，但却给其他部门或企业带来较大的经济效益。因此，在对建设项目作经济效益评价时，必须既考察其直接经济效益，又要考察其间接经济效益，尽量做到二者的协调统一，才能得出全面、正确的评价结论。

(4) 正确处理经济效益与社会效益的关系　社会主义国家建设项目的实施，除经济目的之外，还应带来社会效益。因此对建设项目作经济评价，必须同社会效益相结合，只有在建设项目同时满足社会、生态、国防等方面要求时，经济评价标准在评价中才能起决定作用，项目的取舍应是经济、社会、技术、生态、国防几个方面综合评价的结果，经济效益评价仅仅是综合评价的一个部分。

细节 45：　建设项目财务评价的作用

建设项目财务评价主要具有以下作用。

(1) 项目决策分析与评价的重要组成部分　对投资项目的评价应从多角度、多方面进行，无论是在对投资项目的前评价、中间评价还是后评价中财务评价都是必不可少的重要内容。在对投资项目的前评价——决策分析与评价的各个阶段中，无论是机会研究、项目建议书、初步可行性研究报告，还是可行性研究报告，财务评价均为其中的重要组成部分。

(2) 重要的决策依据　在项目决策所涉及的范围中，财务评价虽然并非唯一的决策依据，但却是重要的决策依据。在市场经济条件下，绝大部分项目的有关方根据财务评价结果作出相应的决策：项目发起人决策是否发起或进一步推进该项目；投资人决策是否投资该项目；债权人决策是否贷款给该项目；各级项目审批部门在作出是否批准该项目的决策时，财务评价结论也是重要的决策依据之一。即财务评价中的盈利能力分析结论是投资决策的基本依据，其中项目资本金盈利能力分析结论同时也是融资决策的依据；偿债能力分析结论不仅是债权人决策贷款与否的依据，也是投资人确定融资方案的重要依据。

（3）项目或方案比选中起着重要作用　项目决策分析与评价的精髓是方案比选，在规模、技术、工程等方面都必须通过方案比选予以优化，使项目整体更趋于合理，此时项目财务数据和指标往往是重要的比选依据。在投资机会不止一个的情况下，如何在多个备选项目中择优，往往是项目发起人、投资者甚至政府有关部门最为关心的事情，财务评价的结果在项目或方案比选中所起的重要作用是不言而喻的。

（4）配合投资各方谈判，促进平等合作　到目前为止，投资主体多元化已成为项目融资的主流，存在着多种形式的合作方式，主要有国内合资或合作的项目、中外合资或合作的项目、多个外商参与的合资或合作的项目等。在酝酿合资、合作的过程中，咨询工程师会成为各方谈判的有力助手，财务评价的结果起着促使投资各方平等合作的重要作用。

细节 46：建设项目财务评价基本原则

建设项目财务评价应遵循下列基本原则。

（1）费用和效益计算范围的一致性原则　为正确评价项目的获利能力，必须遵循费用与效益计算范围的一致性原则。若在投资估算中包括了某项工程，那么因建设该工程而增加的效益就应该考虑，否则就会低估项目的效益；反之，若考虑该工程对项目效益的贡献，但投资却未计算进去，那么项目的效益就会被高估。只有将投入和产出的估算限定在同一范围内，计算的净效益才是投入的真实回报。

（2）费用和效益识别的有无对比原则　有无对比是国际上项目评价中通用的费用与效益识别的基本原则，项目评价的许多方面均需要遵循这条原则，财务评价也不例外。所谓"有"是指实施项目后的将来状况，"无"是指不实施项目时的将来状况。当识别项目的效益和费用时，须注意只有"有无对比"的差额部分才是由于项目的建设增加的效益和费用，即增量效益和费用。有些项目即使不实施，现状效益也会由于各种原因发生变化。例如农业灌溉项目，如果没有该项目，将来的农产品产量也会由于气候、施肥、种子、耕作技术的变化而变化。采用有无对比的方法，是为了识别那些真正应该算作项目效益的部分，即增量效益，排除那些由于其他原因产生的效益；同时也要找出与增量效益相对应的增量费用，只有这样才能将项目投资的净效益真正体现出来。

有无对比适用于依托老厂进行的改扩建和技术改造项目、停缓建后又恢复建设项目的增量效益分析。对于从无到有进行建设的新项目，也同样适用，只是通常认为无项目与现状相同，其效益与费用均为零。

（3）动态分析与静态分析相结合，以动态分析为主的原则　国际通行的财务评价都是以动态分析方法为主，即根据资金时间价值原理，考虑项目整个计算期内各年的效益与费用，采用现金流量分析的方法，计算内部收益率和净现值等评价指标。

（4）基础数据确定中的稳妥原则　财务评价结果的准确性取决于基础数据的可靠性。财务评价中需要的大量基础数据都来自预测和估计，难免存在不确定性。为了使财务评价结果能提供较为可靠的信息，避免人为的乐观估计所带来的风险，更好地满足投资决策需要，在基础数据的确定和选取中遵循稳妥原则是非常必要的。

细节 47：建设项目财务评价工作程序

建设项目财务评价是在产品市场研究、工程技术研究等工作的基础上进行的，其基本工作程序如图 3-3 所示。

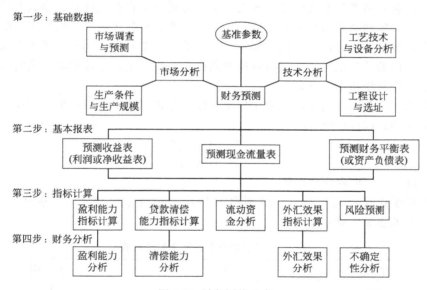

图 3-3　财务评价程序

细节 48：建设项目财务评价的相关指标

（1）资金时间价值　资金时间价值是资金在生产和流通过程中随着时间的推移而产生的增值。

① 单利　单利计算是以本金为基数进行计算利息的方法，每一计算期的利息固定不变，可按式（3-2）计算本利和：

$$F_t = P(1+it) \tag{3-2}$$

式中　F_t——本利和或未来值（期望值）；

P——本金或现值；

i——利率；

t——计息期；

$(1+it)$——单利终值系数。

在利用上式计算本利和 F_t 时，注意式中的 t 和 i 反映的时期要一致。如 i 为年利率，则 t 应用计息的年数；若 i 为月利率，那么 t 应为计息的月数。

② 复利　复利计算是以本金与累计利息（即前一期的利息要作为新本金的一部分与原有本金一起作为增加的本金共同参与下一期按照同一利率标准进行的计息）之和作为基础进行计算利息的方法。上一年的利息可作为下一年的本金再计算利息，即所谓的利上加利的计算。其计算本利和的公式（复利计息公式）为

$$F_t = F_{t-1}(1+i) \tag{3-3}$$

式中　F_{t-1}——表示第 $(t-1)$ 年末复利本利和；

i——计息期复利利率。

(2) 名义利率与有效利率　名义利率与有效利率在利息计算或贷款合同谈判时，一般用年利率表示利率的高低，这个年利率 i 称名义利率。而在实际的贷款条件中，常常一年内计息多次，如半年、一季、一个月等，期利率等于名义利率除以一年内的计息次数。所谓有效利率是指年初的一笔资金按期利率进行计算的年末总利息与年初本金之比。

名义利率与有效利率的差异主要由实际计息期与名义计息期的差异决定，它们的关系如式(3-4)所示：

$$i_{有效} = \left(1 + \frac{i_{名义}}{m}\right)^m - 1 \tag{3-4}$$

式中　m——一年内计息次数。

为便于比较名义利率与有效利率的差异，设 $i_{名义} = 12\%$，计息期不同时，有效利率如表 3-9 所示。

表 3-9　计息期与有效利率的关系表

计息期	一年内计息次数	有效利率
一年	1	12%
半年	2	12.36%
一季	4	12.550%
一月	12	12.6825%
一天	365	12.7475%
一小时	8760	12.7496%
无限小	∞	12.7497%

(3) 普通（间断）复利

① 一次支付的情形　一次支付又称整付，是指所分析系统的现金流量，无

论是流入还是流出，均在一个时点上一次发生，如图 3-4 所示。

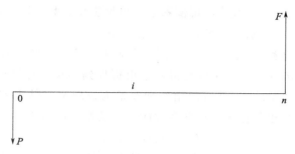

图 3-4　一次支付现金流量图

a. 终值计算（已知 P 求 F）　现有一项资金 P，按年利率 i 进行计算，n 年以后的本利和为多少？

根据复利的定义即可得到本利和 F 的计算公式。其计算过程如表 3-10 所示。

表 3-10　本利和 F 的计算过程

计息期	期初金额(1)	本期利息额(2)	期末本利和 $F_t=(1)+(2)$
1	P	Pi	$F_1=P+Pi=P(1+i)$
2	$P(1+i)$	$P(1+i)i$	$F_2=P(1+i)+P(1+i)i=P(1+i)^2$
3	$P(1+i)^2$	$P(1+i)^2i$	$F_3=P(1+i)^2+P(1+i)^2i$ $=P(1+i)^3$
…	…	…	…
n	$P(1+i)^{n-1}$	$P(1+i)^{n-1}i$	$F_n=P(1+i)^{n-1}+P(1+i)^{n-1}i$ $=P(1+i)^n$

由表 3-10 可以看出，年末的本利和 F 与本金 P 的关系为

$$F=P(1+i)^n \qquad (3-5)$$

式中　i——计息期复利率；

　　　n——计息的期数；

　　　P——现值（即现在的资金价值或本金，Present value），指资金发生在某一特定时间序列起点的价值；

　　　F——终值（n 期末的资金值或本利和，Future value），指资金发生在（或折算为）某一特定时间序列终点的价值；

$(1+i)^n$——一次偿付本利和系数，用 $(F/P,i,n)$ 表示，可查表或直接计算求出。

$$F=P(F/P,i,n) \qquad (3-6)$$

b. 现值计算（已知 F 求 P）　已知未来某一时间的终值 F，利率 i，期数 n，求 F 的折现值 P。由式（3-5）得

$$P = F(1+i)^{-n} \tag{3-7}$$

式中　$(1+i)^{-n}$——一次偿付现值系数，也称折现系数，用 $(P/F, i, n)$ 表示，也可查表或直接计算。

一次支付现值系数描述了它的功能，即未来一笔资金乘上该系数便可求出其现值。在工程经济分析中，通常是将未来值折现到零期。计算现值 P 的过程称之为"折现"或"贴现"，其所使用的利率常为折现率或贴现率。故 $(1+i)^{-n}$ 或 $(P/F, i, n)$ 也可称之为折现系数或贴现系数。式(3-7) 一般写成

$$P = F(P/F, i, n) \tag{3-8}$$

② 等额支付的情形　在工程经济实践中，多次支付是最常见的支付情形。多次支付是指现金流量在多个时点发生，而不是集中于某一个时点上。若用 A_t 表示第 t 末发生的现金流量大小，可正可负，用逐个折现的方法，可将多次现金流量换算成现值，即

$$P = A_1(1+i)^{-1} + A_2(1+i)^{-2} + \cdots + A_n(1+i)^{-n} = \sum_{t=1}^{n} A_t(1+i)^{-t} \tag{3-9}$$

或

$$P = \sum_{t=1}^{n} A_t(P/F, i, t) \tag{3-10}$$

同理，也可将多次现金流量换算成终值：

$$F = \sum_{t=1}^{n} A_t(1+i)^{n-1} \text{ 或 } F = \sum_{t=1}^{n} A_t(F/P, i, n-t) \tag{3-11}$$

在以上各式中，虽然那些系数均可通过计算或查复利表得到，但如果 n 较大，A_t 较多时，计算较为麻烦。若多次现金流量 A 是连续序列流量，且数额相等，则可大大简化上述的计算公式。这种具有 $A_t = A = $ 常数（$t=1, 2, 3, \cdots, n$）特征系列的现金流量 VCB 为等额系列现金流量。A 表示年金，发生于（或折算为）某一特定时间序列各计息期末（其中不包括零期）的等额资金序列的价值。对于等额系列现金流量，其复利计算方法如下。

a. 终值计算（即已知 A 求 F）　由式(3-11)展开得

$$F = \sum_{t=1}^{n} A_t(1+i)^{n-t} = A\left[(1+i)^{n-1} + (1+i)^{n-2} + \cdots + (1+i) + 1\right]$$

即

$$F = A\frac{(1+i)^n - 1}{i} \tag{3-12}$$

式中　$\dfrac{(1+i)^n - 1}{i}$——等额系列终值系数或年金终值系数，用符号 $(F/A, i, n)$ 表示。

于是，式(3-12)又可写为：

$$F=A(F/A,i,n) \tag{3-13}$$

b. 现值计算（即已知 A 求 P） 由式(3-7)和式(3-12)得

$$P=F(1+i)^{-n}=A\frac{(1+i)^n-1}{i(1+i)^n} \tag{3-14}$$

式中 $\frac{(1+i)^n-1}{i(1+i)^n}$——等额系列现值系数或年金现值系数，用符号 $(P/A,i,n)$ 进行表示。

于是，式(3-14)又可写成：

$$P=A(P/A,i,n) \tag{3-15}$$

等额系列现值系数 $(P/A,i,n)$ 可查表或通过计算获得。

c. 偿债基金计算（已知 F 求 A） 已知未来 n 期末要用一笔资金 F，如利率为 i，则从 1 到 n 期每期末应等额存入多少钱，到 n 期末才能得到 F？

按式(3-12)的逆运算：

$$A=F\frac{i}{(1+i)^n-1} \tag{3-16}$$

式中 $\frac{i}{(1+i)^n-1}$——资金存储系数，通常用 $(A/F,i,n)$ 表示，也可查表或通过计算获得。

d. 资金回收计算（已知 P 求 A） 已知现值 P，利率 i 及期数 n，求每期期末等额收回多少资金，到 n 期末正好全部收回本金及利息？即已知 P，i，n 求 A。

由式(3-5)得 $F=P(1+i)^n$，代入式(3-16)得

$$A=P\frac{i(1+i)^n}{(1+i)^n-1}=P(A/P,i,n) \tag{3-17}$$

式中 $\frac{i(1+i)^n}{(1+i)^n-1}$——资金回收系数，通常用 $(A/P,i,n)$ 表示，也可查表或直接计算获得。

（4）财务净现值 根据全部投资或自有资金的现金流量表来计算的全部投资或自有资金财务的净现值，是指按行业的基准收益率或设定的折现率（i_c）将项目计算期内各年净现金流量折现到建设期初的现值之和，其表达式为：

$$FNPV=\sum_{t=1}^{n}(CI-CO)_t(1+i_c)^{-t} \tag{3-18}$$

式中　　CI——现金流入量；

　　　　CO——现金流出量；

$(CI-CO)_t$——第 t 年的净现金流量；

　　　　n——计算期；

　　　　i_c——基准收益率或设定的折现率；

$(1+i_c)^{-t}$——折现系数。

(5) 财务内部收益率 财务内部收益率是使项目整个计算期内各年净现金流量现值累计等于零时的折现率。它所反映项目占用资金的盈利率，是考察项目盈利能力的主要动态指标，其表达式为：

$$\sum_{t=1}^{n} (CI - CO)_t (1 + FIRR)^{-t} = 0 \qquad (3\text{-}19)$$

财务内部收益率的具体计算可根据现金流量表中净现金流量用试差法进行。其具体计算公式为：

$$FIRR = i_1 + \frac{FNPV(i_1)}{FNPV(i_1) - FNPV(i_2)} (i_2 - i_1) \qquad (3\text{-}20)$$

式中　i_1——较低的试算折现率，使 $FNPV(i_1) \geqslant 0$；

　　　i_2——较高的试算折现率，使 $FNPV(i_2) \leqslant 0$。

$$FNPV(i_1) = \sum_{t=1}^{n} (CI - CO)_t (1 + i_1)^{-t} \qquad (3\text{-}21)$$

$$FNPV(i_2) = \sum_{t=1}^{n} (CI - CO)_t (1 + i_2)^{-t} \qquad (3\text{-}22)$$

(6) 投资回收期 投资回收期是指以项目的净收益抵偿全部的投资（其中包括固定资产投资、流动资金）所需要的时间，其表达式为：

$$\sum_{t=1}^{P_t} (CI - CO)_t = 0 \qquad (3\text{-}23)$$

可根据全部投资的现金流量表，分别计算出项目所得税前及所得税后的全部投资回收期，其计算公式为：

$$P_t = (\text{累计净现金流量开始出现正值年份数} - 1) + \frac{\text{上年累计净现金流量的绝对值}}{\text{当年净现金流量}}$$

$$(3\text{-}24)$$

求出的投资回收期（P_t）与行业的基准投资回收期（P_c）比较，当 $P_t \leqslant P_c$ 时，表明项目投资能在规定的时间内进行收回，则可说明项目在财务上被接受。

细节 49： **建设项目国民经济评价**

(1) 国民经济评价的内容

① 基础设施项目和公益性项目。财务评价是指通过市场价格度量项目的收支情况，考察项目的盈利能力和偿债能力。在市场经济的条件下，企业财务评价可反映项目给企业带来的直接效果。但因有外部经济性的存在，企业财务评价无法将项目所产生的效果全部反映出来，特别是铁路、公路、水利水电、市政工程等项目，外部效果非常明显，应采用国民经济评价将外部效果内部化。

② 市场价格不能真实地反映价值的项目。因某些资源的市场不存在（或不完善），这些资源的价格为零（或很低），因此往往被过度使用。另外，因国内统一市场尚未形成，或国内市场与国际市场未接轨，失真的价格会使项目的收支状

况变得过于乐观（或过于悲观），因此有必要通过影子价格对失真的价格进行修正。

③ 资源开发项目。自然资源、生态环境的保护及经济的可持续发展，意味着为了长远整体利益有时要牺牲眼前的局部利益。那些涉及自然资源保护、生态环境保护的项目应该通过国民经济评价客观选择社会对资源使用的时机，例如国家控制的战略性资源开发项目及动用社会资源和自然资源较大的中外合资项目等。

国民经济评价的研究内容主要包括：识别国民经济效益与费用，分辨哪些是直接费用和直接效益，哪些是间接费用与间接效益；计算和选取影子价格；编制国民经济评价报表；计算国民经济评价指标，进行方案比选。

（2）国民经济评价的程序

① 直接进行国民经济评价的程序。

a. 编制国民经济评价基本报表。

b. 识别和计算项目的直接效益、间接效益、直接费用、间接费用，以影子价格计算项目效益和费用。

c. 根据基本报表进行国民经济评价指标计算。

d. 依据国民经济评价的基准参数和计算指标进行国民经济评价。

② 在财务评价的基础上进行国民经济评价的程序。

a. 经济价值调整。剔除在财务评价中已计算为效益（或费用）的转移支付，增加财务评价中未反映的外部效果，用影子价格计算项目的效益与费用。

b. 按照基本报表进行国民经济评价指标计算。

c. 编制国民经济评价基本报表。

d. 根据国民经济的基准参数与计算指标进行国民经济评价。

以上两种方法，区别在于效益与费用的计算程序不相同。国民经济评价步骤及其间的关系，如图3-5所示。

（3）国民经济评价常用参数

① 社会折现率。社会折现率是指投资项目的资金应达到的按复利计算的最低收益水平，也就是站在国家角度项目投资应达到的收益标准。同时，社会折现率又是不同时间发生的费用（或收益）相互折算的复利系数，因此它代表着社会对资金时间价值的判断。社会折现率反映了资金的影子价格，它代表占用的资金在一定时间里应获得的最低收益率。

在经济评价中，社会折现率是经济内部收益率指标及动态投资净效益的判断依据。若项目的内部收益率不小于社会折现率，则可认为项目达到了对国民经济贡献的最低要求；相反，则认为项目在未达到要求，或者说是效益不好。

在经济换汇成本、经济节汇成本及在方案比较中，对年费用和费用现值等指标的计算时，将社会折现率作为计算资金时间价值的折现率，因此，它又是项目国民经济评价的计算参数。

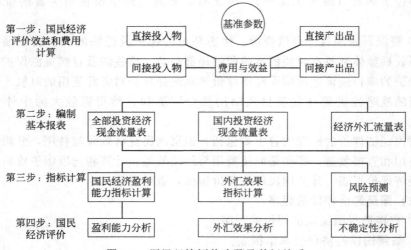

图 3-5　国民经济评价步骤及其间关系

社会折现率作为基本的经济参数，是国家进行评价和调控投资活动的重要杠杆。社会折现率取值的高低对国民经济的发展具有很大的作用，一般取12%～15%。

② 影子价格。影子价格目的是为了消除价格扭曲对投资项目决策的影响，合理地度量资源、货物与服务的经济价值而进行测定的价格，在项目国民经济评价中，用于计算投入物的费用（或产出物的效益）。

③ 影子汇率换算系数。

a. 影子汇率反映了外汇折合为本国货币的影子价格，是项目国民经济评价的重要参数之一。影子汇率的取值高低，直接影响项目比选中的进出口抉择，影响对产品进口替代型项目与产品出口型项目的决策。

b. 影子汇率换算系数是影子汇率同国家外汇汇率的比值系数。在项目评价中，用国家外汇汇率乘以影子汇率换算系数即得影子汇率。在人民币升值前，应根据我国当时的外汇的供求情况，换汇成本、进出口结构、影子汇率换算系数取 1.08。

④ 影子工资换算系数。

a. 影子工资体现了国家、社会建设项目使用劳动力而付出的代价。影子工资由劳动力的边际产出和劳动力就业（或转移）而引起的社会资源消耗两部分构成。在国民经济评价中，影子工资作为费用计入经营费用。

b. 影子工资换算系数是项目国民经济评价的参数，是影子工资与财务评价中的职工个人实得货币工资加提取的福利基金的比值。根据我国劳动力的状况、结构及就业水平，建设项目的影子工资可换算系数为 1。在建设期内使用大量民工的项目，例如水利、公路等项目，民工的影子工资换算系数为 0.5。

c. 项目评价中可根据项目所在地区劳动力的充裕和以及所用劳动力的技术

熟练程度，适当的提高（或降低）影子工资换算系数。对于就业压力大的地区占用大量非熟练劳动力的项目，影子工资的换算系数应小于1，对占用大量短缺的专业技术人员的项目，影子工资换算系数应大于1。

⑤ 农用地土地影子费用。在国民经济评价中，土地影子费用包括拟建项目占用土地而使国民经济为此放弃的效益，即土地机会成本，以及国民经济为项目占用土地而新增加的资源消耗。

⑥ 贸易费用率。

a. 项目国民经济评价中的贸易费用是指物资系统、外贸公司及各级商业批发站等部门花费在货物流通过程中的影子价格计算的费用。贸易费用率是反映这部分费用相对于货物影子价格的综合比率，用以计算贸易费用。

b. 根据测算与综合分析，贸易费用率数值为6%，对于少数价格高、体积与质量较小的货物，可适当降低贸易费用率。

3.6 建设项目规划管理 ▶▶▶

细节 50： 建设项目规划管理的内容

在一个工程项目中，由不同的单位（人）进行不同内容、范围、层次及对象的项目管理工作，所以他们的项目规划管理的内容会有一定的差别。但他们都是针对项目管理工作过程的，因此主要内容应该具有许多共同点，在性质上一致，均应包括相应的项目管理的目标、项目实施的策略、项目管理模式、管理组织策略、项目管理的组织规划和实施项目范围内的工作涉及的诸方面的问题。

(1) 项目管理目标的分析 项目管理目标分析的目的是确定适合建设项目特点和要求的项目目标体系。项目管理规划是为确保项目管理目标的实现，目标是项目管理规划的灵魂。

项目立项后，项目的总目标已经确定。通过对总目标的研究与分析，可确定阶段性的项目管理目标。在这个阶段还要确定编制项目管理规划的指导思想（或策略），使各方面的人员在计划的编制与执行过程中有总的指导方针。

(2) 项目实施环境分析 项目实施环境分析是项目规划管理的基础工作。规划工作中，掌握相应的项目环境信息是实施各个工作步骤的前提与依据。通过环境调查，来确定项目规划管理的环境因素与制约条件，收集影响项目实施和项目管理规划执行的宏观与微观的环境因素资料。

尤其应注意尽量利用以前同类工程项目的总结和反馈信息。

(3) 项目范围的划定和项目结构分解

① 根据项目管理目标分析划定项目的范围。

② 对项目范围内的工作研究和分解，即项目的系统结构分解。项目结构分解是对项目前期确定的项目对象系统的细化过程。通过对项目分解，有助于项目

管理人员更加精确地把握工程项目的系统组成，并为建立项目组织、进行项目管理目标的分解和安排各种职能管理工作提供依据。

（4）项目实施方针与组织策略的制定　项目实施方针与组织策略的制定也就是确定项目实施和管理模式总的指导思想与总体安排，其具体内容包括以下几点。

① 如何实施项目，业主如何管理项目，控制到什么程度。

② 哪些管理工作由内部自己组织完成，哪些管理工作由承包商（或委托管理公司）完成，准备投入多少管理力量。

③ 采取怎样的发包方式，采取怎样的材料与设备供应方式。

（5）项目实施总规划

① 项目总体时间安排，重要的里程碑事件安排。

② 项目总体实施方案。如施工工艺、设备及模板方案，给排水方案等，采购方案，各种安全和质量保证措施，现场运输和平面布置方案，各种组织措施等。

③ 项目总体的实施顺序。

（6）项目组织设计　项目组织策略分析的内容主要包括确定项目的管理模式和项目实施的组织模式，通过项目组织策略分析，基本上建立了建设项目组织的基本构架与责权利关系的基本思路。

① 项目实施组织策略包括：采用的工程承包方式、采用的分标方式及项目可采用的管理模式。

② 项目分标策划。项目分标策划是指对项目结构分解得到的项目活动分类、打包及发包，考虑哪些工作由项目管理组织内部完成，哪些工作需要委托出去。

③ 招标和合同策划工作。这里主要包括招标策划及合同策划两方面的工作。

④ 项目管理模式的确定。即业主所采用的项目管理模式，如施工管理模式、设计管理模式及是否采用监理制度等。

⑤ 项目管理组织设置。主要包括以下几个方面。

a. 根据项目管理的组织策略、分标方式及管理模式等构建项目管理组织体系。

b. 部门设置。管理组织中的部门是指承担一定管理职能的组织单位，是某些具有紧密联系的管理工作与人员所组成的集合，它分布于项目管理组织的各个层次之中。部门设计的过程实质上是进行管理工作的组合过程，是按照一定的方式，遵循一定的策略与原则，把项目管理组织的各种管理工作进行科学的分类、合理组合，进而设置相应的部门来承担，同时要授予该部门从事这些管理业务所需的各种职权。

c. 部门职责分工。绘制项目管理责任矩阵，针对项目组织中某个管理部门，规定其基本职责、拥有权限、工作范围、协调的关系等，并配备具有相应能力的人员来适应项目管理的需要。

d. 管理规范的设计。为确保项目组织结构能够按设计相关要求正常地运行，需项目管理规范，这是项目组织设计制度化和规范化的过程。在大型建设项目规划阶段，管理规范设计主要侧重于项目管理组织中各部门的责任分工及项目管理主要工作的流程设计。

e. 主要管理工作的流程设计。项目中的工作流程按其涉及范围的大小，可划分为不同层次。在项目规划管理当中，主要研究的是部门之间在具体管理活动中的流程关系。在项目规划管理中，流程设计的成果是各种主要管理工作的工作流程图。工作流程图的种类很多，其中包括箭头图、矩阵框图和程序图。

⑥ 项目管理信息系统的规划。对于新的大型的项目应对项目管理信息系统作出总体规划。

⑦ 其他。根据需要，项目规划管理还有许多内容，但它们因对象不同而异。项目规划管理的各种基础资料与规划结果应形成文件，以便沟通，且具有可追溯性。

细节 51：建设项目规划管理的基本要求

项目规划管理作为对项目管理的各项工作进行全面的、综合性的、完整的总体规划，应符合如下基本要求。

① 项目管理规划应包括：对目标的分解与研究和对环境的调查与分析。

a. 研究项目的目标，并与相关各方面就总目标达成共识，这是工程项目管理最为基本的要求。

b. 在项目规划的制定和执行过程中应进行充分的调查研究，大量地占有资料，以确保规划的科学性和实用性。

② 应着眼于项目的全过程，特别要考虑项目的设计与运行维护，考虑项目的组织，以及项目管理的各方面。与过去的工程项目计划和项目规划不同，项目规划管理更多地考虑项目管理的组织、项目管理系统、功能的策划、项目的技术定位、运行的准备和运行的维护，以使项目目标能顺利实现。

③ 内容更具完备性和系统性。因为项目管理对项目实施和运营的重要作用，项目规划管理的内容十分广泛，应包括在项目管理中涉及的各个方面的问题。通常应包括项目管理的目标分解、环境调查、项目的实施策略、项目的范围管理和结构分解、项目组织和项目管理组织设计，以及对项目相关工作的总体安排（例如功能策划、技术设计、实施方案和组织建设、融资、交付、运行的全部）。

④ 项目规划管理应是集成化的，规划所涉及的各项工作之间应有很好的接口。项目规划管理的体系应反映规划编制的基础工作、规划包括的各项工作，以及规划编制完成后的相关工作之间的系统联系，主要包括以下几个方面。

a. 各相关计划之间的信息流程关系。

b. 各个相关计划的先后次序和工作过程关系。

c. 计划相关的各个职能部门之间的协调关系。

d. 项目各参加者（例如业主、承包商、供应商、设计单位等）之间的协调关系。

细节 52： 建设项目规划的编制

(1) 编制要求 项目规划作为工程项目管理的一项重要工作，在项目立项后进行编制。因项目的特殊性和项目管理规划独特的作用，其编制还应符合以下要求。

① 管理规划是为了保证实现项目管理总目标，明确总任务。若对目标和任务理解有误或不完全，将会导致项目管理规划的失误。

② 符合实际。管理规划要有可行性，符合实际主要体现在以下几方面。

a. 符合环境条件。大量的环境调查与充分利用调查结果，是制定正确计划的前提。

b. 反映项目本身的客观规律性。按工程的规模、复杂程度、质量水平、工程项目自身的逻辑性及规律性作计划，不能过于强调压缩工期或降低费用。

c. 反映项目管理相关各方面的实际情况，其中包括以下几方面。

ⅰ. 承包商的施工能力、设备装备水平、劳动力供应能力、生产效率和管理水平及过去同类工程的经验等；承包商现有工程的数量，及对本工程能够投入的资源数量。

ⅱ. 业主的支付能力、管理和协调能力、设备供应能力、资金供应能力。

ⅲ. 所属的设计单位、供应商及分包商等完成相关的项目任务的能力与组织能力等。

因此，在编制项目管理规划时，必须经常与业主进行商讨，必须向生产者（包括承包商、供应商、工程小组、分包商等）做调查，征求意见，统一安排工作过程，确定工作持续的时间，切不可闭门造车。

③ 全面性要求。项目管理规划要包括项目管理的各个方面及要素，通过统筹安排，提供各种保证，形成一个周密的多维系统。规划过程也是资源分配的过程，为确保规划的可行性，还应注意项目管理规划与项目规划和企业计划的协调。

④ 管理规划要有弹性，留有余地。项目管理规划在执行过程中可能会因受到许多方面的干扰而需要改变。

a. 因为市场及环境变化，气候影响，原目标与规划内容可能不符合实际，要作出调整。

b. 其他方面的干扰，如政府部门的干预，新法律的颁布。

c. 情况变化，如投资者有了新的主意和要求。

d. 可能存在计划或设计考虑不周、错误或矛盾，造成工程量的增加、减少或方案的变更，以及因工程质量不合格而引起返工。

e. 规划中应包括相应的风险分析的内容。对可能发生的困难、问题与干扰作出预计，并提出相应的预防措施。

（2）编制原则 项目规划的编制需以实施目标管理为原则。项目管理规划大纲根据招标文件的要求，确定造价、工期、质量、三材用量等主要目标以参与竞争。签订合同的关键是在上述目标上双方协商一致。工程项目管理规划大纲的目的是实现合同目标，因此用合同、目标来规划施工项目管理班子的控制目标。其实施规划是在项目总目标的约束下，规划子项目的目标并提出实施的规划。总之，编制施工项目管理规划的过程实际上是各类目标制定与目标分解的过程，也是提出实现项目目标办法的规划过程，须遵循目标管理的原则，使目标分解得当，实施有法，决策科学。

（3）编制程序 项目管理规划大致按施工组织设计的编制程序进行编制。

其具体过程为：施工项目组织规划→施工准备规划→施工部署→施工方案→施工进度计划→各类资源计划→技术组织措施规划→施工平面图设计→指标计算与分析。

3.7 建设项目前期准备 ▶▶▶

细节53： **建设用地审批的基本程序**

① 需要申请用地的建设单位应持国家批准建设项目的有关文件，向规划行政主管部门提出选址申请，再由规划行政主管部门核定其用地位置与界限，提供规划设计的条件，核发《建设用地意见书》。

② 建设单位根据《建设用地意见书》给定的规划条件，委托具备资质的规划设计单位作总体规划设计，再将规划方案报市规划部门进行审定。

③ 建设单位持市规划部门审定的规划方案和选址意见书到被征用土地所在地的规划土地管理部门办理《建设用地规划许可证》。

④ 建设单位取得《建设用地规划许可证》后，才可向县级以上土地管理部门申请用地。经县级以上人民政府审查并获得批准后，再由被征用土地所在的县级以上人民政府发给《建设用地批准书》和《国有土地划拨决定书》，土地管理部门根据建设进度一次或分期划拨建设用地。

⑤ 建设单位按批准发给的《建设用地批准书》，到勘察部门办理测定用地界限的相关手续。土地管理部门对建设用地申请审核，组织用地单位、被征地单位及有关部门依法制定征用土地的补偿、安置方案，并报县级以上的人民政府批准。

⑥ 建设项目的基建年度计划经批准下达后，建设单位可签订征地协议，办理征地补偿和拆迁等手续，并拨付或缴纳各项相关费用。

⑦ 建设项目竣工后，由规划土地管理部门核查其实际用地，经过认可后，建设单位可向土地管理部门办理地籍登记手续。经审核土地权属、界限、地上物

等确无纠纷后，可核发《国有土地使用证》。

⑧ 小型项目或不扩大规模的配套工程在需要征用土地时，应在列入年度基本建设计划后，才可办理有关征地、拆迁等手续。

细节54： 建设用地的审批权限

建设占用土地，涉及农用土地转建设用地的，需要办理农用地转用审批手续。省、自治区、直辖市人民政府批准的道路、管线工程等大型基础设施建设项目及国务院批准的建设项目占用土地，涉及农用地转为建设用地的，应该由国务院进行批准。在土地利用总体规划确定的城市与村庄、集镇建设用地规模范围内，为实施规划而将农用地转为建设用地的，按土地利用年度计划分批次由原批准土地利用总体规划的机关进行批准。在已批准的农用地转用范围内，具体建设项目用地可由市、县人民政府进行批准。

征用以下土地的要由国务院批准：

① 基本农用；

② 基本农用以外的耕地超过35公顷的；

③ 其他土地超过75公顷的。

细节55： 征地需要交纳的相关费用

（1）新增建设用地土地有偿使用费 《中华人民共和国土地管理法》第55条规定：以出让等有偿使用方式取得国有土地使用权的建设单位，按照国务院规定的标准和办法，缴纳土地使用权出让金等土地有偿使用费和其他费用后，方可使用土地。新增建设用地的土地有偿使用费，30％上缴中央财政，70％留给有关地方人民政府，都专项用于耕地开发。

收费标准：根据土地所在地的等级，按相应标准进行征收，十五等至一等为5元/平方米～70元/平方米，具体参考财综字〔2000〕93号文件。

（2）耕地开垦费 《中华人民共和国土地管理法》第31条规定：国家保护耕地，严格控制耕地转为非耕地。国家实行占用耕地补偿制度。非农业建设经批准占用耕地的，按照"占多少，垦多少"的原则，由占用耕地的单位负责开垦与所占用耕地的数量和质量相当的耕地；没有条件开垦或者开垦的耕地不符合要求的，应当按照省、自治区、直辖市的规定缴纳耕地开垦费，专款用于开垦新的耕地。省、自治区、直辖市人民政府应当制定开垦耕地计划，监督占用耕地的单位按照计划开垦耕地或者按照计划组织开垦耕地，并进行验收。

细节56： 办理用地申请应提供的文件和资料

办理各项建设用地申请，除填写用地申请表外，还需提供以下文件及资料。

（1）建设前期选址

① 新建项目应提供经批准的项目建议书。

② 扩建项目应提供经批准发展规模的有关文件。

(2) 申请用地

① 新建、扩建及改建的项目应提供经批准的选址意见书，建设用地规划许可证与基本建设年度计划文件。

② 其他不同行业不扩大规模或不编可行性研究报告的建设项目，除了要附交基本建设年度计划以外，还要提供以下资料（小型项目所提供资料可适当简化）。

a. 根据建设项目的性质、工艺、特点、运输等各项特殊要求，提出文字说明书。

b. 外部协作关系与单位的分布情况。

c. 环境质量评价、"三废"处理措施及人防和防火安全资料。

d. 近、远期发展规划设想，增扩建用地面积、现状和扩建总平面图，建设地点的要求。

e. 道路、管线工程用地，应持有经规划部门批准的路径文件与图纸。

细节 57： 建设工程申请与准申

在城市规划区内进行建设，应服从城市规划的规划管理。任何单位（或个人）需要新建、扩建、改建及维修任何建筑物、构筑物或设置集市贸易市场等，都应向城市的规划部门提出建设工程申请。建设项目的总平面布局和建筑物方位等经城市规划部门审查批准后，需严格按照城市的总体规划进行建设。

(1) 送审的文件和要求 建设单位（或个人）在向规划部门办理建设工程申请时，需送审的文件、图纸内容和要求应按各省、自治区、直辖市制定的城市规划实施办法执行。一般包括如下规定。

① 应送交当年的基建计划批准文件（复印件），个人申报应有文字申请书。

②《建设用地规划许可证》或土地管理部门的证明文件。

③ 填写建设工程申请表，盖单位公章（个人盖私人章）。使用公产无土地使用证的建设单位，应向土地所有单位办理申报地权签章手续，要经房管局审核盖章后方可申报。

④ 自有土地单位需交验《土地使用证》（原件），个人还要交验《房产证》，中外合营企业必须交验《合营企业土地使用证》。

⑤ 总平面图（1:500）一式两份。此图必须是与土地使用证相吻合的实测地形总平面图，图上应有图例并标注以下内容。

a. 拟建建筑物的用地范围，建筑位置及边长尺寸、层数，与相邻建筑物的距离应标明尺寸。

b. 拟建基地周围30m或规划管理要求范围内的地形地物现状图及相邻单位名称。

c. 拟拆除建筑物的用途、面积、位置。

（2）准申图纸和签复意见　建设工程申请经审查批准后，签发给建设单位的准申图纸、资料如下。

① 总平面布置图（1：500）一份。

② 签复建设工程规划设计要求，包括如下内容（不临主干道可以简化）。

a. 地面控制标高、建筑密度。

b. 经审查确定的总平面布局与建筑物方位。

c. 需退建筑红线的距离尺寸、界外道路中心线的位置及其与地界边线距离。

d. 建筑层数与高度、建筑形式、立面色彩及环境协调等设计要求。

此项手续是建设单位进行各项建设施工的依据，也是建设单位应向设计部门提供的主要设计资料。建设单位要依据规划部门提出的设计要求进行设计招标。

细节 58：　送审设计方案及施工图

（1）送审设计方案　规划部门一般要求设计单位先提出某个建设项目的设计方案，经规划部门批准后，才可进行初步设计。

建设单位送审初步设计时，要附有设计单位填写的初步设计报审表，设计单位编制的设计文件内容、深度应满足审批要求。送审的文件、图纸的内容包括以下几方面。

① 比例为 1：500 的实例地形图。

② 比例为 1：500 的总平面图。

③ 各单项工程的建筑平、立剖面图，结构图，暖通、给排水、电气图等。

④ 高层建筑、大型公共建筑毗邻主要干道、位于重要地区或对景观有较大影响的建筑，还要报送彩色透视效果图（或模型）。

初步设计文件，按审批权限经审核并批准后，由规划部门发给初步设计审核意见通知，在年度基建计划正式批准下达后，才可进行施工图设计。

（2）送审施工图　经批准的初步设计文件，是进行施工图设计的依据。建设单位与设计单位均应严格执行。在施工图设计完成之后，建设单位要填写建设工程规划许可证申请表，并按以下要求报送施工图纸及相关证件资料。

① 总平面图（1：500）三份（含室外水、暖及电等）。

② 全套建筑施工图（含大样图）两份，另送封皮与目录，建筑平、立剖面图，基础平面图各一张。

③ 经公安局盖章的防火审批表一份。

④ 按规定需设防空地下室的工程，应附有经建委人防办审批盖章的审批表。

⑤ 如有"三废"、噪声、振动等污染扰民的项目，要有经环保、防疫等部门盖章的审核表各一份。

⑥ 应拆除的房屋建筑，要有房管局批准的准拆证明。

⑦ 需有经省、市发改委、建委批准的投资许可证和开工报告。

⑧ 属于无线电接收，发射塔、台、站的建筑物，还应有省、市无线电管理

委员会的批准证明。

⑨ 应有按批准申报时要求报送的证明与协议等有关文件。

施工图经审核批准后，应交纳有关费用，凭纳费证明，核发建设工程规划许可证与施工图纸。

细节 59： 建设项目施工前的准备工作

建设项目从初步设计批准到列入年度基建计划正式开工以前，建设单位要做好施工前的准备工作，内容为以下几点。

① 完成前期工作的扫尾。

② 办理征地拆迁手续，签订有关协议，完成拆迁工作。

③ 委托勘测单位完成工程测量与工程地质勘察，为设计提供依据。

④ 委托或招标完成施工图设计，做好施工图及工程预算审查工作。

⑤ 落实施工用水、电、路等外部条件。

⑥ 完成标底编制、审定，施工投标单位资质审查，编制招标文件并主持招标工作（或委托招标代理），完成招标投标工作，办理招标投标审批手续。

⑦ 完成施工现场的"三通一平"工作。

⑧ 办理施工许可证审批手续。

⑨ 签订施工合同，确定开工、竣工日期，完成公证手续。

⑩ 组织图纸会审及技术交底工作。

⑪ 根据施工组织设计，尽量为施工单位提供临时设施用地。

⑫ 配合规划、施工单位完成放线和验线工作，并做好现场测量控制图。

细节 60： 工程建设项目前期手续办理程序及所需资料

(1) 办理《建设项目选址意见书》

① 申报材料：

a. 经批准的项目建议书；

b.《建设项目选址意见书申报表》；

c. 1：500 或 1：2000 地形图 2 份。

② 办理程序。在受理申报后，经现场勘察，查询、核对相关规划，对符合城市规划要求且已具备相关部门审查意见的建设项目，在 15 个工作日内提出规划审查的意见后，提报市建设项目审批小组审定。在会议纪要下达后 7 个工作日内核发《建设项目选址意见书》。

(2) 办理《建设用地规划许可证》

① 申报材料：

a. 书面申请（含建设要求和内容）；

b. 经计划部门批准的可行性研究报告和当年度建设计划，涉及商业、娱乐、旅游、经营性房地产的四类经营性用地的，需附土地出让合同；

c. 1：500 地形图 2 份（需拆迁使用土地的 3 份）；

d. 已有批准的详细规划的，需提供批准图纸及批文。

② 办理程序。受理申报后，经现场勘察，查询、核对相关规划，在 15 个工作日内提出规划审查意见后，提报市建设项目审批小组审定。在会议纪要下达后 7 个工作日内给予书面答复。需制定详细规划的，在 7 个工作日内签发《规划设计要求通知书》；具备审批条件的，在 7 个工作日内核发《建设用地规划许可证》。

（3）办理《建设工程设计规划要求通知书》

① 申报材料：

a. 经计划部门批准的当年度建设计划；

b. 书面申请（含建设要求和内容）；

c. 1：500 地形图 2 份；

d. 已有批准的详细规划的，需提供批准图纸及批文；

e. 在核对无误后的土地使用权属证件复印件。

② 办理程序。受理申请后，经现场勘察，审核建设要求，对照有关详细规划和规范、标准，在 15 个工作日内提出规划审查意见后，提报市建设项目审批小组进行审定。在会议纪要下达之后，需制定详细规划的，在 7 个工作日内签发《规划设计要求通知书》；可办理《建设工程设计规划要求通知书》的，在 7 个工作日内签发。

（4）办理《建设工程设计方案规划审查意见书》

① 申报材料：

a. 方案报审表；

b. 总平面图 2 份（1：500，3 号图纸），平、立、剖面图 2 份（1：100 或 1：200，3 号图纸），效果图 1 份（3 号图纸），相应图纸文件的电子文档 1 套，总平面图，平、立、剖面图需装订成册；

c. 经市规划委员会专家咨询论证的方案，需附上专家咨询论证会议纪要。

② 办理程序。受理申报后，在 15 个工作日内提出规划审查意见后，提报市建设项目审批小组审定。在会议纪要下达后的 7 个工作日内签发《建设工程设计方案规划审查意见书》。

（5）办理《建设工程规划许可证》

① 申报材料：

a. 《建设工程设计规划要求通知书》、《建设工程设计方案规划审查意见书》复印件及其所要求的相关部门审查意见，已批方案资料；

b. 许可证申请表；

c. 建筑施工图及结构施工图中的基础平面图 3 份（装订成册），相应图纸文件的电子文档 1 套；

d. 核对无误的土地使用权属证件复印件；

e. 经计划部门批准的当年度建设计划；

f. 拆迁验收证明。

② 办理程序。在受理申报后，对施工图符合规划要求和原审定设计方案的，在 30 个工作日内，经施工图联合审查完毕并具备相关部门审查意见的项目，交齐相关费用后，在 3 个工作日内核发《建设工程规划许可证》。需现场放线校核的，需经过验线无误后核发。

细节 61： 建设项目前期准备常用工作表格填写

建设项目的前期准备主要涉及建设用地审批、建设工程申请与审批等工作，本细节将以范例的形式介绍建设项目前期准备过程中甲方代表常用工作表格的填写。

(1) 建设用地规划许可证申请表 见表 3-11。

表 3-11　建设用地规划许可证申请表　　　　编号：×××

建设单位	名称	××房地产开发有限公司	单位隶属	××市建委		
	地址	××市××区××路××号	联系人	×××		
	电话	××××××××	邮政编码	××××××		
建设工程计划	项目建议书批机关	××市发改委		批准文号	××××××	
	项目名称	××大厦		投资性质	合资	
	总投资	46455 万元		总建筑面积	56620m²	
项目地址		××市××区××路××号				
申请类别		☑划拨、协议出让的用地　□招标、拍卖、挂牌的用地　□变更　□补办				
计划立项		立项批文编号	×××××	立项规模	5126m²	
《建设项目选址意见书》编号			××××××	总平面规划图编号	××××××	
项目类别		☑建筑类　□市政类		用地性质	民用	

项目情况

用地面积	建筑面积	容积率	建筑密度	绿地率
总用地面积：66438m² 其中： 　建设用地：5126m² 　道路用地：602m² 　绿化用地：810m²	总建筑面积：56620m² 其中： 　地上：45775m² 　地下：10845m²	8.9%	39%	16%

上级主管单位审核意见：

　　　　　　　　　　　同意

　　　　　　　　　　　　　　　　　　　　负责人：×××(盖章)
　　　　　　　　　　　　　　　　　　　　××××年××月××日

送审的文件、图纸清单				
编号	文件名称	应收份数	实收份数	备注
1	建设工程的计划批准文件	1	1	
2	国有土地使用权出让合同方本及附图	各1份	各1份	
3	地形图（电子版）	6	6	

注：1. 凡是征用、使用、调换、调拨和临时使用土地以及拆迁其他单位和居民房屋的都要填写此申请表。

2. 随同本申请表应附送以下图纸、文件。

① 附 1/500 或 1/1000 地形图六份（向市测绘院晒印，其中一份应详细划示出用地拆房范围），总平面设计图一份。

② 如属迁建单位，应详细填明原址地点、土地、房屋面积并附图。

③ 凡属国有土地使用权出让、转让地块的建设工程，需加送"国有土地使用权出让合同"文本（复印件）及附图各一份。

④ 有关建设工程的计划批准文件。

⑤ 其他需要说明的图纸、文件等。

3. 本表应由建设单位如实填写，因填写不实而发生的一切矛盾、纠纷，均由建设单位负责。

（2）建设工程申请表　见表 3-12。

表 3-12　建设工程申请表　　　　　　编号：×××

建设单位	名称	××房地产开发有限公司		负责人		×××	
	地址	××市××区××路××号		电话		××××××××	
建设项目名称		××大厦		经办人		×××	
投资计划批准文号		××××××		建设性质		商业开发	
计划投资	合计/万元	国家	省	市		自筹	外资
	43455					√	
工程概况	建筑面积/m²	工程概算/万元	结构层数	计划开工日期		计划竣工日期	
	56620	43455	地上26层，地下4层	××××年××月××日		××××年××月××日	
工程内容		土建工程、给水排水工程、建筑电气工程、通风与空调工程					
发包范围		土建工程、给水排水工程、建筑电气工程、通风与空调工程					
发包条件		二级以上资质					
工程筹建情况		三通一平已完成，资金筹集已到位					
建设管理部门意见		同意					

注：1. 工程内容：按填报的单位工程，逐项填写单位工程中除土建外的其他属专业施工的分部、分项工程。

2. 发包范围：除特殊专业施工的分部、分项工程以外，不得将单位工程支解后分列发包。单位工程中如有属特殊专业施工的分部、分项工程，要注明哪些分部、分项工程是准备单独发包的。

3. 发包条件：建设单位要求承包方应具备的条件和要求承包方需接受的承包条件。

4. 工程筹建情况：包括资金到位情况、施工图纸落实情况、施工现场情况及建设单位负责该项工程人员的构成情况。

5. 申请表份数：本申请表一式四份。

(3) 建筑工程设计方案送审表 见表3-13。

表3-13 建筑工程设计方案送审表　　　　　编号：×××

<table>
<tr><td rowspan="4">建设
单位</td><td>名称</td><td colspan="3">××房地产开发有限公司</td><td>单位隶属</td><td>××市建委</td></tr>
<tr><td>地址</td><td colspan="3">××市××区××路××号</td><td>联系人</td><td>×××</td></tr>
<tr><td>电话</td><td colspan="3">×××××××××</td><td>邮政编码</td><td>××××××</td></tr>
<tr><td>建设项目地点</td><td colspan="5">××市××区××路××号</td></tr>
<tr><td rowspan="4">设计
单位</td><td>名称</td><td colspan="5">××建筑设计研究院</td></tr>
<tr><td>地址</td><td colspan="2">××市××区
××路××号</td><td>邮政编码</td><td colspan="2">××××××</td></tr>
<tr><td>勘察设计证书编号</td><td colspan="5">×××××××××</td></tr>
<tr><td>设计负责人</td><td>×××</td><td colspan="2">电话</td><td colspan="2">×××××××××</td></tr>
<tr><td rowspan="2">建筑工
程内容</td><td>建筑物名称</td><td>建筑面积
/m²</td><td colspan="2">工程概
算/万元</td><td colspan="2">结构层数</td></tr>
<tr><td>××大厦</td><td>56620</td><td colspan="2">43455</td><td colspan="2">地上26层,地下4层</td></tr>
<tr><td rowspan="3">建筑设
计指标</td><td>用地面积</td><td>5126m²</td><td colspan="2">绿地率</td><td colspan="2">16%</td></tr>
<tr><td>建筑容积率</td><td>8.9%</td><td colspan="2">建筑高度</td><td colspan="2">90m</td></tr>
<tr><td>建筑密度</td><td>39%</td><td colspan="2">其他</td><td colspan="2"></td></tr>
</table>

(4) 建筑工程施工图设计文件审查报审表 见表3-14。

表3-14 建筑工程施工图设计文件审查报审表　　　　　编号：×××

<table>
<tr><td colspan="2">项目名称</td><td colspan="3">××大厦</td><td colspan="2">项目地址</td><td colspan="2">××市××区××路××号</td></tr>
<tr><td colspan="2">建设单位</td><td colspan="3">××房地产开发有限公司</td><td colspan="2">单位地址</td><td colspan="2">××市××区××路××号</td></tr>
<tr><td colspan="2">法定代表人</td><td colspan="3">×××</td><td colspan="2">联系人</td><td colspan="2">×××</td></tr>
<tr><td colspan="2">联系电话</td><td colspan="3">×××××××××</td><td colspan="2">邮政编码</td><td colspan="2">××××××</td></tr>
<tr><td colspan="2">工程投资</td><td colspan="3">43455万元</td><td colspan="2">建筑性质</td><td colspan="2">☑新建 □扩建 □改建 □修改 □其他</td></tr>
<tr><td colspan="2">设计单位</td><td colspan="3">××建筑设计研究院</td><td colspan="2">资质等级</td><td colspan="2">一级</td></tr>
<tr><td colspan="2">勘察单位</td><td colspan="3">××市建筑勘察设计院</td><td colspan="2">资质等级</td><td colspan="2">一级</td></tr>
<tr><td colspan="2">项目立项审批机关</td><td colspan="3">××市规划委员会</td><td colspan="2">批文号</td><td colspan="2">×××××××</td></tr>
<tr><td colspan="2">建筑方案审批机关</td><td colspan="3">××市规划委员会</td><td colspan="2">批文号</td><td colspan="2">×××××××</td></tr>
<tr><td colspan="2">初步设计审批机关</td><td colspan="3">××市规划委员会</td><td colspan="2">批文号</td><td colspan="2">×××××××</td></tr>
<tr><td rowspan="4">项目概况</td><td>建筑类别</td><td colspan="2">住宅</td><td>用地面积</td><td colspan="2">5126m²</td><td>容积率</td><td>8.9%</td></tr>
<tr><td>建筑面积</td><td colspan="2">56620m²</td><td>建筑层数</td><td colspan="2">地上26层,
地下4层</td><td>建筑高度</td><td>90m</td></tr>
<tr><td>防火等级</td><td colspan="2"></td><td>抗震等级</td><td colspan="2"></td><td>设防烈度</td><td></td></tr>
<tr><td>人防等级</td><td colspan="2"></td><td>结构体系</td><td colspan="2"></td><td>基础形式</td><td></td></tr>
<tr><td colspan="2">项目负责人</td><td colspan="7">签字(盖章)
××××年××月××日</td></tr>
</table>

结构负责人			签字(盖章) ××××年××月××日
给水排水负责人			签字(盖章) ××××年××月××日
暖通负责人			签字(盖章) ××××年××月××日
审查部门受理意见:			受理人(签字):××× ××××年××月××日

(5)施工图设计文件报审材料清单 见表 3-15。

表 3-15 施工图设计文件报审材料清单

序号	送审材料名称	页数	份数
1	施工图设计文件报审表一式三份		
2	勘察单位资质证书副本(复印件)		
3	设计单位资质证书副本(复印件)		
4	工程勘察、设计合同及履行情况证明材料		
5	工程项目立项审批文件一份(复印件)		
6	规划设计要点和工程方案设计批准文件,含总平面图一份(复印件)		
7	初步设计批准文件(复印件)		
8	建筑工程岩土勘察文件审查意见书或岩土工程勘察报告原件		
9	全套施工图设计文件(1套)(总图1份)		
10	各专业相关计算书、使用软件名称及授权书(复印件)		
11	依法进行的专项设计审查的有关部门(消防、人防、交管等部门)审批(审查)意见书(复印件)		
12	城市建设费用征收处核准的所建工程各栋建筑面积一览表		

(6) 建设工程规划许可证申请表　　见表3-16。

表 3-16　建设工程规划许可证申请表　　　　编号：×××

建设单位	名称	××房地产开发有限公司				单位隶属		××市建委
	地址	××市××区××路××号				联系人		×××
	电话	××××××××××				邮政编码		××××××
	建设项目地点	××市××区××路××号						
设计单位	名称	××建筑设计研究院						
	地址	××市××区××路××号				邮政编码		××××××
	勘察设计证书编号	××××××××						
	设计负责人	×××				电话		××××××××
建筑计划	批准机关	××市发改委				批准文号		××××××
	投资性质	合资				投资总额/万元		43455

建筑工程内容	建筑物名称	结构	层数		高度/m	栋数	底层建筑面积/m²	建筑总面积/m²
			地上	地下				
	××大厦	框架	26	4	90	1	5126	56620

基地情况(在括号内划√)	自有(　)	征用或调拨(√)	临时使用(　)
建设性质(在括号内划√)	新建(√)	改扩建(　)	大修(　)

上级主管单位审核意见：

同意

负责人：×××(盖章)
××××年××月××日

送审的文件、图纸清单：

序号	文件名称	应送份数	实送份数	备注
1	建设项目计划批准文件	1	1	
2	建设基地使用权属证件或建设用地批准书(复印件)	1	1	
3	应拆房屋的权属证件(复印件)	1	1	
4	地形图	4	4	
5	总平面设计图	4	4	
6	建筑施工(平面、立面、剖面图和目录)	2	2	
7	分层面积表	2	2	
8	基础结构图	2	2	
9	建筑工程概预算书	1	1	
10	消防、环保、卫生等有关部门审核意见单	各1	各1	

(7) 建设工程施工许可证申请表 见表 3-17。

表 3-17 建设工程施工许可证申请表 编号：×××

建设单位名称	××房地产开发有限公司	所有制性质	合资
建设单位地址	××市××区××路××号	电话	××××××××××
法定代表人	×××	联系人	×××
工程名称	××公寓		
建设地点	××市××区××路××号		
合同价格	43455 万元,其中外币 895 万元(币种:美元)		
建设规模	56620m²		
结构类型	框架	层高	地上 26 层,地下 4 层
合同开工日期	××××年××月××日	合同竣工日期	××××年××月××日
施工总承包单位	××建筑工程集团公司		
施工分包单位	××建筑工程公司		
	××建筑装修工程公司		
	××机电安装工程公司		

申请单位法定代表人:×××

(单位公章)
××××年××月××日

领证人签字:×××

领证时间:××××年××月××日

4 建设项目招标管理

4.1 建设项目招标管理 >>>

细节 62： 建设工程项目招标分类

建设工程项目招标的分类见表 4-1。

表 4-1　建设工程项目招标分类

序号	分类	具 体 内 容
1	按工程承包范围分类	①项目总承包招标：这种招标可分为两种：工程项目实施阶段的全过程招标和工程项目全过程招标。前者是在设计任务书已经审完，从项目勘察、设计到交付使用而进行的一次性招标；后者是从项目的可行性研究到交付使用而进行的一次性招标，业主提供项目投资与使用要求及竣工、交付使用期限，其可行性研究、勘察设计、材料和设备采购、职工培训、施工安装、生产准备和试生产、交付使用均由一个总承包商负责承包，即"交钥匙工程"
		②专项工程承包招标：是指在对工程承包招标中，对其中某项较复杂（或专业性强）、施工和制作要求特殊的单项工程，可以单独招标的，称为专项工程承包招标
2	按工程建设项目构成分类	按工程建设项目的构成，可以将建设工程招标投标分为全部工程招标投标、单位工程招标投标、单项工程招标投标、分部工程招标投标及分项工程招标投标
		①全部工程招标投标是指对一个工程建设项目（如一所学校）的全部工程进行的招标投标
		②单项工程招标投标是指对一个工程建设项目中所包含的若干单项工程（如教学楼、食堂等）而进行的招标投标
		③单位工程招标投标是指对一个单项工程所包含的若干单位工程（如一幢房屋）所进行的招标投标
		④分部工程招标投标是指对一个单位工程（如土建工程）所包含的若干分部工程（如土石方工程、深基坑工程、楼地面工程等）进行的招标投标
		⑤分项工程招标投标是指对一个分部工程（如土石方工程）所包含的若干分项工程（如人工挖地槽、回填土等）进行的招标投标

序号	分类	具　体　内　容
3	按工程项目建设程序分类	按照工程项目建设程序,可将招标分为三类,即工程项目开发招标、勘察设计招标及施工招标。这取决于建筑产品交易生产过程的阶段性 ①项目开发招标。这种招标是建设单位邀请工程咨询单位对建设项目进行可行性研究,其"标的物"是可行性研究报告。中标的工程咨询单位应对自己提供的研究成果负责,可行性研究报告需得到建设单位认可 ②勘察设计招标。工程勘察设计招标是招标单位就拟建工程向勘察与设计单位发布通告,以法定方式来吸引勘察单位(或设计单位)参加竞争,经招标单位审查获得投标资格的勘察或设计单位,按招标文件的要求、在规定的时间内向招标单位填报投标书,招标单位从中择优选定中标单位,完成工程勘察或设计任务 ③施工招标。工程施工招标投标则是针对工程施工阶段的全部工作开展的招标投标,根据工程施工范围大小及专业的不同,可分为全部工程招标、单项工程招标与专业工程招标等
4	按行业类别分类	按行业类别,招标可分为土木工程招标、货物设备采购招标、勘察设计招标、生产工艺技术转让招标、机电设备安装工程招标、咨询服务招标。土木工程包括公路、铁路、隧道、桥梁、堤坝、电站、厂房、剧院、码头、飞机场、旅馆、医院、学校、商店、住宅等。货物采购包括建筑材料及大型成套设备等。咨询服务包括项目开发性研究、可行性研究及工程监理等。我国财政部经世界银行同意,专门为世界银行贷款项目的招标采购制定了相关方面的标准文本,包括货物采购国内竞争性招标文件范本、资格预审文件范本、土建工程国内竞争性招标文件范本、货物采购国际竞争性招标文件范本、土建工程国际竞争性招标文件范本、咨询服务合同协议范本、生产工艺技术转让招标文件范本、大型复杂工厂与设备的供货和安装监督招标文件范本、总包合同招标文件范本,以便于利用世界银行贷款来支持、帮助我国的国民经济建设
5	按工程是否具有涉外因素分类	按照工程是否具有涉外因素,可以将其分为国内工程招标投标与国际工程招标投标。国内工程招标投标是指对本国没有涉外因素的建设工程进行的招标投标;国际工程招标投标是指对有不同国家或国际组织参与的建设工程进行的招标投标。国际工程招标投标包括本国的国际工程招标投标和国外的国际工程招标投标两部分。国内工程招标投标与国际工程招标投标的基本原则一致,但在具体做法上有差异。随着社会经济的发展和国际工程交往的逐渐增多,国内工程招标投标与国际工程招标投标在做法上的区别已越来越小

细节 63：**建设工程项目招标条件**

(1) 招标单位与工程项目应具备的条件　工程项目招标必须符合主管部门规定的相关条件。这些条件分为招标人即建设单位应具备的与招标的工程项目应具备的两个方面。

① 建设单位招标应具备的条件:

a. 招标单位是法人或依法成立的其他组织;

b. 有与招标工程相适应的经济、技术、管理人员;

c. 有组织开标、评标、定标的能力;

d. 有组织招标文件的能力;

e. 有审查投标单位资质的能力。

其中，a、b 两条是对招标单位资格的规定，c 至 e 条则是对招标人能力的要求。不具备上述 b 至 e 项条件的，需委托具有相应资质的咨询、监理等单位代理招标。

② 招标的工程项目应当具备的条件：

a. 概算已经批准；

b. 建设用地的征用工作已经完成；

c. 建设项目已经正式列入国家、部门或地方的年度固定资产投资计划；

d. 建设资金与主要建筑材料、设备的来源已经落实；

e. 有能够满足施工需要的施工图纸及技术资料；

f. 已建设项目所在地规划部门批准，施工现场"三通一平"已经完成或一并列入施工招标范围。

(2) 不同性质的工程项目招标条件 对不同性质的工程项目，招标的条件可有所不同或有所偏重。

① 建设工程勘察设计招标的条件，应主要侧重于以下两方面：

a. 设计任务书或可行性研究报告已获批准；

b. 具有设计所必需的可靠基础资料。

② 建设工程施工招标的条件，应主要侧重于以下几方面：

a. 建设资金（含自筹资金）已按规定存入银行；

b. 建设工程已列入年度投资计划；

c. 施工前期工作已基本完成；

d. 有设计单位设计的施工图纸和有关设计文件。

③ 建设监理招标的条件，应主要侧重于以下两方面：

a. 工程建设的主要技术工艺要求已确定；

b. 设计任务书或初步设计已获批准。

④ 建设工程材料设备供应招标的条件，应主要侧重于以下三方面：

a. 建设资金（含自筹资金）已按规定存入银行；

b. 建设项目已列入年度投资计划；

c. 具有批准的初步设计或施工图设计所附的设备清单，专用、非标设备应有设计图纸、技术资料等。

⑤ 建设工程总承包招标的条件，主要侧重于以下两方面：

a. 计划文件或设计任务书已获批准；

b. 建设资金和地点已经落实。

(3) 建设工程项目招标的基本条件 从实践来看，人们希望招标能担当起对工程建设实施的把关作用，因而赋予其很多前提性条件。但其实招标投标的使命只是或主要是解决一个工程任务如何分派、承接的问题。从这个方面讲，只要建设项目的各项工程任务合法有效地确立了，并已具备了实施项目的基本条件，即可对其进行招标投标。因此对建设工程招标的条件，不应赋予太多。事实上赋予太多，不堪重负，也很难做到。根据实践经验，对建设工程招标的条件，最基本、最关键的应把握住以下两条。

① 建设项目已合法成立，办理了报建登记，招标项目按国家有关规定需要履行项目审批手续的，先履行审批手续，以取得批准。

② 建设资金已基本落实，工程任务承接者确定后即能实施。

细节 64：建设工程项目招标方式及其选择

(1) 招标方式 《中华人民共和国招标投标法》第十条规定："招标分为公开招标和邀请招标"。

① 公开招标。公平招标是指招标人以招标公告的方式邀请不特定的法人或者其他组织投标。公开招标是一种无限制的竞争方式，按竞争程度又可分为国际竞争性招标和国内竞争性招标。招标人采用公开招标方式的，应当发布招标公告。依法必须进行招标的项目的招标公告，应当通过国家指定的报刊、信息网络或者其他媒介发布。招标公告应当载明招标人的名称和地址、招标项目的性质、数量、实施地点和时间以及获取招标文件的办法等事项。这种招标方式可为所有的承包商提供一个平等竞争的机会，业主有较大的选择余地，有利于降低工程造价，提高工程质量和缩短工期，但因为参与竞争的承包商可能很多，增加资格预审和评标的工作量。但有可能会出现故意压低投标报价的投机承包商以低价挤掉对报价严肃认真而报价较高的承包商。所以采用此种招标方式时，业主要加强资格预审，认真评标。

② 邀请招标。邀请招标又称选择性招标或有限竞争投标，是指招标人以投标邀请书的方式邀请特定的法人或者其他组织投标，招标人采用邀请招标方式的，应当向三个以上具备承担招标项目的能力、资信良好的特定的法人或者其他组织发出投标邀请书。邀请招标的优点在于：经过选择的投标单位在施工经验、技术力量、经济和信誉上都比较可靠，因此一般能保证进度和质量要求。此外，参加投标的承包商数量少，因而招标时间相对缩短，招标费用也较少。虽然邀请招标在价格、竞争的公平方面仍存在一些不足之处，但是《招标投标法》规定，国家重点项目和省、自治区、直辖市的地方重点项目不宜进行公开招标的，经过批准后可进行邀请招标。

(2) 招标方式的选择 公开招标与邀请招标相比，可以在较大范围内优选中标人，有利于投标竞争，但招标花费的费用较高、时间较长。采用何种形式招标应在招标准备阶段进行认真研究，主要分析哪些项目对投标人有吸引力，可在市场中展开竞争。对于明显可展开竞争的项目，应首先考虑采用打破地域和行业界限的公开招标。

为符合市场经济要求和规范招标人的行为，《中华人民共和国建筑法》（以下简称《建筑法》）规定，依法必须进行施工招标的工程，全部使用国有资金投资或国有资金投资占控股或主导地位的，应公开招标。《招标投标法》进一步明确规定："国务院发展计划部门确定的国家重点和省、自治区、直辖市人民政府确定的地方重点项目不适宜公开招标的，经国务院发展计划部门或者省、自治区、直辖市人民政府批准，可进行邀请招标。"

采用邀请招标的项目一般属于以下几种情况之一。

① 涉及保密的工程项目。

② 专业性要求较强的工程，一般施工企业缺少技术、设备和经验，采用公开招标响应者较少。

③ 地点分散且属于劳动密集型的施工项目，对外地域的施工企业缺少吸引力。

④ 工程量较小，合同额不高的施工项目，对实力较强的施工企业缺少吸引力。

⑤ 工期要求紧迫的施工项目，没有时间进行公开招标。

⑥ 其他采用公开招标所花费的时间和费用与招标人最终可能获得的好处不

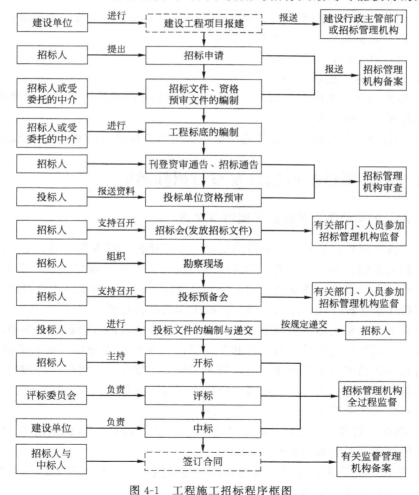

图 4-1　工程施工招标程序框图

相适应的施工项目。

建设工程项目招标程序

依法必须进行施工招标的工程项目，通常应遵循以下程序。

① 招标单位自行办理招标事宜的，应建立专门的招标工作机构。

② 招标单位在发布招标公告或发出投标邀请书的 5 天前，要向工程所在地县级以上人民政府建设行政主管部门备案。

③ 准备招标文件和标底，报建设行政主管部门审核（或备案）。

④ 发布招标公告或发出投标邀请书。

⑤ 投标单位申请投标。

⑥ 招标单位审查申请投标单位的资格，将审查结果通知申请投标单位。

⑦ 向合格的投标单位分发招标文件。

⑧ 组织投标单位勘察现场，召开答疑会，解答投标单位提出的问题。

⑨ 建立评标组织，制定评标、定标办法。

⑩ 召开开标会，当场开标。

⑪ 组织评标，决定中标单位。

⑫ 发出中标和未中标通知书，收回发给未中标单位的图纸与技术资料，退还投标保证金（或保函）。

⑬ 招标单位与中标单位签订施工承包合同。工程施工招标程序参见图 4-1。

4.2 建设项目招标信息发布与招标邀请 ▷▷▷

招标公告发布或投标邀请书发送

招标人可以根据招标项目本身的要求，在招标公告或者投标邀请书中，要求潜在投标人提供有关资质证明文件和业绩情况，并对潜在投标人进行资格审查；国家对投标人的资格条件有规定的，依照其规定。招标人不得以不合理的条件限制或者排斥潜在投标人，不得对潜在投标人实行歧视待遇。

招标人可以根据招标项目本身的要求，在招标公告或者投标邀请书中，要求潜在投标人提供有关资质证明文件和业绩情况，并对潜在投标人进行资格审查；国家对投标人的资格条件有规定的，依照其规定。招标人不得以不合理的条件限制或者排斥潜在投标人，不得对潜在投标人实行歧视待遇。

招标公告的内容主要包括以下几方面。

① 招标人的名称、地址、联系人姓名、电话，委托代理机构进行招标的，还应注明该机构的名称和地址。

② 工程情况简介，包括项目的名称、建筑规模、工程地点、结构类型、装修标准、质量要求、工期要求。

③ 承包方式，材料、设备供应方式。

④ 对投标人资质的要求及应提供的有关文件。

⑤ 招标日程安排。

⑥ 招标文件的获取办法，包括发售招标文件的地点、文件的售价及开始和截止出售的时间。

⑦ 其他要说明的问题。依法实行邀请招标的工程项目，应由招标人或其委托的招标代理机构向拟邀请的投标人发送投标邀请书。邀请书内容与招标公告大同小异。住房和城乡建设部（原建设部）在［2002］256号文《房屋建筑和市政基础设施工程施工招标文件范本》中推荐使用的招标公告和投标邀请书的样式如表4-2，表4-3所示。

表4-2　招标公告

招标公告
（采用资格预审方式）
招标工程项目编号：_____

（1）　(招标人名称)　的　(招标工程项目名称)　，已由　(项目批准机关名称)　批准建设。现决定对该项目的工程施工进行公开招标，选定承包人。

（2）本次招标工程项目的概况如下：

①(说明招标工程项目的性质、规模、结构类型、招标范围、标段及资金来源和落实情况等)。

② 工程建设地点为_____。

③计划开工日期为____年____月____日，计划竣工日期为____年____月____日，工期____日历天。

④ 工程质量要求符合　(《工程施工质量验收规范》)　标准。

（3）凡具备承担招标工程项目的能力并具备规定的资格条件的施工企业，均可对上述　(一个或多个)　招标工程项目(标段)向招标人提出资格预审申请，只有资格预审合格的投标申请人才能参加投标。

（4）投标申请人须是具备建设行政主管部门核发的　(建筑业企业资质类别、资质等级)　级及以上资质的法人或其他组织。自愿组成联合体的各方均应具备承担招标工程项目的相应资质条件；相同专业的施工企业组成的联合体，按照资质等级低的施工企业的业务许可范围承揽工程。

（5）投标申请人可从　(地点和单位名称)　处获取资格预审文件，时间为____年____月____日至____年____月____日，每天上午____时____分至____时____分，下午____时____分至____时____分(公休日、节假日除外)。

（6）资格预审文件每套售价为　(币种,金额,单位)　，售后不退。如需邮购，可以书面形式通知招标人，并另加邮费每套　(币种,金额,单位)　。招标人在收到邮购款后____日内，以快递方式向投标申请人寄送资格预审文件。

（7）资格预审申请书封面上应清楚地注明"　(招标工程项目名称和标段名称)　投标申请人资格预审申请书"字样。

（8）资格预审申请书须密封后，于____年____月____日____时____分以前送至_____处，逾期送达的或不符合规定的资格预审申请书将被拒绝。

（9）资格预审结果将及时告知投标申请人，并预计于____年____月____日发出资格预审合格通知书。

（10）凡资格预审合格的投标申请人，请按照资格预审合格通知书确定的时间、地点和方式获取招标文件及有关资料。

招 标 人：_____
办公地址：_____
邮政编码：_____　联系电话：_____
传　　真：_____　联 系 人：_____
招标代理机构：_____
办公地址：_____
邮政编码：_____　联系电话：_____
传　　真：_____　联 系 人：_____
日　　期：____年____月____日

表 4-3　投标邀请书

投标邀请书
(采用资格预审方式)
招标工程项目编号：_____

致：(投标人名称)

(1)　(招标人名称)　的　(招标工程项目名称)　，已由　(项目批准机关名称)　批准建设。现决定对该项目的工程施工进行邀请招标，选定承包人。

(2)本次招标工程项目的概况如下：

① (说明招标工程项目的性质、规模、结构类型、招标范围、标段及资金来源和落实情况等)。

② 工程建设地点为_____。

③ 计划开工日期为___年___月___日，计划竣工日期为___年___月___日，工期___日历天。

④ 工程质量要求符合　《工程施工质量验收规范》　标准。

(3)如你方对本工程上述　(一个或多个)　招标工程项目(标段)感兴趣，可向招标人提出资格预审申请，只有资格预审合格的投标申请人才有可能被邀请参加投标。

(4)请你方从　(地点和单位名称)　处获取资格预审文件，时间为___年___月___日至___年___月___日，每天上午___时___分至___时___分，下午___时___分至___时___分(公休日、节假日除外)。

(5)资格预审文件每套售价为　(币种，金额，单位)　，售后不退。如需邮购，可以书面形式通知招标人，并另加邮费每套　(币种，金额，单位)　。招标人在收到邮购款后___日内，以快递方式向投标申请人寄送资格预审文件。

(6)资格预审申请书封面上应清楚地注明"　(招标工程项目名称和标段名称)　投标申请人资格预审申请书"字样。

(7)资格预审申请书须密封后，于___年___月___日___时分以前送至(地点和单位名称)____，逾期送达的或不符合规定的资格预审申请书将被拒绝。

(8)资格预审结果将及时告知投标申请人，并预计于___年___月___日发出资格预审合格通知书。

(9)凡资格预审合格并被邀请参加投标的投标申请人，请按照资格预审合格通知书中确定的时间、地点和方式获取招标文件及有关资料。

招　标　人：_____　(盖章)

办公地址：_____

邮政编码：_____　联系电话：_____

传　　真：_____　联系人：_____

招标代理机构：_____　(盖章)

办公地址：_____

邮政编码：_____　联系电话：_____

传　　真：_____　联系人：_____

日　　期：___年___月___日

细节 67：项目招标信息发布与招标邀请常用工作表格填写

本细节将以范例的形式介绍甲方代表在建设项目招标信息发布与招标邀请中常用工作表格的填写。

（1）招标公告发布单（监理） 见表4-4。

表4-4 招标公告发布单（监理）

项目编号：×××　　　　　　　　　　　　　　　　日期：××××年××月××日

招标工程概况	招标人	××房地产开发有限公司	法人代表	×××
	单位地址	××市××区××路××号	单位性质	合资
	工程名称	××公寓	建设规模	56620m²
	建设地址	××市××区××路××号	结构形式	框架
	层数	地上	26层	檐高	76m
		地下	4层	高度	90m
	工程项目的补充描述			
投资额及来源	43455万元，其中自筹10%，外资88%，银行贷款2%			
招标范围	土建工程、建设给水排水及采暖工程、建筑电气工程、通风与空调工程			
投标人数量	拟选12家或12家以上企业参加投标			
投标人资质等级	一级			
报名截止时间	××××年××月××日×时×分			
资格预审	是否采用资格预审：☑是　　　　　□否			
	资格预审时，投标申请人按下述告知获取资格预审文件			
	获取时间	××××年××月××日至××××年××月×时×分		
	获取地点	××大厦××层××房间		
	联系人	×××	联系电话	×××××××
经办人	签字	×××	联系电话	×××××××
	经办人所属单位	××市建设工程项目交易中心		
招标办投标监管处经办人签字及盖章	经办人：×××（盖章）　　　　　　　　　　　××××年××月××日			

注：1. 本单一式三份，招标办一份，交易中心一份，招标人一份。

2. 经办人需附法人委托函件。

（2）招标公告发布单（施工） 见表4-5。

表4-5 招标公告发布单（施工）

项目编号：×××　　　　　　　　　　　　　　　　日期：××××年××月××日

招标工程概况	招标人	××房地产开发有限公司	法人代表	×××
	单位地址	××市××区××路××号	单位性质	合资
	工程名称	××公寓	建设规模	56620m²
	建设地址	××市××区××路××号	结构形式	框架
	层数	地上	26层	檐高	76m
		地下	4层	高度	90m
	工程项目的补充描述：			
投资额及来源	43455万元，其中自筹10%，外贸88%，银行贷款2%			
招标范围	土建工程、建筑给排水及采暖工程、建筑电气工程、通风与空调工程			

投标人数量	是否限制投标人数量:☑是　　　　　　　□否		
	限制:拟选 12 家企业参加投标		
投标人资质等级	一级		
项目经理资质等级	一级		
报名截止时间	××××年××月××日×时×分		
资格预审	是否采用资格预审:☑是　　　　　　　□否		
	资格预审时,投标申请人按下述告知获取资格预审文件		
	获取时间	××××年××月××日至××××年××月××日×时至×时	
	获取地点	××大厦××层××房间	
	联系人	×××	联系电话	×××××××××
经办人	签字	×××	联系电话	×××××××××
	经办人所属单位	××市建设工程项目交易中心	
招标办投标监管处经办人签字及盖章	经办人:×××(盖章) ××××年××月××日		

注:1. 本单一式三份,招标办一份,交易中心一份,招标人一份。

2. 经办人需附法人委托函件。

(3) 招标公告发布单(设备)　见表 4-6。

表 4-6　招标公告发布单(设备)

项目编号:×××　　　　　　　　　　　　日期:××××年××月××日

招标工程概况	招标人	××房地产开发有限公司		
	单位地址	××市××区××路××号		
	工程名称	××公寓		
	建设地址	××市××区××路××号		
招标设备概况	招标设备名称	数量	主要技术指标及参数	
	腰带式起重机	2	—	
	塔式起重机	3	—	
投标人数量	拟选 12 家或 12 家以上企业参加投标			
投标人资质等级	一级			
报名地点	××大厦××层××房间			
联系人	×××	联系电话	×××××××××	
资格预审	是否采用资格预审:☑是　　　　　　　□否			
	资格预审时,投标申请人按下述告知获取资格预审文件			
	获取时间	××××年××月××日至××××年××月×时×分		
	获取地点	××大厦××层××房间		
	联系人	×××	联系电话	×××××××××
经办人	签字	×××	联系电话	×××××××××
	经办人所属单位	××市建设工程项目交易中心		
招标办投标监管处经办人签字及盖章	经办人:×××(盖章) ××××年××月××日			

注:1. 本单一式三份,招标办一份,交易中心一份,招标人一份。

2. 经办人需附法人委托函件。

（4）工程（分包项目）招标公告委托书 见表4-7。

表4-7 工程（分包项目）招标公告委托书　　　　项目编号：×××

工程名称	××公寓		招标人	××房地产开发有限公司			
招标内容	工程施工	要求企业资质	一级	建筑面积	56620m²	结构形式	框架
				设计合计金额	43455万元		
招标方式	公开招标	拟选企业名额	12或以上	层数	地上	26	檐高	76m
					地下	4		
承包方式	分包	招标联系人	×××	联系电话	×××××××××		
参加投标报名时间	网上报名	××××年××月××日 至 ××××年××月××日					
	现场报名	××××年××月××日 至 ××××年××月××日					
投标报名地点	××大厦××层××房间			登记时间	××××年××月××日		
以上招标公告内容委托××市建设工程专业劳动发包承包交易中心在其交易网络公开发布。 委托单位（公章） 法人代表（签章） 委托代表（签章） ××××年××月××日							

注：1. 本表由招标人填写，招标办留存。

2. 发布招标公告时，要明确是否限制投标人数量。

3. 限制投标人数量时，应采取资格预审；不限制投标人数量时，可以采取资格预审，也可以不采取资格预审。

（5）招标邀请登记表 见表4-8。

表4-8 招标邀请登记表

项目编号：×××　　　　　　　　　　　　日期：××××年××月××日

	招标人	××房地产开发有限公司		法人代表	×××
招标工程概况	单位地址	××市××区××路××号		单位性质	合资
	工程名称	××公寓		建设规模	56620m²
	建设地址	××市××区××路××号		结构形式	框架
	层数	地上	26层	檐高	76m
		地下	4层	高度	90m
	工程项目的补充描述：				
招标范围	土建工程、建筑给排水及采暖工程、建筑电气工程、通风与空调工程				
序号	邀请投标人名称			资质	备注
1	××建筑工程集团公司			一级	
2	××建筑工程集团公司			一级	
经办人	签字	×××	联系电话	×××××××××	
	经办人所属单位	建设工程项目交易中心			
招标办投标监管处经办人签字及盖章			经办人：×××（签章） ××××年××月××日		

注：1. 本表一式三份，招标办一份，交易中心一份，招标人一份。

2. 经办人需附法人委托函件。

4.3　建设项目招标资格预审 ▶▶▶

资格预审的含义与种类

（1）含义　资格预审是指招标人在招标开始之前（或开始初期），由招标人对申请参加投标人做资格审查。经认定合格的潜在投标人，得以参加投标。一般情况下，对于大中型建设项目、"交钥匙"项目及技术复杂的项目，资格预审程序是不可缺少的。

（2）种类

① 定期资格预审　这是指在固定的时间内集中进行全面的资格预审。多数国家的政府采用这种方法。审查合格者被资格审查机构列入资格审查合格者名单。

② 临时资格预审　这是指招标人在招标开始之前（或开始之初），由招标人对申请参加投标的潜在投标人的资质条件、技术、业绩、信誉、资金等方面情况进行资格审查。

资格预审程序

（1）资格预审公告　资格预审公告是指招标人向潜在的投标人发出的参加资格预审的邀请。此公告可在购买资格预审文件前一周内最少刊登两次，或考虑通过规定的其他媒介发出资格预审公告。

（2）发出资格预审文件　资格预审公告之后，招标人向申请参加资格预审的申请人发放或出售资格预审文件。资格预审文件一般由资格预审须知和资格预审表两部分组成。

① 资格预审须知内容：

a. 比招标广告更详细的工程概况说明；

b. 发包的工作范围；

c. 资格预审的强制性条件；

d. 申请人应提供的有关证明与材料；

e. 国际工程招标时，对通过资格预审的国内投标者的优惠及指导申请人正确填写资格预审表的相关说明等。

② 资格预审表是招标单位根据发包工作内容的特点，需要对投标单位资质条件、实施能力、技术水平、商业信誉等方面的情况进行全面了解，以应答式表格形式给出的调查文件。资格预审表中开列的内容要能反映投标单位的综合素质。

③ 资格预审文件中的审查内容。只要投标申请人通过了资格预审，即说明其具备承担发包工作的资质与能力，凡资格预审中评定过的条件在评标过程中就不再另行评定，因此资格预审文件中的审查内容要完整、全面，避免不具备条件的投标人承担项目的建设任务。

（3）评审资格预审文件　对各申请投标人填报的资格预审文件进行评定，一般采用加权打分法。

① 结合工程项目特点和发包工作的性质，划分出评审的几大方面，如设备和技术人员能力、财务状况、资质条件、企业信誉、工程经验等，并分别给予不同的权重。

② 对各方面再细划分评定内容与分项打分的标准。

③ 按照规定的原则和方法逐个对资格预审文件评定和打分，确定各投标人的综合素质得分。为防止投标人在资格预审表中出现言过其实的情况，必要时还可对其已实施过的工程现场进行调查。

④ 确定投标人短名单。按投标申请人的得分进行排序，在预定的邀请投标人当中，由高分向低分录取。此时还应注意，如某一投标人的总分排在前几名之内，但某一方面的得分偏低，招标单位就要适当考虑其一旦中标后，实施过程中存在的风险，最终再确定他是否有资格进入短名单。对短名单之内的投标单位，招标单位要分别发出投标邀请书，并请他们确认投标意向。如果某一通过资格预审单位又决定不再进行投标，招标单位应将得分排序的下一名投标单位作为递补。对没有通过资格预审的单位，招标单位也应发出相应通知，他们将无权继续参加投标竞争。

细节 70：　资格预审评审方法

资格预审的评审标准应考虑到评标的标准，一般凡属评标时考虑的因素，资格预审评审时可不进行考虑。反之，在资格预审中已包括的标准不必继续列入评标的标准（对合同实施至关重要的技术性服务及工作人员的技术能力除外）。

资格预审的评审方法通常采用评分法。将预审应考虑的各因素进行分类，确定它们在评审中所占的比分。评审比分如下所述：

机构及组织	10 分
人　　员	15 分
设备、车辆	15 分
经　　验	30 分
财务状况	30 分
总　　分	100 分

申请人所得总分在 70 分以下，或其中有一类得分不足最高分的 50％者，即视为不合格。各类因素的权重要根据项目性质及它们在项目实施中的重要性而定。在评审时，在每一因素下面可进一步分若干参数，常用的参数如下。

（1）组织及计划

① 总项目的实施方案。

② 分包给分包商的计划。

③ 管理机构情况以及总部对现场实施指挥的情况。

④ 以往未能履约导致诉讼、损失赔偿以及延长合同的情况。

（2）人员

① 主要人员的经验和胜任程度。

② 专业人员胜任程度。

（3）主要施工设施及设备

① 适用性（型号、工作能力及数量）。

② 已使用年份及状况。

③ 来源及获得该设施的可能性。

（4）经验（过去 3 年）

① 技术方面的介绍。

② 在相似条件下所完成的合同额。

③ 所完成相似工程的合同额。

④ 每年工作量中作为承包商完成的百分比平均数。

（5）财务状况

① 银行介绍的函件。

② 平均年营业额。

③ 保险公司介绍的函件。

④ 流动资金。

⑤ 流动资产与目前负债的比值。

⑥ 过去 5 年中完成的合同总额。

资格预审的评审标准应结合项目性质及具体情况而定。

细节 71：项目招标资格预审常用工作表格填写

建设工程项目招标资格预审基本工作流程为：资格预审文件备案→评审资格预审文件→评审结果登记。

本细节将以范例形式介绍建设工程项目招标资格预审过程中甲方代表常用工作表格的填写。

（1）资格预审文件备案表　见表 4-9。

表 4-9　资格预审文件备案表　　　　编号：×××

工程名称	××公寓		法定代表人	×××	
招标项目	☑施工　□监理 □材料设备采购	招标方式		☑公开招标 □邀请招标	
建设规模	56620m²		投资总额	43455 万元	
投资来源	自筹 10%，外资 88%，银行贷款 2%				
投标人数量	□不限制投标人家数 ☑限制投标人家数时拟选 10 家投标申请人参加投标				

投标申请人资质等级要求	一级
投标申请人项目经理资质等级要求	一级
投标报名起止时间	××××年××月××日×时×分至××××年××月××日×时×分
资格预审文件获取起止时间	××××年××月××日×时×分至××××年××月××日×时×分
资格预审申请书递交截止时间	××××年××月××日×时×分至××××年××月××日×时×分
资格预审文凭获取地点	×大厦×层×房间 联系人 ××× 联系电话 ××××××××
资格预审申请书递交地点	××大厦××层××房间
评审办法	□定性评审(不限制投标人家数时) ☑定量评审(限制投标人家数时)
资格预审文件	共10份
报送单位	

招标人:××房地产开发有限公司
经办人(或联系人):×××
联系电话:××××××××

（签章）
××××年××月××日

注：本表由招标人或招标代理机构填写，一式两份，备案后招标人和招标办各留存一份。

（2）资格预审资审委员会成员情况表　见表4-10。

表 4-10　资格预审资审委员会成员情况表　编号：×××

招标人	××房地产开发有限公司(盖章)		项目名称	××公寓
招标代理机构	××建设工程项目招标代理公司			
资格预审时间	××××年××月××日×时×分至××××年××月××日×时×分			
资审委员会人数	15人	其中:技术类10人,经济类5人		
资审委员会成员情况				
1	姓名	×××	专业类别	工业与民用建筑
	相关专业工作年限	15年	技术职称	高级工程师
	是否熟悉相关业务		熟悉	
2	姓名	×××	专业类别	机电工程
	相关专业工作年限	15年	技术职称	高级工程师
	是否熟悉相关业务		熟悉	
3	姓名		专业类别	
	相关专业工作年限	年	技术职称	
	是否熟悉相关业务			
4	姓名		专业类别	
	相关专业工作年限	年	技术职称	
	是否熟悉相关业务			

资审委员会成员情况				
5	姓名		专业类别	
	相关专业工作年限	年	技术职称	
	是否熟悉相关业务			
6	姓名		专业类别	
	相关专业工作年限	年	技术职称	
	是否熟悉相关业务			
7	姓名		专业类别	
	相关专业工作年限	年	技术职称	
	是否熟悉相关业务			
资审委员会成员签字		×××、×××、×××、×××、×××、……		
招标人纪检监察部门意见		同意 审核人：×××（签章） ××××年××月××日		

注：1. 本表由招标人填写。

2. 本表和资审委员会各成员资格证明材料及投标资格预审报告同时提交。

3. 对于全部使用国有资金投资或以国有资金投资为主的建设项目，招标人纪检监察部门应对成员组成是否符合有关要求和规定进行核查确认，并在情况表上签字盖章。

（3）资格预审评审专家抽取申请表 见表 4-11。

表 4-11 资格预审评审专家抽取申请表

招标人 概况	招标人	××房地产开发有限公司		经办人	×××	
	法人代表	×××		联系电话	××××××××	
项目名称	××公寓					
报名家数	共20家	获取资审 文件家数	共15家	按时递交资审 申请书家数	共10家	
递交资审文件 截止时间	××××年×× 月××日×时×分		计划评审 开始时间	××××年××月 ××日×时×分	共×份	
资审委员会 人数	15人	招标人代表	5人			
		抽取专家	10人	其中：技术类5人，经济类5人		
招标项目类别 及范围	☑房屋建筑工程	☑建筑装修装饰	□混凝土结构工程	□_____		
	□市政公用工程	☑城市道路工程	□城市燃气或电力	□_____		
	□监理工程	□房屋建筑工程	□市政工程	□_____		
	□设备及其安装	□电梯	□建筑智能化	□_____		
招标代理机构	××市建设工程项目招标代理公司			资质等级	一级	
施工单位						
序号	潜在投标人名称			投标 IC 卡卡号		
1	××建筑装饰装修工程公司			××××××		
2	××建筑装饰装修工程公司			××××××		

（4）资格预审表 见表 4-12。

表 4-12　资格预审表

编号	资格评审内容	投标单位名称			
		1	2	3	…
1*	投标单位应为具有独立法人地位的施工企业,且在法律和财务方面均独立,按商业法律经营	○	○	○	
2*	具有住房和城乡建设部(原建设部)核发的房屋建筑工程施工总承包一级或一级以上的施工资质和具有工商行政管理部门核发的法人营业执照的单位	○	○	○	
3	企业近三年内施工额是否达到平均每年 5000 万元或以上	○	○	○	
4	最近三年内完成过三项或以上的单项工程施工合同额 2000 万元或以上的同类工程,其中至少一项(含一项)为××市地区业绩	○	×	○	
5*	具有有效的××市建筑业企业及工程中介服务机构登记备案证书	○	○	○	
6*	具有安全生产许可证	○	○	○	
7*	是否有投标申请公函	○	○	○	
8*	具有工程师或以上职称及工民建或建筑专业一级建造师的资格	○	○	○	
9*	具有高级工程师职称或工民建、建筑类专业的总工程师	○	○	○	
10*	具备有效的质量体系认证书	○	○	○	
11	近三年由审计机构审计的财务报表(主营收入须平均每年达到 5000 万元或以上)	○	×	○	
12	资审结果是否通过	通过	不通过	通过	

注：1. "是否通过"一栏应写"通过"或"不通过"。

2. 每一项目符合的写"○",不符合的写"×"。出现一个"×"的结论为"不通过"。

3. 表中带"＊"号的为强制性要求,必须具备原件核对；全部条件满足为"通过",同意进入下一阶段评审。

4. 若专家意见不一致时,则按少数服从多数的原则,由专家投票决定该投标单位是否通过资格预审。

（5）资格预审情况书面报告 见表 4-13。

表 4-13　资格预审情况书面报告

工程名称	××公寓
招标项目	☑施工　　□监理　　□材料设备采购
资格预审委员会 全体成员签字	资格预审评审委员会评审意见： 经评审,××建筑工程公司、××建筑工程公司……共16家企业通过资格预审 兹确认上述评审意见属实,评审结果见(投标候选人排序表) 签名：×××,×××,×××,… 　　　　　　　　　　　　　　　　　　　××××年××月××日
招标人意见	根据资格预审评审委员会的评审意见,兹确定排名前10名的投标候选人为本工程正式投标人。 招标人：(盖章)　　　　　　　　　法定代表人：(签字或盖章) 　　　　　　　　　　　　　　　　　　　××××年××月××日

注：本表为书面报告首页,其他内容作为附件,附件包括以下几方面。

① 附件清单。

② 资格评审基本情况,包括招标范围、招标方式、资格预审情况、资审过程、确定投标人的方式和理由。

③ 相关的文件材料,包括招标公告或投标邀请书、投标报名表、资格预审文件、资格预审文件领取签收表、投标人资格预审申请书递交签收表、评审专家签到表、专家评审记录、投标候选人排序表、资格预审结果、经办人法人委托书、委托招标代理合同。上述文件已备案的不再提交。附件共____页。

④ 本表一式两份,招标人和招标办各一份。

(6) 资格预审结果登记表 见表 4-14。

表 4-14 资格预审结果登记表

招标人：××房地产开发有限公司（盖章）　　　项目编号：×××

经办人：×××　　　　　　　　　　　　　　联系电话：×××××××

拟选择以下 10 家（见下表作为投标人，参加我单位拟建 ××公寓 工程的（☑施工 □监理□ 设备）招标，现把资格预审结果报送招标办。

序号	拟选投标人			投标人拟选项目经理	
	名称	IC 卡号	资质	姓名	资质
1	××建设公司	××××××	一级	×××	一级
2	××建设公司	××××××	一级	×××	一级
3					
4					
招标组织形式				☑自行　　　□委托	
招标代理机构				市建设项目招标代理公司	
招标方式				□公开　　　□邀请	

注：1. 本表由招标人或招标代理机构填写，一式三份，招标办投标监管室、招标监管室各一份，招标人一份。

2. 采取资格预审的，附投标资格预审报告。

3. 设备招标时，只填写投标人名称和投标人具备的资质。

4. 公开招标时，应附报名表并加盖招标人公章。

4.4　建设项目招标文件与招标标底的编制 ▶▶▶

细节 72： **招标文件的作用及编制原则**

(1) 招标文件的作用 建设项目招标文件是整个招标过程所遵循的基础性文件，是投标与评标的基础，也是合同的重要组成部分之一。通常情况下，招标人与投标人之间不进行或只进行有限的面对面交流，投标人只能根据招标文件的要求编写投标文件，因此招标文件是联系、沟通招标人与投标人的桥梁。能否编制出完整与严谨的招标文件，直接影响到招标的质量，也是招标成败的关键。招标文件的作用主要表现在以下三方面。

① 招标文件是招标人与投标人签订合同的基础。

② 招标文件是招标投标活动当事人的行为准则与评标的重要依据。

③ 招标文件是投标人准备投标文件及参加投标的依据。

(2) 招标文件的编制原则 编制招标文件是一项十分细致、复杂的工作，应做到系统、完整、准确、明了，提出要求的目标要明确，使投标者一目了然。编制招标文件依据的原则包括以下几方面。

① 建设单位和建设项目必须具备招标条件。

② 应公正、合理地处理业主与承包商的关系，保护双方的利益。

③ 应遵守国家的法律、法规及有关贷款组织的要求。

④ 正确、详尽地反映项目的客观、真实情况。

⑤ 招标文件各部分的内容要力求统一，以防各份文件之间有矛盾。

（3）其他注意事项

① 招标文件不得要求或者标明特定的生产供应者以及含有倾向或者排斥潜在投标人的其他内容。

② 招标人不得向他人透露已获取招标文件的潜在投标人的名称、数量以及可能影响公平竞争的有关招标投标的其他情况。招标人设有标底的，标底必须保密。

③ 招标人对已发出的招标文件进行必要的澄清或者修改的，应当在招标文件要求提交投标文件截止时间至少十五日前，以书面形式通知所有招标文件收受人。该澄清或者修改的内容为招标文件的组成部分。

④ 招标人应当确定投标人编制投标文件所需要的合理时间；但是，依法必须进行招标的项目，自招标文件开始发出之日起至投标人提交投标文件截止之日止，最短不得少于二十日。

细节 73： **招标文件组成及具体内容**

（1）招标文件的组成

① 对编写和提交投标文件的规定。载入这些内容是为了尽可能减少承包商（或供应商）因不明确如何编写投标文件而处于不利地位或其投标遭到拒绝的可能。

② 对投标人资格审查的标准及投标文件的评审标准和方法的规定。这些规定是为了提高招标过程的透明度与公平性，因此非常重要，也是不可缺少的。

③ 对合同主要条款的规定。主要为商务性条款的规定，这有利于投标人了解中标后签订合同的主要内容，明确双方的权利与义务。技术要求、投标报价要求和主要合同条款等内容是招标文件的关键内容，统称为实质性要求。

（2）招标文件的具体内容

① 投标人须知。

② 招标项目的性质、数量。

③ 评标的标准和方法。

④ 投标价格的要求及其计算方式。

⑤ 技术规格。

⑥ 交货、竣工或提供服务的时间。

⑦ 投标文件的编制要求。

⑧ 投标保证金的数额或其他有关形式的担保。

⑨ 投标人应当提供的有关资格和资信证明。

⑩ 提供投标文件的方式、地点和截止时间。

⑪ 开标、评标、定标的日程安排。

⑫ 主要合同条款。

细节 74： **招标标底编制的原则与依据**

(1) 标底编制的原则

① 根据国家规定的工程项目划分、统一计算规则以及施工图纸、统一计量单位、招标文件，并根据国家编制的基础定额和国家、行业、地方规定的技术标准、规范，以及生产要素市场的价格，确定工程量和计算标底价格。

② 标底的计价内容、计算依据应与招标文件的规定完全相同。

③ 标底价格应尽量与市场的实际变化相符。标底价格作为建设单位的预期控制价格，应反映、体现市场的实际变化，尽量与市场的实际变化相符，要利于开展竞争与保证工程质量，让承包商有利可图。标底中的市场价格可参考有关建设工程价格信息服务机构向社会发布的价格行情。在标底编制实践中，为把握这一原则，应注意以下几点。

a. 根据设计图纸及有关资料、招标文件，参照政府或有关部门规定的定额及规范、技术和经济标准，确定工程量和编制标底。如使用新材料、新技术及新工艺的分项工程，没有定额与价格规定的，可参照相应定额或由招标人提供统一的暂定价及参考价，也可由双方按市场价格行情确定的价格进行计算。

b. 标底价格应由成本、利润以及税金等组成，通常应控制在批准的总概算或修正、调整概算及投资包干的限额内。

c. 标底价格应考虑人工、材料、设备及机械台班等价格变动因素，还应包括不可预见费、赶工措施费、预算包干费、施工技术措施费、现场因素费用、保险以及采用固定价格的工程的风险金等，工程要求优良的还要增加相应的优质优价的费用。在主要材料和设备的计划价格与市场价格相差较大时，材料价格应按确定的供应方式来进行计算，并明确价差的处理办法。招标工程的工期，应按国家和地方制定的工期定额与计划投资安排的工期合理进行确定，如招标人要求缩短工期，可适当计取加快进度措施费。标底中的工期计算，应执行国家工期定额。如给定工期比国家工期定额缩短达一定比例的，在标底中应计入赶工措施费。

④ 招标人不得因投资原因故意压低标底价格。

⑤ 一个工程只能编制一个标底，并在开标前保密。

⑥ 编审分离和回避。承接标底编制业务的单位及其标底编制人员，不应参与标底审定的工作；负责审定标底的单位及其人员，也不应参与标底编制工作。受委托编制标底的单位，不可同时承接投标人的投标文件编制业务。

(2) 标底编制的依据 工程项目招标标底受很多因素的影响，如项目划分、材料价差、设计标准、取费标准、施工方案、定额、工程量计算准确程度等。综合考虑可能影响标底的各种因素，编制标底时遵循的依据主要包括以下几点。

① 国家公布的统一工程项目划分、统一计量单位、统一计算规则。

② 招标人提供的由有相应资质的单位设计的施工图及相关说明。

③ 工程基础定额和国家、行业、地方规定的技术标准规范。

④ 招标文件包括招标交底纪要。

⑤ 要素市场价格和地区预算材料价格。

⑥ 有关技术资料。

细节 75： **招标标底文件的组成**

（1）标底报审表 标底报审表是招标文件与标底正文内容的综合摘要。一般包括以下几点。

① 招标工程综合说明。包括招标工程的名称、结构类型、建筑物层数、报建建筑面积、设计概算或修正概算总金额、施工质量要求、定额工期、计划工期、计划开工竣工时间等，必要时附上招标工程一览表。

② 标底价格。包括招标工程的总造价和单方造价，钢材、木材与水泥等主要材料的总用量及其单方用量。

③ 招标工程总造价中各项费用的说明。包括对不可遇见费用、包干系数、工程特殊技术措施费等的说明，对增加或减少的项目的审定意见和说明。

（2）标底正文 标底正文是详细反映招标人对工程价格、工期等的预期控制数据和具体要求的部分。一般包括以下几点。

① 总则。主要说明标底编制单位的名称、持有的标底编制资质等级证书、标底编制的人员及其执业资格证书、编制标底的原则和方法、标底的审定机构、标底具备条件、对标底的封存及保密要求等内容。

② 标底诸要求及其编制说明。主要说明招标人在方案、期限、质量、价金、方法、措施等诸方面的综合性预期控制指标或要求，并阐释其依据、包括及不包括的内容、各有关费用的计算方式等；在标底诸多要求中，要注意明确各单位工程、单项工程、室外工程的名称，注明建筑面积、方案要点、质量、工期、单方造价（或技术经济指标）以及总造价，明确木材、钢材、水泥等的总用量及单方用量，甲方供应的设备、构件与特殊材料的用量，明确分部分项直接费、其他直接费、工资及主材的调价、企业经营费、利税取费等；在标底编制说明中，应特别注意对标底价格的计算说明。

③ 标底价格计算用表。采用工料单价的标底价格计算用表和采用综合单价的标底价格计算用表有所不同。采用工料单价的标底价格计算用表，主要有标底价格汇总表，工程量清单汇总及取费表，工程量清单表，材料清单及材料差价，设备清单与价格，现场因素、施工技术措施及赶工措施费用表等。采用综合单价的标底价格计算用表，主要有标底价格汇总表，工程量清单表，设备清单及价格，现场因素、施工技术措施和赶工措施费用表，材料清单及材料差价表，人工费表及人工工日，机械台班及机械费表等。

④ 施工方案及现场条件。主要说明施工方法给定条件、工程建设地点现场条件、临时设施布置及临时用地表等。对临时设施布置，招标人应提交一份施工现场临时设施布置图表并附文字说明，说明临时设施、现场办公、加工车间、设备及仓储、供水、供电、卫生、生活等设施的情况和布置。

(1) 标底编制程序与方法

① 以施工图预算为基础的标底。这是当前我国工程施工项目招标常常采用的标底编制方法。其特点是根据施工详图和技术说明，按工程预算定额规定的分部分项工程子目，逐项计算工程量，套用定额单价，确定直接费，再按规定的取费标准确定临时设施费、环境保护费、文明施工费、安全施工费、夜间施工增加费等费用及利润，还要加上材料调价系数与适当的不可预见费，汇总后为工程预算，即为标底的基础。若拆除旧建筑物，场地"三通一平"以及一些特殊器材采购也在招标范围之内，则应在工程预算之外再增加相应的费用，才可构成完整的标底。

② 以工程概算为基础的标底。其编制程序与以施工图预算为基础的标底基本相同，区别在于采用工程概算定额，对分部分项工程子目作了适当的归并与综合，使计算工作简化。采用这种方法编制的标底，一般适用于扩大初步设计或技术设计阶段（即进行招标的工程）。在施工图阶段招标，也可按施工图计算工程量，按概算定额与单价计算直接费，既可以提高计算结果的准确性，也可以减少计算工作量，节省时间与人力。

③ 以扩大综合定额为基础的标底。它由工程概算为基础的标底发展而来，其特点是在工程概算定额的基础上，将措施费、间接费及法定利润均纳入扩大的分部分项单价内，可使编制工作更加简化。

④ 以平方米造价包干为基础的标底。主要应用于采用标准图大量建造的住宅工程，常见的做法是由地方主管部门对不同结构体系的住宅造价作测算分析，制定每平方米造价包干的标准，在具体工程招标时，根据装修、设备情况作适当的调整，确定标底的单价。考虑到基础工程因地基条件不同而存在很大差别，这种平方米造价一般以工程的正负零以上为对象，基础和地下室工程仍以施工图预算为基础编制标底，两者之和才构成完整的标底。

(2) 标底审定原则与内容　标底的审定原则与标底的编制原则相一致，标底的编制原则即为标底的审定原则，这里需要特别强调的是编审分离原则。在实践中，编制标底与审定标底要严格分开，不准代编代审、编审合一。

① 审定标底是政府主管部门重要的行政职能。招标投标管理机构在审定标底时，主要审查以下内容。

a. 工程量计算是否符合计算规则，有无错算、漏算以及重复计算。

b. 工程范围是否符合招标文件规定的发包承包范围。

c. 使用定额、选用单价是否准确，有无错选、错算及换算的错误发生。

d. 各项费用、费率使用及计算的基础是否准确，有无使用错误、多算、漏算及计算错误。

e. 标底总价是否突破概算或批准的投资计划数。

f. 主要设备、材料和特种材料数量是否准确，有无多算（或少算）。

g. 标底总价计算程序是否准确，有无计算错误。

② 关于标底价格的审定，在采用不同的计价方法时，审定的内容也不同。

a. 对采用工料单价的标底价格的审定内容，主要包括以下内容。

ⅰ. 标底价格计价内容：发包承包范围、招标文件规定的计价方法、招标文件的其他有关条款。

ⅱ. 预算内容：工程量清单单价、"生项"补充定额单价、直接费、措施费、有关文件规定的调价、取费标准、间接费、设备费、利润、税金及主要材料设备数量等。

ⅲ. 预算外费用：材料、设备的市场供应价格、措施费（施工技术措施费、赶工措施费）、现场因素费用、不可预见费材料设备差价，对于采用固定价格的工程测算的，在施工周期的人工、材料、设备及机械台班价格波动风险系数等。

b. 对采用综合单价的标底价格的审定内容，一般包括以下几点。

ⅰ. 标方价格计价内容：发包承包范围、招标文件规定的计价方法、招标文件的其他相关条款。

ⅱ. 工程量清单单价组成分析：人工、材料及机械台班所计取的价格、措施费、直接费，有关文件规定的调价、间接费、取费标准、利润、税金，采用固定价格的工程测算的在施工周期材料、人工、设备及机械台班价格波动风险系数，不可预见费（特殊情况）及主要材料数量等。

工程量清单单价的组成分析：人工、材料及机械台班计取的价格、措施费、直接费，有关文件规定的调价、取费标准、间接费、利润、税金，采用固定价格的工程测算的在施工周期人工、材料、设备及机械台班价格波动风险系数，不可预见费（特殊情况）和主要材料数量等。

（3）标底审定程序　建设工程项目招标标底的审定，通常按以下要求进行。

① 标底送审。

a. 送审时间。关于标底的送审时间，在实践中有不同的做法。在开始正式招标前，招标人应将编制完成的标底和招标文件等一起报送招标投标管理机构审查认定，经招标投标管理机构审查认定后才可组织招标；在投标截止日期之后、开标之前，招标人应将标底报送招标投标管理机构进行审查认定，未经审定的标底一律无效。

b. 在送审时应提交的文件材料。招标人申报标底时应提交的有关文件资料，主要有工程施工图纸、施工方案或施工组织设计、标底价格汇总表、标底价格计算书、填有单价与合价的工程量清单、标底价格审定书、采用固定价格的工程风险系数测算明细，及各种施工措施测算明细、现场因素、材料设备清单等。

② 进行标底审定交底。招标投标管理机构在收到招标标底后应及时进行审查认定工作。通常，对结构不太复杂的中小型工程招标标底应于 7 天内审定，对结构复杂的大型工程招标标底应于 14 天以内审定完毕，并在上述时限内作必要的标底审定交底。在实际工作过程中，各种招标工程的情况十分复杂，应该根据工程规模和难易程度，确定合理的标底审定时限。通常的做法是划定几个时限档次，如 3～5 天，5～7 天，7～10 天，10～15 天，15～25 天等，最长不宜超过一个月。

③ 对经审定的标底进行封存。标底自编制之日起至公布之日止要严格保密。标底编制单位、审定机构都要严格按规定密封、保存，开标前不得泄露。经审定的标底即为工程招标的最终标底。未经招标投标管理机构同意，任何单位和个人无权

变更标底。开标后对标底有异议的，也可书面提出异议，由招标投标管理机构进行复审，并以复审的标底为准。标底允许调整的范围，通常只限于重大设计的变更、地基处理（指基础垫层以下需要处理的部分），这时都要按实际发生进行结算。

细节 77：招标文件与招标标底编制常用工作表格填写

本细节将以范例的形式介绍甲方代表在建设项目招标文件与招标标底编制过程中常用工作表格的填写。

（1）招标文件审批表 见表 4-15。

表 4-15 招标文件审批表

招标内容	××建筑安装工程施工		
招标项目地点	××市××区××路××号	招标时间	××××年××月××日
编制方式	☑自行编制 □委托编制（附委托书）	编制人	×××
		联系方式	×××××××××
分公司采购部经理 审核意见	☑同意；　　□需要修改 需要修改或补充的地方： 签字：××× ××××年××月××日		
分公司工程部经理 审核意见	☑同意；　　□需要修改 需要修改或补充的地方： 签字：××× ××××年××月××日		
分公司招投标领导 小组组长审核意见	☑同意；　　□需要修改 需要修改或补充的地方： 签字：××× ××××年××月××日		
公司采购部经理 审核意见	☑同意；　　□需要修改 需要修改或补充的地方： 签字：××× ××××年××月××日		
公司预决算部经理 审核意见	☑同意；　　□需要修改 需要修改或补充的地方： 签字：××× ××××年××月××日		
公司工程部经理 审核意见	☑同意；　　□需要修改 需要修改或补充的地方： 签字：××× ××××年××月××日		
公司招标投标领导 小组组长审核意见	☑同意；　　□需要修改 需要修改或补充的地方： 签字：××× ××××年××月××日		

注：无标底招标，预决算部经理可以不发表意见；此表一式两份，一份报公司采购部备案，一份分公司采购部存档。

（2）招标文件备案表 见表 4-16。

表 4-16 招标文件备案表

工程名称	××公寓			
工程地点	××市××区××路××号			
招标项目	☑施工　□监理　□设备		招标方式	☑公开招标 □邀请招标
招标范围概要	土建工程、建筑给排水及采暖工程、建筑电气工程、通风与空调工程。			
合同文本号	××××××	评标办法		☑综合定量评标法 □经评审的最低投标价法
本工程 ___施工___ (施工、监理、设备)招标发标前的准备工作已基本完成,现将该项招标的招标文件报送备案。 附:☑招标文件 3 份				
<p align="center">报送单位</p>				
招标人(或招标代理机构):××房地产开发有限公司 联系人:××× 联系电话:×××××××× <p align="right">(盖章)</p><p align="right">××××年××月××日</p>				

注:本表由招标人或招标代理机构填写,一式两份,备案后招标人和招标办各留存一份。

（3）标底审查表 见表 4-17。

表 4-17 标底审查表　　　　　编号:×××

项目名称	××公寓	招标内容	建筑安装工程施工
标底编制机构	××房地产开发有限公司		
委托人	×××	联系方式	××××××××
标底编制人	×××	联系方式	××××××××
标底审查情况 说明	1. 工程量计算是否准确;是;否 说明: 2. 综合单价是否合理;是;否 说明: 3. 各种措施项目费用是否合理;是;否 说明: 4. 其他项目清单内容是否合理;是;否 说明: 5. 是否符合文件规定的要求;是;否 说明: 其他需要说明事项: <p align="right">审查人签字:×××</p><p align="right">××××年××月××日</p>		

(4) 专业工程标底报备表　　见表4-18。

表4-18　专业工程标底报备表

标底编制单位：××房地产开发有限公司　　　　　编制时间：××××年××月××日

主要编制人：×××、×××、×××、×××、×××　　　概预算证书号：××××××

工程名称	××公寓	发包方式			分包	
发包范围	建筑装饰装修					
建筑面积/m²	56620	层数	地上 26 地下 4	结构	框架	高度/m	90
标底总造价/万元	43455	单方造价 /(元/m²)			622.38	
工程质量要求	市优	计划总工期 (日历天)			180	
计划开工日期	××××年 ××月××日	计划竣工日期		××××年××月××日		
包干系数或不可预见 费列入及说明						
技术措施费列入及说明						
备注						
招标人 确认意见	同意 （盖章） 法定代表人：××× ××××年××月××日					

注：本表由招标人填写，一式两份，招标办一份，招标人一份。

(5) 劳务工程标底报备表　　见表4-19。

表4-19　劳务工程标底报备表

标底编制单位：××房地产开发有限公司　　　　　编制时间：××××年××月××日

主要编制人：×××、×××、×××、×××、×××　　　概预算证书号：××××××

工程名称	××公寓	发包方式	分包
发包范围	建筑装饰装修工程		
建筑面积/m²	56620	其他参数	
标底总造价/万元	43455	单方造价/(元/m²)	622.38
工日单价/(元/工日)	40	总用工数量/(工日)	800
工程质量要求	优良	计划总工期/(日历天)	180
计划开工日期	××××年 ××月××日	计划竣工日期	××××年 ××月××日

包干系数或不可预见 费列入及说明	
技术措施费列入及说明	
备注	
招标人确认意见	同意 （盖章） 法定代表人：××× ××××年××月××日

注：本表由招标人填写，一式两份，招标办一份，招标人一份。

4.5 建设项目开标、评标与定标 ▶▶▶

细节 78：开标

开标，即招标人将所有投标人的投标文件启封揭晓。我国《招标投标法》规定，开标应当在招标文件确定的提交投标文件截止时间的同一时间公开进行；开标地点应当为招标文件中预先确定的地点。开标由招标人进行主持，邀请所有投标人参加。开标时，由投标人或者其推选的代表检查投标文件的密封情况，也可以由招标人委托的公证机构检查并公证；经确认无误后，由工作人员当众拆封，宣读投标人名称、投标价格和投标文件的其他主要内容。投标人在招标文件要求提交投标文件的截止时间前收到的所有投标文件，开标时都应当当众予以拆封、宣读。开标过程应当记录，并存档备查。

（1）开标的程序

① 主持人宣布开标会议开始，介绍参与开标会议的单位、人员名单及工程项目的相关情况。

② 请投标单位代表确认投标文件的密封性。

③ 宣布公证、唱标、记录人员名单与招标文件规定的评标原则、定标办法。

④ 宣读投标单位的名称、质量目标、投标报价、工期、主要材料用量、投标担保或保函及投标文件的修改、撤回等情况，并做当场记录。

⑤ 与会的投标单位法定代表人（或其代理人）在记录上签字，确认开标的结果。

⑥ 宣布开标会议结束，进入评标阶段。

（2）无效投标文件的几种情况 投标单位法定代表人（或授权代表）未参加开标会议的即视为自动弃权。投标文件有以下情形之一的即视为无效。

① 投标文件未按照招标文件的要求进行密封的。

② 投标文件的关键内容字迹模糊、无法辨认。

③ 投标文件中的投标函未加盖投标人的企业及企业法定代表人印章的，或其企业法定代表人委托代理人没有合法、有效的委托书及委托代理人印章的。

④ 投标人未按照招标文件的要求提供投标函或投标保证金的。

⑤ 组成联合体投标的，未附联合体各方共同投标协议的。

⑥ 逾期送达。对未按规定送达的投标书，即视为废标，原封退回。但对于因非投标者的过失（因邮政、罢工、战争等原因），而在开标之前未送达的，投标单位可以考虑接受此迟到的投标书。

细节 79：评标

开标后进入评标阶段。即采用统一的标准与方法，对符合要求的投标进行评比，进而确定每项投标对招标人的价值，最后达到选定最佳中标人的目的。

(1) 评标机构　《招标投标法》规定，评标由招标人依法组建的评标委员会进行负责。依法必须招标的项目，评标委员会由招标人的代表及有关技术、经济等方面的专家组成，成员人数在 5 人以上的单数，其中技术、经济等方面的专家不得少于成员总数的 2/3。

技术、经济等专家应从事相关领域工作满 8 年且具有高级职称（或具有同等专业水平），由招标人从国务院有关部门或省、自治区、直辖市人民政府有关部门提供的专家名册或招标代理机构的专家库内的相关专业的专家名单中进行确定；一般招标项目可采取随机抽取的方式，特殊招标项目可由招标人直接进行确定。与投标人有利害关系的人不得进入相关项目的评标委员会，已经进入的需进行更换。评标委员会成员的名单在中标结果确定前要进行保密。

(2) 评标的保密性与独立性　按照我国招投标法，招标人应采取必要的措施，保证评标在严格保密的情况下进行。评标的严格保密是指评标在封闭状态下进行，评标委员在评标的过程中有关检查、评审与授标的建议等情况均不得向投标人或与该程序无关的人员透露。

因招标文件中对评标的标准与方法作了规定，列明了价格因素和价格因素之外的评标因素及其量化的计算方法，因此所谓评标保密，并非在这些标准和方法之外另搞一套标准与方法进行评审、比较，而是这个评审过程是招标人及其评标委员会的独立活动，有权对整个过程进行保密，以免投标人及其他有关人员知晓其中的意见、看法或决定，而想方设法干扰评标活动的进行，也可制止评标委员会成员对外泄漏和沟通有关情况，造成评标的不公。

(3) 评标原则和程序　为了保证评标的公正性、公平性，评标应按照招标文件确定的评标标准、步骤及方法，不得采用招标文件中未列明的任何评标标准、方法，也不得改变招标确定的评标标准与方法。设有标底的，应当参考标底。评标委员会在完成评标后，应向招标人提交书面评标报告，并推荐合格的中标候选人。招标人根据评标委员会提出的书面评标报告及推荐的中标候选人确定中标人。招标人也可授权评标委员会确定中标人。

① 评标原则。评标只对有效投标评审。在建设工程中，评标应遵循的原则包括以下几方面。

a. 平等竞争，机会均等。制定评标定标办法要对各投标人公正平等，在评标定标的实际操作与决策的过程中，要以一个标准来衡量，保证投标人能平等地参加竞争。对投标人来说，在评标定标办法中不存在对某一方有利（或不利）的条款，大家在定标结果正式出来前，中标机会均等，不允许针对某一特定的投标人在某一方面的优势（或弱势）而在评标定标具体条款中带有任何倾向性。

b. 客观公正，科学合理。对投标文件的评价、比较与分析，要客观公正，不得以主观好恶来作为标准，真正在投标文件的响应性、技术性及经济性等方面做出客观的评断。采用的评标定标方法，对评审指标的设置和评分标准的具体划分，都要在充分考虑招标项目的具体特点及招标人的合理意愿的基础上，尽可能避免、减少人为因素，做到科学合理。

c. 实事求是，择优定标。对投标文件的评审，应从实际出发，实事求是。评标定标活动要全面，且有重点，不得泛泛进行。任何一个招标项目都应有自己的具体内容与特点，招标人作为合同的一方主体，对合同的签订与履行负有其他任何单位与个人都无法替代的责任，因此，在其他条件同等的情况下，应允许招标人选择更符合招标工程特点及自己招标意愿的投标人中标。招标评标办法可结合具体情况，侧重于工期或质量、信誉、价格、两个招标工程客观上需要照顾的重点，在全面评审的基础上作出合理的取舍。这是招标人一项重要的权利，招标投标管理机构对此要尊重。但招标的根本目的在于择优，而择优即决定了评标定标办法中的突出重点、照顾工程特点及招标人的意图，只能是在同等的条件下，针对实际存在的客观因素而非纯粹招标人主观上的意图，才能被允许，才是公正合理的。因此，在实践中，要注意避免将招标人的主观好恶掺入到评标定标办法中，防止影响及损害招标的择优宗旨。

② 中标人的投标应当符合的条件。《招标投标法》规定，中标人的投标应当符合以下条件之一。

a. 能满足招标文件的实质性要求，并经评审的投标价格最低。

b. 能最大限度地满足招标文件中规定的各项综合评价标准。

③ 评标程序。评标程序一般分为初步评审和详细评审。

a. 初步评审。

ⅰ. 符合性评审。包括商务符合性评审和技术符合性鉴定。投标文件应实质性响应招标文件的条款、条件，无显著差异与保留。显著的差异和保留包括以下情况：对合同中规定的招标单位的权利及投标单位的责任造成实质性限制；对工程的范围、质量及使用性能产生实质性影响；纠正这种差异或保留，将会对其他实质性响应的投标单位的竞争地位产生不公正的影响。

ⅱ. 技术性评审。主要包括对投标人所报的方案或组织设计、进度计划、关键工序，人员与机械设备的配备，质量控制措施，技术能力，临时设施的布置及临时用地情况，施工现场周围环境污染的保护措施等评估。

ⅲ．商务性评审。指对确定为实质上响应招标文件要求的投标文件进行投标报价的评估，其中包括对投标报价校核，审查全部报价数据是否有计算上（或累计上）的算术错误，分析报价构成的合理性。

如发现报价数据上有算术错误，其修改原则是：若用数字表示的数额与用文字表示的数额不一致时，应以文字数额为准；当单价与工程量的乘积与合价之间不一致时，应以标出的单价为准，除非评标组织认为有明显的小数点错位，此时要以标出的合价为准，并修改单价。按以上原则调整投标书中的投标报价，经投标人确认同意后，对投标人起约束作用。若投标人不接受修正后的投标报价，其投标将被拒绝。

在初步评审中，评标委员应根据招标文件，审查并逐一列出投标文件的全部投标偏差。投标偏差可分为重大偏差与细微偏差两种。出现重大偏差即视为未能实质性响应招标文件，作废标处理；细微偏差指响应了招标文件要求，但在个别地方存在漏项或提供了不完整的技术信息与资料等情况，且补正这些遗漏（或不完整）不会对其他投标人造成不公正的结果。细微偏差不影响投标文件的有效性。

b. 详细评审　经过初步评审合格的投标文件，评标委员会应根据招标文件确定的评标标准与方法，对其技术部分和商务部分做进一步评审与比较。

（4）投标文件的澄清与说明　在评标时，评标委员会可以要求投标人对投标文件中含义不明确的内容做必要的澄清或说明。澄清的要求和投标人的答复都应采用书面形式，且投标人的答复应经法定代表人或授权代表人签字，作为投标文件的组成部分。

但投标人的澄清（或说明），仅仅是对以上情形的解释和补正，不得有以下行为。

① 超出投标文件的范围。如投标文件中没有规定的内容，澄清时候进行补充；投标文件提出的某些承诺条件与解释不一致等等。

② 改变或谋求、提议改变投标文件中的实质性内容。实质性内容是指改变投标文件中的报价、技术规格或参数及主要合同条款等内容。其目的是为了使不符合要求的或竞争力较差的投标变为竞争力较强的投标。实质性内容的改变将会引起不公平的竞争，因此是不允许发生的。

在实际操作中，部分地区采取"询标"的方式来要求投标单位来进行澄清与解释。询标通常由受委托的中介机构来完成，一般包括：审标、提出书面询标报告、质询与解答、提交书面询标经济分析报告等环节。提交的书面询标经济分析报告将作为评标委员会评标的参考，利于评标委员会在较短的时间内完成对投标文件的审查、评审及比较。

（5）评标方法　因工程项目的规模不同、各类招标的标的不同，评审方法可分为定性评审与定量评审两大类。

① 定性评审。对于标的额较小的中小型工程评标可采用定性比较的专家评议法，评标委员通过对投标人的投标报价、施工方案及业绩等内容作定性的分析与比较，选择在各项指标都较优良投标人为中标人，也可以选用表决的方式来确定中标人。或选择能够满足招标文件各项要求，并且经过评审的投标价格最低、标价合理者为中标人。该方法评标过程简单，较短时间内即可完成，但科学性较差。

② 定量评审。大型工程应采用"经评审的最低投标价法"与"综合评估法"对各投标书作科学的量化比较。

a. 经评审的最低投标价法。经评审的最低投标价法简称最低投标价法，是指能够满足招标文件的实质性要求，并经评审的投标价格最低应推荐为中标人的方法。

经评审的最低投标价法的要点有以下几个方面。

ⅰ. 按照招标文件规定的评标要素折算为货币价值，进行价格量化工作。

投标书承诺的工期。如工期提前，可从该投标人的报价中扣减提前工期折算成的价格。合理化建议，尤其是技术方面的，可按招标文件规定的量化标准折算为价格，然后在投标价内减去此值。承包人在实施过程中若发生严重亏损，而此亏损在投标时有明显漏项时，招标人或发包人可能有两种选择：给予相应的补项，并将此费用加到评标价中，这样也可防止承包商的部分风险转移给发包人；解除合同，另物色承包人。此种选择对发包人也有相应风险，它既延误了预定的竣工日期，使发包人收益延期，同时与后续承包人订立的合同价格常高于原合同价，导致工程费用增加。投标书内给出了优惠条件的情况。如世界银行贷款项目对借款国国内投标人有 7.5％ 的评标价优惠。

ⅱ. 价格量化工作完毕，进行全面的统计工作。由评标委员会拟定"标价比较表"。表中应载明：投标人的投标报价，对商务偏差的价格调整与说明，经评审的最终投标价。

最低投标价并非投标价，也不是中标价，它是将一些因素折算为价格，以价格指标作为评审标书优劣的衡量方法，评标价最低的投标书即为最优。定标签订合同时，要以报价作为中标的合同价。

评标中涉及的因素有诸多，如工期、质量、施工组织机构、施上组织设计、管理体系、人员素质、安全施工等。信誉等因素是资格预审中的因素，信誉不好的企业应在资格预审时被淘汰；某些因素如技术水平等是不能（或不宜）折算为价格指标的，因此采用这种方法的前提条件是：投标人通过了资格预审，具有质量保证的可靠基础。其适用范围是具有通用技术、性能标准，或招标人对其技术与性能标准没有特殊要求的项目，如一般住宅工程的施工项目。

b. 综合评标法。综合评标法是指通过分析比较，找出能最大限度地满足招标文件中规定的各项综合评价标准的投标，并推荐其为中标候选人的方法。

因综合评估施工项目的每一投标需要综合考虑的因素有很多，它们的计量单位各不相同，不能直接以简单的代数求和的方法来进行综合评估比较，要将多种影响因素统一折算为货币的方法、打分的方法或其他方法。这种方法的要点有以下几方面。

ⅰ. 评标委员会根据招标项目的特点及招标文件中规定的需要量化的因素及权重，将准备评审的内容进行分类，各类中再细划分成小项，并确定各类与小项的评分标准。

ⅱ. 评分标准确定后，每位评标委员独立地对投标书进行打分，各项分数统计总和即为该投标书的得分。

ⅲ. 综合评分。如报价以标底价为准，报价低于标底5%范围内计为满分，报价高于标底6%以上或低于8%以下均以0分计。同样报价以技术价为标准进行类似评分。

ⅳ. 评标委员会拟定"综合评估比较表"，表中应载明以下内容。

投标人的投标报价，对技术偏差的调整值，对商务偏差的调整值，最终评审结果等，得分最高的投标人为中标人，最常用的方法为百分法。

综合评估法是一种定量的评标办法，在评定因素较多且繁杂的情况下，可以综合的评定出各投标人的素质情况与综合能力，一直是建设工程领域采用的主流评标方法，一般适用于大型复杂的工程施工评标。

细节80：　定标

招标人根据评标委员会提出的书面评标报告与推荐的中标候选人确定中标人为定标，也称决标。

按照《招标投标法》及其配套法规和有关规定，定标应满足如下要求。

① 评标委员会经评审，认为所有投标均不符合招标文件要求的，可否决所有投标。依法应进行招标的项目的所有投标被否决的，招标人应当依照本法重新进行招标工作。

② 在确定中标人前，招标人不得与投标人就投标价格、投标方案等实质性内容进行谈判。

③ 评标委员会推荐的中标候选人应为1~3人，并且应排列先后顺序，招标人优先选定排名第一的中标候选人作为中标人。对于使用国有资金投资及国际融资的项目，如排名第一的投标人由于不可抗力无法履行合同、自行放弃中标或没按要求提交履约保证金的，招标人可确定排名第二的中标候选人作为中标人，依此类推。

④ 依法应进行招标的项目，招标人应自确定中标人之日起15日内，向工程所在地县级以上建设行政主管部门提交招标投标情况的书面报告。招投标情况书面报告通常包括以下内容。

a. 招投标基本情况包括：招标范围、招标方式、资格审查、开标评标过程、定标的原则等。

b. 相关的文件资料包括：招标公告或投标邀请书、投标报名表、资格预审文件、招标文件、评标报告、中标人的投标文件及评标结果公示书等。

建设行政主管部门从收到招投标情况书面报告之日起5日内未通知招标人在

招标活动中有违法行为的，招标人即可向中标人发出中标通知书。

⑤ 中标人确定后，招标人应向中标人发出中标通知书，并同时将中标的结果通知所有未中标的投标人，并退还他们的投标保证金（或保函）。中标通知书发出即生效，且对招标人、中标人均具备法律效力，招标人改变中标结果或中标人拒绝签订合同都要承担相应的法律责任。

⑥ 招标人与中标人应自中标通知书发出之日起 30 日内，按招标文件和中标人的投标文件订立书面合同。招标人和中标人不得另行订立背离合同实质性内容的其他协议。招标文件要求中标人提交履约保证金的，中标人要提交。

⑦ 中标人应按照合同约定履行义务，完成中标项目。中标人不得向他人转让中标项目，也不得将中标项目肢解后分别转让给他人。中标人按合同约定或经招标人同意，可将中标项目的部分非主体、非关键性工作分包给他人来完成。接受分包的人要具备相应的资质条件，并不得进行再次分包。中标人应就分包项目对招标人负责，且接受分包的人就分包项目承担连带责任。

⑧ 在定标时，应由业主行使决策权。招标人应根据评标委员会提出的评标报告及推荐的中标候选人来确定中标人；招标人也可授权评标委员会直接来确定中标人。

⑨ 中标人的投标应符合以下条件之一。

a. 能够满足招标文件的实质性要求，并经评审的投标价格最低；但是投标价格低于成本的除外。

b. 能够最大限度地满足招标文件中规定的各项综合评价标准。

第一种情况是指用综合评分法或评标价法作比较后，最佳标书的投标人即为中标人。第二种情况适用于招标工作属于一般投标人都可完成的小型工程施工，采购通用的材料，购买技术指标固定与性能基本相同的定型生产的中小型设备等招标，对于满足基本条件的投标书进行投标价格的比较。

⑩ 投标有效期是招标文件规定的自投标截止日起至中标人公布日止的期限。通常不得延长，因为其为确定投标保证金有效期的依据。不能在投标有效期结束日 30 个工作日前完成评标与定标的，招标人应通知所有投标人延长投标有效期。拒绝延长投标有效期的投标人有权收回其投标保证金。同意延长投标有效期的投标人应相应延长其投标担保有效期，但不得修改投标文件的实质性内容。由于延长投标有效期造成投标人损失的，招标人要给予补偿，但由于不可抗力需延长投标有效期的除外。

⑪ 退回招标文件押金。在公布中标结果后，未中标的投标人应于发出中标通知书后的 7 日内退回招标文件和相关的图样资料，同时招标人应退回未中标人的投标文件并发放招标文件时收取的押金。

细节 81： **建设项目开标、评标与定标常用工作表格填写**

（1）开标常用工作表格

① 招标答疑记录表见表 4-20。

表 4-20 招标答疑记录表

工程名称：××公寓　　　　　　　　　　　　　　　　　编号：×××

招标内容:建筑安装工程施工	
时间:××××年××月××日	
地点:××大厦×层××房间	
参加人员	投标人:×××、×××、×××
	内部人员:×××、×××、×××

提出的问题与答复：

提出的问题：

　　××工程的主要材料价格是采用××市××××年度第二季度材料价格,招标期间省定额站已发布××市××××年度第三季度材料价格,两者相比,第三季度材料价格更接近目前市场价。请招标代理单位依据新发布的××市××××年度第三年度材料价格,重新核定控制价。

现答疑如下：

　　本招标项目为财政投资项目,工程造价应由省财政投资评审中心审核批准,本工程送审时间为××××年××月,当时最新信息价为第二季度。现本工程预算造价已经省财政投资评审中心按审时最新信息价审定,不能更改。对于钢材、水泥主要材料价格大幅度波动的材料价格确定按招标文件合同条款32.4执行。

记录人：×××　　　　　证明人：×××　　　　　日期：××××年××月××日

② 工程开标会议记录表见表 4-21。

表 4-21 工程开标会议记录表　　　　　编号：×××

工程名称		××公寓	建设地点		××市××区××路××号		
刊登招标通告日期		××××年××月××日	发售招标文件日期		××××年××月××日		
收到的投标文件单位名称		××公司、×××公司、×××公司、×××公司、×××公司、×××公司					
开标地点		××市××区××路××号	开标时间		××××年××月××日		
招标主持人		×××	记录员		×××		
开标情况	投标人	××建筑公司	××建筑公司	××建筑公司	××建筑公司	××建筑公司	××建筑公司
	技术标得分	66.5	74.5	68.8		57.6	
	商务标报价/元	10462100.04	10487300.50	10674909.54	弃权	技术标不合格	弃权
开标情况	标底	上限价/元	11055000.00		下限价/元		9351000.00
		参考价/元	11628228.00		标底值/元		10535280.00

评标情况	各投标单位的评议情况
	以施工总承包为例:
	1. ××建筑工程公司投标单位技术标合格,商务标报价超出上限价,为废标。
	2. ××建筑工程公司投标单位技术标不合格,不得进入商务标评议,为废标。
	3. ××建筑工程公司投标单位技术标合格,商务标报价属于有效投标报价范围。

评委推荐的中标候选人名单	1	××建筑工程公司
	2	××建筑工程公司、××建筑工程公司

澄清、说明、补正事项纪要	
最终中标人	××建筑工程公司
评标小组人员签字认可	×××、×××、×××、×××、×××
标底确定	经×××(审查人)审核,我们确定由××房地产开发有限公司(标底编制人)编制的标底无漏项、计价准确,符合招标要求,标底价为××××万元 审查人签字:××× ××××年××月××日

记录单位:××招标代理公司　　　　　　　　　　　　　　　　记录人:×××

注:本表一式三份,建设工程交易中心、招标人、招标投标监督部门各一份。

③ 专业工程开标记录表见表4-22。

表4-22　专业工程开标记录表

工程名称:××公寓　　　　　　　　　　　　　　　　编号:×××

招标人	××房地产开发公司 (盖章)		开标日期		××××年 ××月××日

招标人	投标报价 (B)/元	投标工期(日历天)	工程质量标准	面积/m²	单方造价/(元/m²)	投标人报价与合成标底价的比较/%	是否为有效标	投标人法人代表或法人代表委托人签字
××建筑工程公司	1253100.00	180	优良	56620	622.26	106.1	有效	
××建筑工程公司	1288100.00	180	优良	56620	622.26	106.2	无效	×××

标底(A)/元	标底总造价/元	标底工期(日历天)	工程质量标准	单方造价/(元/m²)		标底合成价计算公式 (B_i,n分别为有效投标报价及数量)
	1255000.00	180	优良	623.38		$C = A \times x\% + \left(\sum\limits_{i=1}^{n} B_i\right) / n \times y\%$
合成标底价(C)/元		合成单方造价/(元/m²)				

注:本表在开标时填写,一式两份,交易中心、招标人各存一份。

④ 劳务工程开标记录表见表 4-23。

表 4-23　劳务工程开标记录表

工程名称：××公寓　　　　　　　　　　　　　　　　　　　　编号：×××

招标人	××房地产开发有限公司（盖章）		建筑面积	56620m²	开标日期		××××年××月××日	
招标人	投标报价(B)/元	投标工期(日历天)	工程质量标准	单方造价/(元/m²)	工日单价/(元/工日)	总用工数量/工日	投标人报价与标底合成价的比较/%	是否为有效标	投标人法人代表或法人代表委托人签字
××装饰工程公司	877960.00	180	优良	623.25	40	800	106.1	有效	×××

标底(A)/元	标底总造价/元	标底工期(日历天)	工程质量标准	单方造价/(元/工日)	工日单价/(元/工日)	总用工数量/工日	标底合成价计算公式（B_i,n 分别为有效投标报价及数量）
	878260.00	180	优良	623.38	40	850	$$C = A \times x\% + \left(\sum_{i=1}^{n} B_i\right) / n \times y\%$$
合成标底价(C)/元	合成单方造价/(元/m²)或工日单价/(元/工日)						

注：本表在开标时填写，一式两份，交易中心、招标人各存一份。

（2）评标常用工作表格

① 建设工程评标专家抽取申请表见表 4-24。

表 4-24　建设工程评标专家抽取申请表

工程编号：×××　　　　　　　　　　　　　　日期：××××年××月××日

招标人概况	招标人(盖章)	××房地产开发有限公司	招标人授权经办人	×××
	法人代表	×××	联系电话	××××××××
时间安排	开标时间	××××年××月××日	计划评标开始时间	□××××年××月××日×时 □××××年××月××日×时
评标委员会人数	10		招标人专家人数	5
抽取专家总人数	6		其中：技术类 3 人，经济类 3 人	
专业范围	☑房屋建筑工程　　☑建筑装修装饰　　□混凝土结构工程　　□＿＿＿ □市政公用工程　　□城市道路工程　　□城市燃气或电力　　□＿＿＿ □监理工程　　　　□房屋建筑工程　　□市政工程　　　　　□＿＿＿ □建筑劳务工程　　□混凝土作业工程　□水暖电安装作业　　□＿＿＿ □设备及其安装　　□电梯　　　　　　□建筑智能化　　　　□＿＿＿			
招标代理机构	××建设工程项目招标代理公司			

监理/施工单位		
序号	投标人名称	投标人 IC 卡号码
1	××装饰工程公司	××××××
2	××装饰工程公司	××××××

注：1. 本表由招标单位（人）填写，一式两份，招标办一份，招标人一份。

2. 招标人提交法人委托书。

② 评标委员会审批表见表4-25。

表 4-25 评标委员会审批表

工程名称：××公寓　　　　　　　　　　　　　　　　　编号：×××

招标单位	××房地产开发有限公司		招标项目	××公寓建筑装饰装修工程	
开标时间	××××年××月××日		开标地点	××大厦×层××房间	
评标委员会组成情况说明					
评标委员会名单	姓名	工作单位	职务（职称）	专业	联系方式
	×××	××建筑工程集团公司	高级工程师	土建专业	××××××××
	×××	××建筑工程集团公司	高级经济师	工程经济	××××××××
以上评委产生方式：☑招标投标领导小组组长任命　□其他					
分公司采购部经理意见	同意 签字：××× ××××年××月××日				
分公司招标投标领导小组组长意见	同意 签字：××× ××××年××月××日				
公司采购部意见	同意 签字：××× ××××年××月××日				
公司工程部意见	同意 签字：××× ××××年××月××日				

审计部经理意见	同意 签字:××× ××××年××月××日
主管副总经理意见	同意 签字:××× ××××年××月××日

③ 评标报告见表4-26。

表 4-26 评标报告

工程名称		××公寓	
招标人		××房地产开发有限公司	
评标委员会评审结果	招标人名称	排名次序	评标得分
	××建筑工程公司	1	96.5
	××建筑工程公司	2	96
	××建筑工程公司	3	95
推荐的中标候选人	次序	中标候选人名称	
	1	××建筑工程公司	
	2	××建筑工程公司	
	3	××建筑工程公司	
评标委员会全体成员签字	兹确认上述评标结果属实,有关评审记录见附件 ×××,×××,×××,×××,×××,…… ××××年××月××日		
招标人决标意见	根据招标文件中规定的评标办法和评标委员会的推荐意见,兹确定:××建筑工程公司为中标人。 招标人:(盖章) 法定代表人:×××(签字或盖章) ××××年××月××日		
备注	本表有附件,附件包括评标委员会成员名单,开标记录,废标情况说明,评审记录,分析报告,有关澄清、说明和补正事项纪要等评标过程中形成的文件,本表与附件共同构成评标报告,附件共 ×× 页。		

注:本报告由评标委员会和招标人共同填写,一式三份,其中一份在备案时由招标办留存。

(3) 定标常用工作表格

① 招标投标监督报告见表4-27。

表 4-27　招标投标监督报告

工程名称：××公寓　　　　　　　　　　　　　　　　　　　　　编号：×××

招标内容	电气安装工程施工		
开标地点	××大厦×层××房间	开标时间	××××年××月××日
开标主持人	×××	联系方式	×××××××
标底编制人	×××	联系方式	×××××××
评标小组成员	×××、×××、×××、×××、……		
监督报告	我们通过对本次工程项目招标的监督，认为此次招标活动程序上符合招标文件及公司的相关规定，招标结果真实、有效。 监督人签字：××× ××××年××月××日		
其他需要说明的问题	监督人签字：××× ××××年××月××日		

② 中标通知书（监理）见表 4-28。

表 4-28　中标通知书（监理）

××机电设备监理公司：

根据××公寓工程施工招标文件和你单位于××××年××月××日提交的投标文件，经评审委员会评审，我确定你单位为上述招标工程的中标人，主要中标条件如下：

工程名称	××公寓	建筑面积/m²	56620
建设地点	××市××区××路××号		
中标价格	3468440.00 元　　大写:叁佰肆拾陆万捌仟肆佰肆拾元整		
备注	本中标通知书 1 附件,附件是本中标通知书的组成部分,是对本中标通知书的进一步补充,附件共 4 页。		

本中标通知书经××市建设工程招标投标管理机构受理,请在接到本中标通知书后 7 天内到我单位签订工程承包合同。

招标人:××房地产开发有限公司(盖章)　　　　　　　　　　法定代表人:×××(盖章)

　　　　　　　　　　　　　　　　　　　　　　　　　　　　日期:××××年××月××日

注：本中标通知书由招标人填写，一式五份，招标办留存两份，建委工程办一份。

③ 中标通知书（施工）见表 4-29。

④ 中标通知书（设备）见表 4-30。

表 4-29　中标通知书（施工）

××建设工程公司：

　　根据××公寓工程施工招标文件和你单位于××××年××月××日提交的投标文件，经评标委员会审，现确定你单位为上述招标工程的中标人，主要中标条件如下：

工程名称	××公寓	建筑面积/m²	56620
施工地点	××市××区××路××号		
中标价格	5554500.00 元　　大写：伍佰伍拾伍万肆仟伍佰元整		
中标工程范围	建筑工程		
中标工期	720 日历天	开工日期	××××年××月××日
		竣工日期	××××年××月××日
质量等级	优良	工地管理	×××
备注	本中标通知书 1 附件，附件是本中标通知书的组成部分，是对本中标通知书的进一步补充，附件共 4 页。		

　　本中标通知书经××市建设工程招标投标管理机构受理，请在接到本中标通知书后 7 天内到我单位签订工程承包合同。

招标人：××房地产开发有限公司（盖章）　　　　　　　　　法定代表人：×××（盖章）

　　　　　　　　　　　　　　　　　　　　　　　　　　　　日期：××××年××月××日

　　注：本中标通知书由招标人填写，一式五份，招标办留存两份，建委工程办一份。

表 4-30　中标通知书（设备）

××建设监理公司：

　　根据××公寓工程电梯安装设备招标文件和你单位于××××年××月××日提交的投标文件，经评标委员会评审，现确定你单位为上述招标工程的中标人，主要中标条件如下：

工程名称	××公寓		
建设地点	××市××区××路××号		
设备名称	电梯安装	设备数量	8 部
设备型号	NPH—100—×××	生产厂家	××电梯安装设备有限公司
中标价格	1900000.00 元　　大写：壹佰玖拾万元整		
备注	本中标通知书 1 附件，附件是本中标通知书的组成部分，是对本中标通知书的进一步补充，附件共 4 页。		

　　本中标通知书经××市建设工程招标投标管理机构受理，请在接到本中标通知书后 7 天内到我单位签订工程承包合同。

招标人：××房地产开发有限公司（盖章）　　　　　　　　　法定代表人：×××（盖章）

　　　　　　　　　　　　　　　　　　　　　　　　　　　　日期：××××年××月××日

　　注：一次招标包括两种（含）以上类型的设备时，应以附件形式给出设备清单，本表格设备名称中填"见附件"。本中标通知书由招标人填写，一式四份，招标办留存两份。

5 建设项目造价管理

5.1 建设项目投资估算管理 ▶▶▶

细节 82： 投资估算的用途、内容与阶段划分

（1）投资估算的用途

① 从建设项目评价决策讲，它是正确评价建设项目投资的合理性，分析投资效益，从而为项目决策提供科学性、可靠性的基础。

② 从编制建设项目建议书或可行性研究报告讲，投资估算是多方案比选、优化设计方案、合理地确定项目投资的基础。

③ 从国家控制固定资产投资规模，引导投资方向讲，它是国家编制中长期固定资产投资计划、实施宏观调控的重要基础。

④ 从建设单位进行建设准备讲，它是编制投资计划，进行资金筹措及申请贷款的主要依据。

⑤ 从设计阶段讲，它为设计提供经济依据和投资限额。

（2）投资估算的内容 整个建设项目的投资估算总额指从筹建、设计、施工直到建成投产的全部建设费用，其中包括的内容应根据项目的性质和范围而定。

厂区性工业项目及小区性民用建筑的投资估算所包括的费用为以下几点。

① 工程建设费。包括主体工程、工艺设备、运输及通信工程、辅助工程、电气动力工程、给排水及热力工程、环保工程、道路、绿化工程等所花费的费用。

② 工程建设其他费用。

③ 预备费。包括基本预备费与价差预备费。

④ 协作工程费用，如厂外铁路、通信线路、公路、输电线路等协作工程的费用投资方向调节税、贷款利息等。

（3）投资估算的阶段划分 投资决策过程可分为规划阶段、项目建议书阶段、可行性研究阶段、立项阶段及下达设计任务书阶段。因此投资估算工作也相应地划分为五个阶段，各阶段在进行投资估算时所具备的条件和掌握的资料都不

相同，因此每个阶段投资估算的准确程度和与起的作用也不相同。但随着阶段的深入，掌握的资料也将越来越全面，投资估算也越来越准确，其所起的作用也就越来越重要。

投资估算的阶段划分情况及投资估算误差率见表 5-1。

表 5-1　投资估算的阶段划分

投资估算阶段划分	投资估算误差率
①规划阶段的投资估算	≥±30%
②项目建议书阶段的投资估算	<±30%
③可行性研究阶段的投资估算	<±20%
④立项阶段的投资估算	<±10%
⑤下达设计任务书阶段的投资估算	<±10%

细节 83：　投资估算的分类

投资估算通常分为：单位工程、单项工程、建设项目三个层次，现按其编制顺序叙述如下。

(1) 单位工程投资估算　单位工程投资估算包括间接费、直接费、计划利润和税金。单位工程指标通常以下列方式表示。

① 房屋：区别不同结构形式用元/m²；

② 道路：区别不同结构层、面层用元/m²；

③ 构筑物：区别不同结构或容积用元/座；

④ 管道安装：区别不同材质、管径用元/m。

(2) 单项工程投资估算　单项工程投资估算是指按照规定可列入能独立发挥生产能力（或使用效益）的单项工程内的全部投资额，也就是建筑安装工程费、设备工器具购置费及其他费用。单项工程一般划分原则如下几点。

① 主要生产设施：是指直接从事产品生产的工程项目。包括生产车间或生产装置。

② 辅助生产设施：是指为主要生产车间服务的工程项目。包括集中控制室和中央试验室，机修、电修、仪器仪表修理及木工等车间，原材料、半成品、成品及危险品等仓库。

③ 公用工程：包括供热系统（锅炉房、水处理设施、全厂热力管网），给排水系统（给排水泵房、水塔、水池及全厂给排水管网），供电及通信系统（变配电所、开关所及全厂输电、电信线路），以及热电站、热力站、空压站、煤气站、冷却塔、冷冻站和全厂管网等。

④ 环境保护工程：包括废气、废水、废渣等的处理与综合利用设施及全厂性绿化。

⑤ 总图运输工程：包括厂区防洪、围墙大门、传达室及收发室、汽车库、

消防车库、厂区道路、厂区码头、桥涵及厂区大型土石方工程。

⑥ 厂区服务设施：包括厂部办公室、医务室、哺乳室、浴室、厂区食堂、自行车棚等。

⑦ 生活福利设施：包括生活区食堂、职工宿舍、职工医院、住宅、俱乐部、托儿所、幼儿园、子弟学校、商业服务点以及与之配套的设施。

⑧ 厂外工程：如水源工程，厂外输电、输水、排水、通信、铁路专用线、输油等管线以及公路等。

单项工程指标通常用单项工程生产能力单位投资额表示，如元/t（产品）。具体有：变配电所：元/kVA，供水站：元/m³，锅炉房：元/t；办公室、仓库、宿舍、住宅等房屋则区别不同结构形式用元/m² 表示。

(3) 建设项目投资估算 按指定应列入建设项目的从立项筹建开始至竣工验收及使用的全部投资额，即设备工具购置费、建筑安装工程费、其他费用及预备费。建设项目综合指标通常用项目的综合生产能力的单位投资额表示，如元/t，或用使用功能表示。

细节 84： 投资估算的编制方法

(1) 系数估算法

① 按设备费用百分比估算法 其中一种方法为：朗格系数法，以主要设备费为基数，乘以适当系数来推算项目的建设费用，其计算公式如下：

$$D = C(1 + \sum K_i)K_c$$

即：

$$\frac{D}{C} = (1 + \sum K_i)K_c = K_L \tag{5-1}$$

式中 D——项目总建设费用；

C——主要设备费用；

K_i——以 C 为基数，建筑物、管线、仪表等费用的估算系数；

K_c——管理费、合同费、应急费等的总估算系数；

K_L——朗格系数，总建设费用与主要设备费用之比值。

此种方法计算简单，但因主要设备的性能规格及质量的差异很大，价格差别很大，因此此法精度不高。

② 设备与厂房系数法 如果生产性项目的生产工艺方案及设计方案已确定，初步选定了工艺设备并进行了工艺布置，于是可初步估计工艺设备质量及厂房高度与面积，进而可分别估算出工艺设备与厂房土建的投资费用。然后分别按照设备投资系数与厂房投资系数来估算与设备关系较密切的其他费用以及与厂房建筑物关系较密切的另一些费用。再将两部分费用相加即得项目总投资估算值。

③ 主要车间系数法 如果在生产性项目设计中已重点考虑了主要车间的生产规模与工艺设备及布置，可先采用合适的方法计算出主要车间的投资，再利用

已建类似项目的投资分析数据计算出辅助设施等占主要车间投资的系数，进而估算出总投资。

(2) 造价指标估算法　造价指标的形式多种，如元/m²，元/t，元/m³，元/kVA 等。将造价指标分别乘以所估算的房屋的面积（或体积）、设备的重量（或功率），即可求出相应的土建、给排水、照明、动力、暖通、设备安装等单位工程的费用。在这个基础上可汇总成单项工程的费用。再计算出其他费用及预备费和专项费用，即为建设项目的总造价。

采用造价指标估算法时应注意下列问题。

① 采用的指标单位要切实符合所估算的单位工程特点，以便正确地反映具体工程的设计参数，不得盲目套用不合适的指标。

② 求得所套用的指标值时依据的标准（或条件）应和待估算工程的标准（或条件）一致。如果有差异应进行适当的局部换算（或调整）。

(3) 平方米造价指标估算法　此法多用于估算房屋和厂房的造价。以厂房造价为例，虽然影响造价的因素诸多，但归纳起来主要有两点：

① 结构形式（类型），如钢筋混凝土结构、钢结构、砖混结构、木结构等；

② 技术参数，如跨度、高度、吊车吨位及台数、工作制度等。

如能根据以上两个主要因素分析出各种厂房造价指标，再乘以总面积，即得出该厂房所需造价。

计算公式如下：

$$X = S_m F \qquad\qquad (5-2)$$

式中　X——新项目造价；

　　S_m——厂房 1m² 造价指标，元/m²；

　　F——新项目总面积。

(4) 设计定员法　此方法是将建筑物的定员人数乘其统计单价，得出总造价，如：

浴室总造价＝每座位单价×设计入浴定员

中小学校总造价＝每个学生座位单价×设计规定学生定员

医院总造价＝每张病床单价×设计规定病床数目

细节 85：投资估算的审查

为了保证投资估算的准确性，使其真正起到控制作用，应进一步做好投资估算的审查工作。

投资估算编制依据的审查如下。

① 审查投资估算的计算方法是否有一定的科学性及可靠性。投资估算的计算方法种类繁多，而各种方法的适用范围与精确度又都不相同。例如，"生产能力指数法"要求已建项目和拟建项目在性质及其他方面相似时才能应用此法。

如果已建项目和拟建项目性质不同，则采用生产能力指标法进行投资估算时，估算数额误差就会很大。因此审核投资估算时，首先要看采用投资估算的计算方法是否适用于这个估算对象，是否符合精确度的要求。还要看采用的估算数据是否确凿，如采用"朗格系数法"时，其所采用的系数是否有一定的科学依据。

② 审查与分析投资估算所采用的各种资料。主要审查各种资料及数据的准确性、时效性和适用性。如考虑已建项目的建设时期，其依据的设备和材料的定额、价格、指标及费用标准的年代。

因为价格、时间、地区及定额水平的差异，将会使投资估算出入很大，因此必须对定额指标水平、价差的调整系数、费用项目进行调查，并调整到实际水平，使投资估算更符合实际，不留缺口。

③ 审查和核对投资估算的编制内容。要严格细致地审查、核对投资估算的编制内容，如原有工厂的生产车间、辅助生产车间、公用工程、生活服务性工程以及厂外工程的规模与内容是否与拟建工程一致；对生产设备的组成、工艺流程及生产自动化程度的差异和自然条件、技术标准及环境要求的差别等，估算时是否已有所考虑并作出修正。

④ 分析、审查投资估算的费用划分和费用项目。

a. 分析、审查投资估算的费用组成是否与具体情况相符合，并分析其各项费用包括的内容是否与规定的要求和具体情况相符，如不符合时，审查是否作了相应的增减。

b. 分析、审查项目所在地区的交通、地方材料供应及大型设备的运输等方面的情况，审查是否针对实际情况考虑了材料价差的问题和偏僻地区（或大型设备）是否考虑了增加设备的运杂费。

c. 审查对劳动保护、建筑节能、"三废"处理等项目的投资是否进行了估算，其估算内容是否全面、合理，估算数额是否准确、恰当。

d. 审查所引进的国外设备（或技术项目）是否考虑了每年的通货膨胀率以及外汇折算变化的影响，如已考虑，审查考虑的影响大小是否符合有关规定要求和实际情况。

e. 如拟建工程采用了新工艺、新技术、新材料，或现行标准比已建项目要求的高，则要审查是否增加了相应投资。

细节 86： 建设项目投资估算表格填写

工程投资估算表见表 5-2。

表 5-2 工程投资估算表

工程名称：××公寓

序号	费用名称	基数	单价/元	应计金额/元	备　注
一	土地征用及补偿费	—	—	21224003.79	土地 113.7 亩（75800m²）

序号	费用名称	基数	单价/元	应计金额/元	备注
1	土地款	113.70	180000	20466000.00	—
2	耕地占用税	75800.38	10	758003.79	
二	前期工程费	—	—	2326875.00	
1	可行性研究				
2	地质勘探费	56250.00	10	562500.00	
3	规划设计费	120000.00	6.5	780000.00	
4	文物勘探费	56250.00	4	225000.00	
5	临建费用	56250.00	3.5	196875.00	参考××市房地产开发
6	多通一平费	56250.00	10	562500.00	成本费用相关资料
7	其他费用	—	—		
三	报批报建费			10371125.00	
1	工程监理费			240000.00	
2	配套费			1749095.00	
3	绿化费			—	
4	人防费			—	
5	墙改基金	120000.00	8	960000.00	
6	放验线费	56250.00	3	168750.00	参考××市房地产开发
7	农民工保证金	87600000.00	0.7%	613200.00	成本费用相关资料
8	设计审查费	—	—	—	
9	招标代表费			—	
10	两金	87600000.00	4.58%	4012080.00	
11	质检费	87600000.00	3‰	2628000.00	
12	其他费用			—	
四	配套设施费			4062500.00	
1	上下水及市政配套	—	—	—	600000.00
2	道路	56250.00	10	562500.00	
3	供电	—	—	2400000.00	
4	绿化及景观			500000.00	
5	其他配套设施	—	—	—	
五	建安工程费（多层）				
	建筑安装成本	120000.00	650	78000000.00	参考××市房地产开发
六	贷款利息	20000000	6.24%	1248000.00	
七	管理、销售费	206700000.00	1.0%	2067000.00	
八	交代使用办证费	—	—	258000.00	

序号	费用名称	基数	单价/元	应计金额/元	备　　注
1	房产交易费	120000.00	0.3	36000.00	参考××市房地产开发
2	权属登记费	120000.00	0.35	42000.00	成本费用相关资料
3	测绘费	120000.00	1.5	180000.00	—
	合计	—		119557503.79	—

5.2 建设项目概预算管理 ▶▶▶

细节 87： 工程项目概预算的作用

(1) 设计概算的作用　设计概算是编制建筑工程计划、实行基本建设大包干、控制工程建设投资、签订工程合同、办理工程拨款和贷款、控制施工图预算、考核建设成本的依据，也是衡量与鉴别设计方案是否经济合理的基本文件。

初步设计和概算经批准以后，才能将建设项目列入年度计划，确定为基本建设投资项目。与此同时，工程建设的物资供应计划、劳动力计划及建筑安装施工计划等，均要以设计概算为依据。

报经批准的设计概算，是拨付基建投资的最高限额。同时，工程建设计划、银行拨款（或贷款）、施工图预算与竣工决算，均不得突破设计概算。

实行设计概算包干的项目，设计概算即为建设单位与施工企业双方签订工程合同的依据。签订总承包合同及签订分包合同，均要以设计概算中相应部分的造价为依据。设计概算是设计方案经济合理与否的反映。在设计概算中，所确定的一系列技术经济指标，如：单位建筑面积造价、单位生产能力的投资、人工和主要材料的消耗数量等，均可以用来对不同的设计方案进行技术经济比较，进而选用技术上先进、经济合理的设计方案，以达到节约建设投资的目的。

基本建设"三算"是指设计概算、施工图预算及竣工决算。其中设计概算是"三算"对比的基础，通过"三算"的对比分析，可用基本建设成果，来总结经验教训，积累技术经济资料，提高投资效益。

(2) 施工图预算的作用　施工图预算，预先计算拟建工程所需人力、物力及财力消耗，以货币形式反映建筑安装工程价值，确定建筑安装工程费用和设备购置费用的技术经济文件，是基本建设投资分配、管理、核算及监督的依据。它的具体作用主要包括以下几方面。

① 确定建筑产品的造价。经审定的施工图预算是该工程的建筑安装工程费用及设备购置费计划价格，是确定建筑产品造价的基本文件，是建设单位控制建

设投资与施工单位确定工程收入的依据，也是建设单位向施工单位拨款与结算的依据。

② 签订施工合同的主要依据。经审定的施工图预算是签订承发包工程合同（或实行预算包干）的主要依据。在实行招标承包制的情况下，施工图预算既是招标工程的标底，又是考核标价、指导择优定标的依据。对施工单位来讲它是投标报价的基础。

③ 供应和控制施工用料的依据。施工图预算的工程量与工料分析，既是备料、领料及材料消耗的依据，又是建设单位与施工企业结算材料指标的依据。

④ 经办银行拨付工程价款的依据。经办银行根据审定批准后的施工图预算来办理工程拨款，并监督建设单位与施工企业双方按工程形象进度办理结算和价款支付。

⑤ 施工企业经营管理的依据。施工图预算是施工企业编制施工计划、考核工程成本、实行经济承包责任制、实行经济核算、加强施工管理的依据。

细节 88： 工程项目概预算的组成

建筑工程概预算文件，主要由以下内容组成。

(1) 建设项目总概预算书 建设项目总概预算书是确定某一建设项目从筹建到竣工验收全部建设费用的总文件，是根据某一建设项目内各个单项工程综合概预算书及其他工程和费用概预算书汇编而成的。

总概预算书的全部费用，可分为两大部分。如工业建设的总概预算书。

第一部分为工程费用。其中包括：主要生产车间单项工程综合概预算书；辅助生产车间单项工程综合概预算书；生活福利单项工程综合概预算书；服务性单项工程综合概预算书；公用设施单项工程综合概预算书；厂外单项工程综合概预算书。

第二部分为其他工程和费用概预算。

在第一部分和第二部分费用合计后，还需列出"预备费"和回收金额。在第一部分和第二部分费用之前还要书写编制说明。

编制说明主要说明建设规模和范围，包括和不包括的工程项目和费用，说明在编制概预算时所采用的定额、指标与取费标准，以及采用的编制方法等。其次应进行投资比例分析与构成费用分析，并说明在编制中所存在的问题。最后应附有设备清单和主要材料消耗指标分析。

(2) 单项工程综合概预算书 单项工程综合概预算书是建设项目总概预算书的组成部分。单项工程综合概预算书，是具体确定每个生产车间、工段及公用系统建设费用的文件。它由各专业单位工程概预算书组成。

单项工程综合概预算的编制工作，是从单位工程概预算的编制开始，之后统一汇总。其编制顺序有以下几步。

① 土建工程。

② 给排水工程。

③ 采暖工程。

④ 通风工程。

⑤ 动力工程。

⑥ 照明工程。

⑦ 煤气工程。

⑧ 设备安装工程及设备购置费。

⑨ 工器具及生产家具购置费。

按以上顺序进行汇总后，所得的各类费用的总造价即为该项工程的全部建设造价。

(3) 单位工程概预算书 单位工程概预算书是单项工程综合概预算书的组成部分。它对一个独立建筑物中的每一个专业工程项目而言。如土建工程、给排水工程、采暖工程、照明工程等。各专业工程费用的计划文件，即为单位工程概预算书。

(4) 其他工程和费用概预算书 其他工程和费用概预算书是确定一切未包括在单位工程概预算书内，但与整个建设工程相关的费用文件。

细节 89： **工程项目概预算定额的内容与使用**

(1) 概算定额的含义与作用 建筑工程概算定额是国家（或其授权机关）规定生产一定计量单位建筑工程的扩大分项工程所需的人工工日、材料及施工机械台班的消耗量。

概算定额中的项目是以建筑结构的形象部位为主，将预算定额中若干个有关联的分项综合为一个项目。例如砌一砖外墙，在概算定额中为一个项目，而在预算定额中则属于砌砖、装饰（外墙内面抹水泥砂浆和刷内墙涂料）、混凝土及钢筋混凝土（因有混凝土现浇圈梁和构造柱）等多个分项。

因概算定额中的项目，按相同工程内容综合了预算定额中的若干分项，因此概算定额比预算定额简化了计算程序。但相同的工程内容，概算的精确程度比不上预算，且利用概算定额计算出的房屋造价比利用预算定额计算出的房屋造价要稍高一些。

概算定额的作用包括以下几点。

① 是编制概算指标的基础。

② 是编制设计概算的依据。

③ 有时概算定额是建设单位编制标底或施工单位计算标价的依据。

④ 可以作为建设单位编制主要材料供应计划的参考数据。

⑤ 是选择设计方案，进行技术经济比较的依据。

⑥ 经主管部门决定，或有关单位同意，也可以作为编制施工图预算的依据。

⑦ 是建安企业在施工准备阶段编制施工组织总设计和劳动力、材料及施工机械设备需用量计划的依据。

（2）概算定额的内容　概算定额的内容与预算定额的内容基本一致，是由文字说明、工程量计算规则和定额表三部分组成。

（3）预算定额的内容与组成　因为建筑、安装的专业不同，预算定额的内容也不完全相同。但是，各类预算定额通常均由以下部分组成。

① 预算定额总说明。总说明是对预算定额的编制依据与使用原则的综合说明。主要阐明定额的作用，适用范围，有关人工、材料及机械台班等计算的原则性规定，定额的换算与变更的规定，以及说明编制定额时已考虑和未考虑的因素等。

② 建筑面积的计算规则。按照国家有关规定，对建筑面积的计算列出了统一的计算规则。

③ 分项工程定额。根据各分项工程的具体特征分为若干章节，每章中包括本章说明、工程量计算规则及定额表。

④ 附录。附录中所列内容只做定额换算时使用，并非预算中独立的工程项目。通常包括：机械台班费定额、砂浆和混凝土配合比定额、材料规格和价格取定表以及其他的有关资料。

（4）预算定额的使用

① 正确套用定额项目。在套用定额时，套用的定额项目应与设计要求、施工图纸相符。即在定额中查到符合设计图纸要求的项目后，先对工程内容、技术特征、所用材料及施工方法等进行核对，查看是否与设计一致，是否符合定额的说明规定。

② 正确计算工程量。工程量的计算应符合预算定额规定的计算规则。

a. 计量单位要与所套用定额项目的计量单位相一致。

b. 要注意相同计量单位的不同计算方法。

c. 要注意计算所包括的范围，如勾缝按墙面垂直投影面积计算时，需扣除墙裙和墙面抹灰所占的面积，不扣除门窗洞口及门窗套、腰线等零星抹灰所占的面积，但垛与门窗洞口侧壁的勾缝面积也不增加。

d. 计算标准应该符合定额的规定，例如在计算满堂红脚手架时，要按室内主墙间面积计算，其高度以室内地面至顶棚为准，凡顶棚高度为 3.6～5.2m 者，计算满堂脚手架基本层，当超过 5.2m 时，每增加 1.2m 计算一个增加层，层高超过 0.6m 时，可按一个增加层计算。

e. 要注意哪些可以合并计算，若砖柱不分柱基与柱身，可合并计算等。

③ 注意预算定额中的规定。

a. 定额中对某些内容不许调整的规定。例如河北省《建筑工程预算定额》规定，定额中已包括材料、成品、半成品的场内运输损耗及施工操作损耗。场外运输损耗与保管损耗已计算在建筑材料预算价格中，在编制预算时不得再另行增加。

b. 定额中允许按实计算的规定。为了确保工程造价的合理与施工单位的利益，定额中还有一些允许按实计算的规定。在进行土、石方工程时，因场地狭小、无堆土地点，挖出的土方运输应按施工组织设计规定的数量和运距计算。

c. 定额中允许换算的规定。为了使用方便，定额可适当减少子目，对于一些工、料和消耗基本相同、只在某一方面有所差别的项目，采用在定额中只列基本一项，另外规定换算的方法，如定额中规定：普通木门窗框和工业木门窗框，定额内分制作与安装，以 100 延长米为计算单位。在计算工程量时应分别单、双裁口，按图示框料总长（框外围长度）计算。余长和伸入墙内部分及安装用木砖已包括在定额内，不另计算。当设计框料断面与定额附注规定不同时，定额中烘干木材含量，应按比例换算。

d. 定额中规定的计算系数。某些子目的设计规定（或施工条件）与定额编制时的依据不同，按规定允许换算，但又很难用上述按比例换算方法，有时可采用换算系数方法来解决。

例如：定额规定现浇钢筋混凝土梁、柱、板、墙使用工具式钢模板时，如层高超过 4m，超过的部分每 3m（包括 3m 以内）定额中的模板合计工增加 20％，钢支撑增加 100％，其他不变。

e. 定额中规定对工、料、机械消耗水平的调整方法。定额中某些允许换算的项目不应采用系数，而采用了在定额说明中直接规定工料消耗水平换算的方法。例如采用嵌玻璃条分格时，每 $100m^2$ 增加 4.58 工日，玻璃 $2.25m^2$，减去定额中的木材用量，其他不变。

f. 定额中规定应按施工组织设计中的规定进行计算的项目。施工组织设计不只是指导生产的技术文件，也是编制工程预算的依据，例如某些施工方法对定额的工、料、机械消耗影响很大，因此在定额中规定某些分项工程的计算应按施工组织设计中的规定计算。例如定额规定在打拔井点时，打拔井点按井点个数计算，井点深度及数量按施工组织设计要求计算。这一定额规定明确承认了施工组织设计在计算工程造价中的合法性。

(1) 根据概算定额编制一般土建工程概算的方法

① 首先熟悉图纸，了解设计意图与施工条件。

② 划分工程项目，计算工程量。工程项目的划分应与采用的概算定额项目相一致，以便于套用定额计算。计算工程量要按照定额中规定的工程量计算规则进行。在计算时，应按概算定额编排顺序规定，依次计算基础工程、楼地面工程、墙体工程、门窗工程、天棚和屋面工程等。

③ 确定各分项工程的定额单价。将计算出的工程量逐项套用相应定额的单

价及材料消耗指标，最后将查到的各项工程定额单价列入工程概算表中。将各分项工程量与定额单价（或材料消耗指标）相乘，即得该分项工程的直接工程费与材料消耗量。汇总各分项工程的直接工程费与材料消耗量，即得工程土建费用的总直接工程费与材料总消耗量。

④ 计算施工措施费、利润、间接费、税金和其他费用等，应按各地规定的取费率进行计算。

⑤ 将以上内容分别算得的直接费、计划利润、间接费、税金以及其他费用等相加，即得土建工程概算总造价。

⑥ 计算技术经济指标（每 $1m^2$ 造价）。

⑦ 作出主要材料分析。

⑧ 书写编制说明。

(2) 根据概算指标编制一般土建工程概算的方法

① 直接使用概算指标。当设计要求与结构特征符合某项概算指标的结构特征时，可直接使用该概算指标进行编制概算。其步骤为：

将概算指标中每 $100m^2$ 建筑面积的工日数乘以地区工资标准，求出人工费→将概算指标中每 $100m^2$ 建筑面积的主要材料数量乘以地区材料预算价格，得出主要材料费。其他材料费按占主要材料费的百分比表示，当算出主要材料费后，乘以其他材料占主要材料的百分比，即求出其他材料费→查出概算指标中每 $100m^2$ 建筑面积的施工机械使用费→将人工费、主要材料费、其他材料费及施工机械使用费相加，即得每 $100m^2$ 建筑面积直接费，再除以 100，即求得每平方米建筑面积直接费→按规定的施工措施费、间接费、利润、税金及其他费用的费率和规定的计算步骤进行计算，即可求出每平方米建筑面积的概算单价→根据初步设计的建筑面积乘以每平方米建筑面积的概算单价，求得该设计对象的概算价值。

② 对概算指标进行修正。若设计对象的结构特征与某个概算指标有局部不同时，则需要对该概算指标修正。其修正方法包括以下几点。

a. 根据概算指标计算出每平方米建筑面积的直接费。

b. 计算换出结构构件价格：即将换出结构构件的工程量乘以概算定额的单价。

c. 算出换入结构构件的价格：

换入结构构件的价格＝换入结构构件的工程量×相应概算定额的单价

d. 将每平方米建筑面积直接费，减去换出结构构件的价格，加换入结构构件的价格，得出修正后每平方米建筑面积的直接费。

细节 91： **给排水、采暖及照明工程设计概算书的编制**

水、暖、电工程概算书的编制与土建工程概算书的编制相同，既可利用概算指标或概算定额进行编制，又可利用"类似预算"的方法进行编制。如利用概算定额编制水、暖、电工程设计概算书的方法如下所述。

（1）给排水工程概算书的编制

① 编制方法　首先根据平面图计算各种卫生器具，再对照系统图，计算给、排水管道，水嘴及地漏等附属配件，最后套用定额与取费标准，编制概算表。

② 编制顺序　卫生器具安装，以组或套计算→给水管道安装，包括刷油、保温在内，按每延长米计算→排水管道安装，包括防腐在内，按每延长米计算→附属配件安装，以个或组计算→其他零星工程费，按占上述四项合计的百分比进行计算→汇总直接费，计取各项费率，核算总造价→计算技术经济指标。

（2）采暖工程概算书的编制

① 编制方法　首先应根据设计图纸把管道、暖气片、阀门及附属配件之工程量计算出来，再套用概算定额，编制概算书。

② 编制顺序　计算散热器的组成和安装，以片为单位→计算采暖导管及支、立管安装（以延米为单位，定额内已包括了刷油、保温及支架等价值）→阀门及配件等安装，以个（或组）为单位计算→零星工程和费用，按占以上三项之和的百分比进行计算→统计直接费、按地方规定计取各项费用，汇总总价值→计算技术经济指标。

（3）照明工程概算书的编制

① 编制方法　首先根据设计平面图和系统图计算工程量，再套用现行的概算定额编制概算表。在工程量的计算方面，首先从进户线横担算起至配电箱（或开关箱），再按配线方式的不同分别计算线路。线路的工程量，通常按设计平面图的水平长度与垂直长度以延长米计算。

② 编制顺序　进户线横担安装，以组计算→配电箱（或开关箱）安装，包括装盘及其设备在内以组计算→灯器具安装，按不同型号和规格以个、组、套计算→线路包括套管，以米计算→其他零星工程费，按占以上四项合计的百分比计算→统计直接费、计取其他费用，汇总总造价→计算技术经济指标。

细节 92：　单位工程概算的编制

单位工程概算是确定某一单项工程内的某个单位工程建设费用的重要文件。单位工程概算主要包括建筑工程概算和设备及其安装工程概算两大类。

（1）建筑工程概算的编制方法

① 概算定额法。主要是采用概算定额编制建筑工程概算的方法。概算定额法要求初步设计达到一定深度，建筑结构比较明确，能够按照初步设计的平面、立面、剖面图纸计算出楼地面、墙身、门窗和屋面等分部工程项目的工程量时，才可以采用。概算定额法编制的概算比较准确，误差率小，要求编制人员熟悉概算定额，并且具备一定的设计基本知识，当某些扩大分部分项工程无法从设计图中摘取数据计算其工程量时，可以凭借经验和利用工具手册，构思出其工程量。

② 概算指标法。当初步设计深度较浅，无法准确计算扩大分部分项工程量，

但是建筑工程所采用的技术比较成熟而且又有相应工程的概算指标时，可以采用概算指标法来编制建筑工程概算。

③ 类似工程预（结）算法。类似工程是指工程用途、结构类型、构造特征和装饰标准与拟建工程相似的已建工程。当拟建工程与已建工程相类似，且有已建工程完整的预算或结算资料，可以采类似工程预（结）算法来编制拟建工程概算。

(2) 设备及其安装工程概算的编制

① 设备购置概算的编制。设备购置由设备原价和设备运杂费组成。

a. 设备原价。国家定型产品，按制造厂的出厂价计算；国外引进设备，其价格按合同规定进行计算；非标准设备按各部规定的非标准设备计价办法估算。

b. 设备运杂费＝设备原价×运杂费率。

② 设备安装工程概算的编制

a. 预算单价法。当初步设计有详细设备清单时，可以直接按照预算单价编制设备单位工程概算。用预算单价法编制概算，计算比较具体，精确性较高。

b. 扩大单价法。当初步设计的设备清单不完备，或仅有成套设备的重量时，可以采用主体设备，成套设备或工艺线的综合扩大安装单价编制概算。

c. 概算指标法。当初步设计的设备清单不完备，或安装预算单价及扩大综合单价不全，无法采用预算单价法和扩大单价法时，可以采用概算指标编制概算。

细节 93： 单项工程综合概算的编制

(1) 编制说明 编制说明列于综合概算表的前面，一般包括以下内容。

① 编制依据：说明上级机关的有关文件指示和规定、材料和设备预算价格、设计文件、概算定额或概算指标及取费标准等。

② 编制方法：说明是利用概算定额还是概算指标进行编制的。

③ 主要设备和材料需用量明细表。

④ 其他有关问题。

(2) 单项工程综合概算编制方法 单项工程综合概算是按照某一单项工程内各个单位工程概算及其他费用等基础文件，采用国家统一规定的表格形式编制而成的。

细节 94： 建设工程总概算的编制

总概算文件中通常包括：编制说明、总概算表及它所包括的各单项工程综合概算表、单位工程概算表及其他费用概算表。

(1) 编制说明 说明工程建设的名称、产品规模、地址、条件、公用工程及厂外工程的主要情况；总概算的编制依据与方法；主要设备和材料数量以及其他有关问题。

（2）总概算表的内容

① 总概算表中的项目，按工程性质由以下两部分组成。

a. 第一部分，工程费用项目。

ⅰ. 主要生产和辅助生产工程项目。

ⅱ. 公用设施项目，包括给排水工程、供电及电信工程、供气工程、总图和运输工程（如工厂码头、铁路、公路、运输车辆和大门、围墙等）。

ⅲ. 文化、生活、福利、教育及服务性工程，如住宅、医院、幼儿园、子弟学校、厂部办公楼、汽车库等。

b. 第二部分，其他费用项目。

② 民用建设项目。民用建设总概算表与工业建设总概算表的内容基本相同。但因民用建设项目没有生产和辅助生产工程项目，所以民用建设总概算表比较简单些。

③ 在第一、二部分项目的费用合计后，列出预备费与不可预见费项目。

④ 总概算表的内容与综合概算表的内容大致相同。按费用构成划分为：建筑工程费用、工具及生产用具购置费用、设备购置费用、安装工程费用、其他费用。

⑤ 目前一些设计单位在编制总概算时，将预备费与专项费用从工程建设其他费用中提出单列，也就是总概算的费用构成可以分为：建筑安装工程费用；工程建设其他费用；工具、设备、器具及家具购置费用；预备费；专项费用。

（3）总概算的编制方法　总概算是根据建设工程项目内各个单项工程综合概算及其他工程和费用概算等文件，采用住房和城乡建设部（原国家建委）规定的格式编制。

（4）回收金额的计算　回收金额是指在施工过程和竣工后，建设单位可以收回的资金总数额。回收金额的内容有很多，常见的几种回收金额计算方法包括以下内容。

① 在进行建设场地准备工作时，拆除旧有房屋、构筑物及砍伐树木、挖掘树根等材料变卖后所获得的回收金额。但要扣除相应的拆除、砍伐及挖掘所花费的人工和运输费用。

② 在进行工程建设时，所采掘得到的矿产与建筑材料的回收金额。在进行矿山、巷道基本建设时，常常获得一些矿产收入；在挖掘沟坑时，也能得到一些建筑材料（如矿石、碎石、砂、黏土等），这些材料有时可供基本建设工程使用，有时可作价卖出，自己使用或卖出，均为建设单位的额外收入，因此也应从总概算中将其扣除。这部分回收金额的多少可根据地质勘察资料作经验估算。

③ 临时房屋和构筑物，在全部工程建设竣工后需拆除的，则其残值按拆除所得材料变价收入计算，但需将其拆除费扣除。

④ 临时房屋和构筑物，在全部工程建设竣工之后移交付其他部门使用的，其残值应按房屋原价扣除折旧费计算。

⑤ 施工机械、运输车辆、设备及工具等在全部建设竣工后，上缴上级或移交给其他单位使用时，其残值也应按原价扣除折旧费计算。

⑥ 施工机械、设备及工具等，如果在设计中有规定，于工程竣工后移交建设单位使用的，则作为该单位的固定资产，不计回收金额。

细节 95： 建设工程概预算审查

(1) 工程概预算审查的组织形式 工程概预算的审定，需要由建设单位或其主管部门组织设计单位、施工单位及审计部门分批（或集中）进行。其组织形式大致分为以下几方面。

① 会审。由建设单位或其主管部门、设计单位、施工单位及审计部门一起会审，一般用于审查重大项目。

② 单审。按规定，概算由主管部门进行审查，预算由审计部门审查。他们单独审查后，对审查中发现的问题，通知有关单位进行协商解决。

③ 建设单位审查。当建设单位具备审查概预算条件时，可自行审查。但审查问题后，必须同概预算编制单位进行协商，得到一致意见，避免扯皮现象。

④ 专门机关审查。一些地区设有造价管理处作为概预算审定（或仲裁）的专门机构，还有不少地区设有工程建设监理公司（或咨询公司），建设单位可委托这些专门机构进行审查。因这些机构拥有一批经验丰富的专门审查概预算的人员，可缩短审查的时间，并可提高审查概预算的质量。

(2) 工程概预算审查方法

① 全面审核法。按照初步设计、扩大初步设计以及施工图设计的要求，结合有关概预算定额中的工程细目全部审核。其具体审核过程和计算方法与编制概预算基本一致。全面审核法具有全面、细致的优点，其质量相对较高，但工作量较大。

② 重点审核法。抓住工程概预算中的重点进行审核。

a. 选择工程量大或造价高的分项工程进行审核。如土建工程应以基础主体和装饰工程为重点，给排水工程应将管道工程量作为重点，电气工程则应重点审查配管长度及穿线长度等。

b. 对计取的各项费用进行重点审查。已计取的费用是否符合国家、地区及部门的规定，有无乱取费现象。

c. 对补充单价作重点审核。主要审核补充单价的编制依据与方法是否符合规定，计算是否合理。

③ 经验对比审核法。根据以往已建工程的结算额度，粗略地审核概预算的准确程度。

(3) 工程概预算审查步骤 审查工程概预算的步骤如下。

① 审查概预算的编制依据。审查概预算时，先要审查概预算的编制依据是否正确和适用。这些编制依据资料主要包括以下几方面。

a. 国家或省（市）有关单位颁发的有关决定、细则、通知及文件规定等。

b. 国家或省（市）颁发的有关现行取费标准或费用定额。

c. 国家或省（市）颁发的现行定额或补充定额。

d. 经批准的地区材料预算价格，当地工资标准和机械台班费用。

e. 经批准的地区单位估价表及汇总表。

f. 初步设计或扩大初步设计图纸说明书以及施工图设计说明书。

g. 有关该工程的调查资料，土壤钻探与水文气象等原始资料。

② 审查材料预算价格和单位估价表。业经批准的材料预算价格与单位估价表，是编制概预算的基础资料。但如果该工程没有经批准的材料预算价格和单位估价表可用，则该项工程在编制概预算时，要先编制材料预算价格和补充单位估价表，并应首先进行审查。在审查时主要注意以下几点。

a. 材料预算价格的审查。

ⅰ. 材料的名称、规格是否与定额规定和设计要求相符。

ⅱ. 材料的来源地是否合理。

ⅲ. 材料的原价有无错误。

ⅳ. 采用的运输方式是否合理，运输费用计算的是否正确。

ⅴ. 材料预算价格中的其他各项费用，如供销部门手续费、采购费、保管费、包装费等，计算是否符合规定，计算上有无错误。

ⅵ. 材料的计算单位是否与定额规定相符。

b. 补充单位估价表的审查。

ⅰ. 定额使用、建筑材料和半成品价格、工资标准及施工机械台班费的正确性。

ⅱ. 人工工日、材料、半成品以及施工机械台班消耗量是否正确合理。

ⅲ. 各项合价及合计数字，有无计算错误。

在审查补充单位估价表时，应与预算定额中类似项目的基价或类似项目的单位估价表核对，可及时发现问题，集中精力进行审核。

③ 审查概预算。审查工程概预算，应在上述概预算编制依据、材料预算价格表或补充单位估价表已审查的基础上进行。

5.3　建设项目结算与竣工决算管理 >>>

细节 96：**工程项目竣工结算的编制与审查**

(1) 工程项目竣工结算的编制　工程竣工结算的内容与施工图预算相同。其中包括直接费、间接费、计划利润和税金四部分。工程竣工结算编制的内容和方法，是在原施工图预算的基础上调整编制的。在调整时主要考虑以下几方面。

① 量差。所谓量差，即是施工图预算所列工程量与实际完成工程量的差额。

量差有正负之分，当实际完成工程量比施工图预算所列工程量多时，即为正量差；当实际完成的工程量比施工图预算所列工程量少时，即为负量差。量差产生的原因，主要是设计修改、施工图预算错误或漏项、现场情况与图纸不符等。

② 价差。价差即现场实际使用的材料价格与材料预算价格之间的差额。如承包合同中规定，允许对材料价差进行调整，在竣工结算可调整价差。由建设单位按预算价格转给施工单位的材料，在工程结算时不调整材料价差。其材料的价差由建设单位自行计算，并摊入竣工决算的工程成本之中。

由施工单位购置的材料价差调整，一般有两种方法。

a. 按价差金额调整。即由经营部门根据供销部门提供的主要材料实际价格对照材料的预算价格计算其价差，再根据结算工程的实际材料用量（包括合理损耗量），计算价差金额进行调整。

b. 按价差系数进行调整。当地建设主管部门，对不同类型工程使用的主要材料，根据市场实际的供应价格与预算价格进行比较，找出差额，测算价差的平均系数，公布实施。在使用时，以施工图预算的直接费为基础，在工程结算时按系数进行调整。

③ 费用。属于工程数量的增减变化，要相应地调整措施费、间接费、利润和税金。材料价差可计取营业税及附加，但不计取其他施工费用。其他费用如停窝工损失费、机械进出场费用等，应一次结清，分摊到结算的工程项目中去。施工现场使用建设单位水、电和临建及施工机械等，应在工程结算时进行清算，退还建设单位。

(2) 工程项目竣工结算的审查 本着合情合理、有理有据、实事求是的原则，计算工程量有无出入、套用定额和取费标准是否正确、应该扣回的费用是否已经扣完等。其方法与程序和审查施工图预算及工程月份、年度结算的方法基本上一致。

_{细节 97：} **工程项目竣工决算的编制**

(1) 竣工决算编制的前提

① 及时组织竣工验收。竣工验收是基本建设的最后阶段，是检验设计和工程质量的重要环节。同时也是编制竣工决算的前提。建设单位应根据住房和城乡建设部（原国家建委）《关于基本建设竣工项目验收暂行规定》，对单项工程竣工后，已能满足生产要求或具备使用条件的，即可组织验收。建设项目在全部竣工后，应组织设计、施工单位进行初验，并向主管部门呈报竣工验收申请报告，由主管部门及时组织验收。对于初验时发现的工程质量以及影响生产等问题，应该及时予以处理或解决，以确保尽早进行正式验收、交付使用和编制竣工决算。

② 及时清理财产和债权债务，落实结余资金。在全部工程竣工前后，要认真做好各种账务，物资财产以及债权债务的清理结束工作，做到工完账清。

各种设备、材料、施工机具等，要逐项清点核实，妥善保管，按国家规定进行处理，不准任意侵占。积极清理结余资金，竣工后的结余资金，一律通过建设银行上交至主管部门。

按照财务部、住房和城乡建设部（原国家建委）关于试行《基本建设项目竣工决算编制办法》的规定，各建设单位的筹建人员，在没有编报竣工决算、清理好各种账务、物资和债权债务之前，机构不得撤销，有关人员不得调离。

（2）竣工决算编制的内容 竣工决算编制的内容包括文字说明和决算报表两部分。文字说明主要包括工程概况、设计概算和基建计划的执行情况、各项款额的使用情况、各项技术经济指标的完成情况、建设成本和投资效果的分析，以及建设过程中的主要经济和存在问题、处理办法等。决算报表则按大、中型建设项目和小型建设项目分别制订。

① 大、中型建设项目的决算报表

a. 大、中型建设项目竣工工程概况表见表 5-3。

表 5-3　大、中型建设项目竣工工程概况表

建设项目或单项工程名称						项目	概算/元	实际/元	主要事项
建设地址		占地面积	设计	实际		建设成本	建安工程设备、工器具、其他基本建设包括：土地征用、生产职工培训、施工机构转移、建设单位管理费等		
新增生产能力	能力（或效益）名称		设计	实际					
建设时间	计划	开工		竣工					
	实际	开工		竣工					
初步设计和概算批准机关、日期、文号									
完成主要工程量	名称	单位	数量			合计			
			设计	实际					
	建筑面积	m²				主要材料	名称	单位	概算	实际
	设备	台/t					钢材	t		
收尾工程	工程内容	投资额	负责收尾单位	完成时间			木材	m³		
							水泥	t		
						主要技术经济指标			

本表是根据最后一次审查批准的初步设计概算、基本建设计划和实际执行结果所填报的。其主要内容包括以下几方面。

ⅰ. 综合反映建设地址、占地面积、建设周期、新增生产能力、完成主要工程量、主要材料消耗及技术经济指标和建设成本等概况。同时，用设计概算与实

际对比的办法，全面考核分析从筹建到竣工的全部费用。其中包括建筑安装工程费、设备及工器具购置费和其他费用等。

ⅱ．反映收尾工程情况。在竣工决算中要列明收尾工程内容、投资额、负责完成单位和日期等。该部分工程的实际成本，可根据实际情况结算，在完工后不再编报竣工决算。

b．大、中型建设项目竣工财务决算表见表5-4。

表5-4　大、中型建设项目竣工财务决算表

建设项目名称　　　　　　　　　　　　　　　　　　　大、中型项目竣工决算二表

资金来源	金额/千元	资金运用	金额/千元	
一、基建预算拨款		一、交付使用财产		补充资料：
				基本建设收入
二、基建其他拨款		二、在建工程		总计
				其中：应上交财政
三、基建收入		三、应核销投资支出		已上交财政
		1. 拨付其他单位基建款		支出
四、专用基金		2. 移交其他单位未完工程		
		3. 报废工程损失		
五、应付款		……		
		四、应核销其他支出		
……		1. 器材销售亏损		
		2. 器材折价损失		
		3. 设备报废盘亏		
		……		
		五、器材		
		1. 需要安装设备		
		2. 库存材料		
		……		
		六、施工机具设备		
		七、专用基金财产		
		八、应收款		
		九、银行存款及现金		
合计		合计		

本表可反映全部竣工的大、中型建设项目的资金来源和运用情况，以作为考核和分析基本建设拨款及投资效果的依据。本表采取平衡表的形式。即：基建资金的来源合计等于基建资金运用合计。表中"交付使用财产"、"应核销投资支

出"、"应核销其他支出"、"基建预算拨款"、"基建其他拨款"等，应填列开始建设至竣工的累计数。其中，"拨付其他单位基建款"、"移交其他单位未完工程"、"报废工程损失"，应在说明中列出明细内容和依据。"器材"应附设备、材料清单和处理意见。"施工机具"是指因自行施工购置的设备，应列出清单上报主管部门处理。如作为固定资产管理的，可另列有关科目。

c. 大、中型建设项目交付使用财产总表见表5-5。

本表可反映大、中型建设项目建成后，新增固定资产和流动资产的全部情况，作为财产交接的依据。

d. 大、中型建设项目交付使用财产明细表见表5-6。

表 5-5　大、中型建设项目交付使用财产总表　　　　　　　　　元

建设项目名称：　　　　　　　　　　　　　　　　　大、中型项目竣工决算附表

工程项目名称	总计	固定资产				流动资产
		合计	建安工程	设备	其他费用	

交付单位　　　　　　　　　　　　　　接收单位

盖　章_____20__年___月___日　　　盖　章_____20__年___月___日

补充资料：由其他单位无偿拨入的房屋价值____设备价值____

表 5-6　大、中、小型建设项目交付使用财产明细表

　　　　　　　　　　　　　　　　　　大、中型项目竣工决算附二表

建设项目名称　　　　　　　　　　　　　　小型项目竣工决算附表

工程项目名称	建筑工程			设备、工具、器具、家具					
	结构	面积/m²	价值/元	名称	规格、型号	单位	数量	价值/元	设备安装费用/元
合计				合计					

交付单位　　　　　　　　　　　　　　接收单位

盖　章_____20__年___月___日　　　盖　章_____20__年___月___日

本表反映竣工交付使用固定资产和流动资产的详细内容。固定资产部分，应逐项盘点填列。其中"建筑结构"指砖木、混凝土等。工具、器具和家具等低值易耗品，可分类填列。

② 小型建设项目的决算报表　小型建设项目的决算报表，仅概括成一张小型建设项目竣工决算总表（见表 5-7）。

表 5-7　小型建设项目竣工决算总表

建设项目名称							项目	金额/元	主要事项说明
建设地址			占地面积		设计	实际	资金来源	1. 基建预算拨款		
								2. 基建其他拨款		
新增生产能力	能力（或效益）名称	设计	实际					3. 应付款		
				初步设计或概算批准机关、日期				4.……		
建设时间	计划	从　年　月开工至　年　月竣工						合计		
	实际	从　年　月开工至　年　月竣工								
建设成本	项目			概算/元		实际/元	资金运用	1. 交付使用固定资产		
	建筑安装工程							2. 交付使用流动资产		
	设备、工具、器具							3. 应核销投资支出		
	其他基本建设							4. 应该销其他支出		
	1. 土地征用费							5. 库存设备、材料		
	2. 负荷试车费							6. 银行存款及现金		
	3. 生产职工培训费							7. 应收款		
	4.……							8.……		
	合计							合计		

本表反映小型建设项目的全部工程及财务情况，其内容包括以下几点。

a. 反映建设地址、新增生产能力、占地面积、建设周期以及初步设计或概算的批准日期和机关。

b. 反映全部竣工工程的资金来源和运用情况。

c. 反映交付使用财产的概算成本及实际成本的对比情况。

6 建设项目合同管理

6.1 项目合同管理 ▶▶▶

细节 98：项目合同的分类

（1）按项目承包范围划分

① 项目总承包合同。项目总承包合同，即"交钥匙"合同。采用这种合同的工程项目，主要是大中型工业、交通与基础设施。建设单位通常只要提出使用要求和建设期限，总承包商即可对项目建议书、设备询价与选购、可行性研究、勘察设计、生产职工培训、材料供应、建筑安装施工和竣工投产，实行全面总承包，并负责对各阶段各专业的分包商综合管理、协调和监督工作。为利于建设和生产的衔接，必要时也可吸收建设单位的部分人员，在总承包单位的统一组织下，参加工程项目建设的相关工作。

这种合同要求承发包双方要密切配合协作，对建设过程中不同阶段双方的权利、义务与责任应分别作出明确规定。其优点是可积累经验，充分利用已有的成熟经验，达到节约投资、保证工程质量、缩短建设周期、提高经济效益的目的。当然，也要求总承包单位具备雄厚的技术经济实力和丰富的组织管理能力。

② 项目分包合同。项目分包合同是以建设过程中某一阶段（或某些阶段）的工作为标的的承包合同，主要包括建设项目可行性研究合同、材料设备采购供应合同、勘察设计合同和建筑安装施工合同等。

施工阶段承包合同，依承包内容又可分为以下几点。

a. 全部包工包料。即承包方承包工程所用的全部人工及材料，这种合同采用较普遍。

b. 包工、包部分材料。即承包方负责提供施工所需全部人工与部分材料，其余部分材料均由发包单位负责供应。

c. 包工不包料。即劳务合同，又称"包清工"。承包方只按发包方的要求提供劳务，不提供任何材料。

③ 项目专项承包合同。项目专项承包合同是指以建设过程中某一阶段某一

专业性项目为标的的承包合同。它的性质有的属技术服务性质，例如可行性研究中的辅助研究项目，供水水源勘察、勘察设计阶段的工程地质勘察，特殊工艺设计及生产技术人员培训等。也有些属专业施工性质，如深基础处理、各种专用设备系统的安装及金属结构制作和安装等。这种合同一般由总承包单位与相应的专业分包单位进行签订，有时也可由建设单位与专业承包商签订直接合同。总承包商须为专业承包商的工作提供便利条件，并协调现场相关各方面的关系。

④ 项目联合承包合同。项目联合承包合同（简称 BOT 合同），是 20 世纪 80 年代所兴起的一种带资承包方式，主要适用于大型基础设施项目，如高速公路、地下铁道、海底隧道、发电厂等。一般由项目所在国政府确定项目，通过招标的方式选定承办者；或先由有意向政府提出项目申请，经政府批准后取得承办资格。承办者通常为大承包商（或开发商）牵头，有金融机构和设备供应厂商参加的大财团。确定建设项目与其承办者后，承办者组建项目公司，在项目所在国注册，政府与项目公司签订特许合同，授权该公司进行可行性研究、筹资、设备采购、工程设计、建筑安装施工，直至竣工验收的全部工作；投产后在特许期内经营该项目，以经营收益偿还借款，支付利息，回收投资，并获取利润；特许期满将该项目无偿地转让给项目所在国政府。

这种承包方式的优点是在项目所在国政府方面，可解决大型建设项目资金短缺问题，且不形成债务，又可解决本国（或地区）缺乏建设经验和经营管理能力问题，还可转移建设与经营中的风险。在项目承办者方面，牵头的承包商（或开发商）可创造投资机会，扩大市场，实行"交钥匙"总承包，不仅在项目实施各阶段都有盈利机会，而且向前延伸至前期工作阶段，向后延续至投产运营阶段；其他参与者如咨询公司、勘察设计机构、材料设备供应厂商、专业分包商及金融机构等，也均有盈利的机会。但是，由于这种项目规模大，建设周期长，内容复杂，相关环节多，牵涉面广，所以其风险因素也多。

(2) 按项目计价方式划分

① 固定总价合同。固定总价合同是按承发包双方商定的总价来承包工程。其特点是以图纸和工程说明为依据，明确承包内容并计算承包价，且一笔包死，在合同执行过程中，除非发包单位要求变更原定的承包内容外，承发包双方通常不得要求变更包价。采用此种计价方法，若设计图纸和说明书达到一定深度，能据此比较精确地估算造价，合同条件也考虑得较周全，对承发包双方都不致有太多风险时，则也是一种较为简便的承包方式。但如果图纸和说明书不够详细，未知数较多，或者工期较长，材料价格变动与气候变化难以预料时，承包企业要承担较大风险，常要加大不可预见费，因而不利于降低造价，最终对建设单位不利。因此这种确定包价的方法，一般仅适用于规模较小、技术不太复杂的工程。

② 固定单价合同。固定单价合同，即单价合同，又称工程量清单合同。固定单价合同的基础是明确划分出价位的各种工作的名称、工作量，以及各种工作的单位报价。在施工时，没有施工图就开工，或虽有施工图但对工程某些条件还

不完全清楚的情况下，因为无法较为精确地计算出工程量，为了避免风险，均会采用固定单价合同。

③ 计量估价合同。计量估价合同是以工程量清单和单价表为依据来计算承包价，一般由建设单位委托专业估算师提出工程量清单，作为招标文件的重要组成部分，列出分部、分项工程量，如挖混凝土若干立方米、砖砌体若干立方米、土方若干立方米、墙面抹灰若干平方米等，由承包商填列单价，再算出总造价；个别项目在特殊条件下，还可以规定报暂定价，允许按实际发生情况调整。因工程量是统一计算出来的，承包企业只要经过复核并填报适当的单价即可得出总造价，承担风险较小；发包单位也只要审核单价是否合理即可，对双方都较方便。目前国际上采用此种方式来确定承包价的较多。

④ 成本加酬金合同。成本加酬金合同的基本特点是按工程实际发生的成本，加上商定的总管理费与利润，来确定工程总造价。工程成本包括人工费、材料费、施工机械使用费、其他直接费和施工管理费以及各项独立费，但并不包括承包企业的总管理费与应缴纳的税金。这种计价方式一般适用于开工前对工程内容尚不十分清楚的情况，例如边设计边施工的紧急工程，遭受自然灾害或战火破坏需修复的工程等。实行建设全过程总承包的"交钥匙"工程，一般也采用这种计价方式。

细节99： **项目合同管理的目标、内容与程序**

（1）项目合同管理的目标 合同管理直接为项目总目标及企业总目标服务，以确保它们的顺利实现。因此，项目合同管理不仅是项目管理的一部分，而且还是企业管理的一部分。具体来说，项目合同管理目标包括以下两方面。

① 使整个工程在预定的成本、预定的工期范围内完成，达到预定的质量与功能的要求。合同中包括了质量标准、进度要求、工程价格，以及双方的责权利关系，因此它贯穿了项目的三大目标。在一个建筑工程项目中，有几份、十几份甚至几十份互相联系、互相影响的合同，一份合同至少涉及两个独立的项目参加者。通过合同管理可以保证各方面都圆满地履行合同责任，进而保证项目的顺利实施。最后业主按计划获得一个合格的工程，实现投资目的，承包商获得合理的价格与利润。

② 在工程结束时，使双方都感到满意，合同争执较少，合同各方面能互相协调。业主要对工程、承包商、双方的合作感到满意，而承包商不但取得了利润，而且赢得了信誉，建立了双方友好合作的关系。工程问题的解决公平合理，符合惯例。这是企业经营管理及发展战略对合同管理的要求。

（2）项目合同管理的内容

① 对合同履行情况进行监督检查，通过检查，发现问题，协调解决，提高合同履约率。主要包括以下几点。

a. 检查合同管理办法及有关规定的贯彻执行情况。

b. 检查合同法及有关法规贯彻执行情况。

c. 检查合同签订及履行情况，减少和避免合同纠纷的发生。

② 时常对项目经理及有关人员进行合同法及有关法律知识教育，提高合同管理人员的素质。

③ 建立健全工程项目合同管理制度。其中包括：

a. 项目合同归口管理制度；

b. 合同用章管理制度；

c. 考核制度；

d. 合同台账；

e. 统计及归档制度。

④ 对合同履行情况统计分析。包括工程合同份数、履约率、造价、纠纷次数、违约原因、变更次数及原因等。通过统计分析的手段，发现问题，协调解决，提高利用合同生产经营的能力。

⑤ 组织、配合有关部门做好有关工程项目合同的鉴证、公证和调解、仲裁及诉讼活动。

(3) 项目合同管理的程序　工程项目合同管理应遵循以下程序。

① 合同评审。

② 合同订立。

③ 合同实施计划编制。

④ 合同实施控制。

⑤ 合同综合评价。

⑥ 有关知识产权的合法使用。

细节 100：　项目合同管理工作注意事项

项目合同一经签署就对签约双方产生法律约束力，任何一方都应严肃、认真、积极地执行合同，否则将承担相应的违约责任。因此，在工程项目合同管理中应注意以下事项。

① 签约前应了解对方是否具有法人资格，对方的信誉及其他有关情况和资料。如果由代理人签约时，则要了解是否有具有法律效力的法人委托书。

② 合同本身用词要准确，不能发生歧义，要符合《经济合同法》及《建筑安装工程承包合同条例》等规定，要注意合同的主要条款是否齐全，用词是否确切。

③ 合同在签订后应按有关规定及时送交合同主管部门审查及向有关部门备案。有的合同必须经批准方能生效的，要在规定的时间内完成。

④ 要主动及时地组织和督促各职能部门严格按照合同规定履行义务。

⑤ 全部合同文件包括合同文本、附件及工程施工变更治商等资料及涉及经济责任的会议纪要往来函电等，应由专人负责整理保管。坚决避免出现工程尚未

完成，合同及有关洽商资料已散失的现象。

⑥ 项目合同的变更、解除应经过认真的调查研究，且不得违背法定的程序及企业的有关规定。

⑦ 利用合同进行及时合理的索赔。因为对方的过失或不可抗力因素发生，致使己方发生损失时，应不失时机地向对方要求索赔。

6.2 项目合同变更与索赔管理 ▷▷▷

细节 101：工程建设合同的变更

建设承包合同的变更是指因一定原因而改变合同内容的法律行为，其特征是：

① 合同双方对变更事项必须达成一致意见；

② 改变合同内容、修改合同条款；

③ 产生新的合同义务和补偿因合同变更给当事人造成的损失。

细节 102：索赔的含义与特征

(1) 索赔的含义 索赔是当事人在合同实施的过程中，根据法律、合同规定与惯例，对不应由自己承担责任的情况造成的损失，向合同的另一方当事人提出给予赔偿（或补偿）要求的行为。

建设工程索赔一般是指在工程合同履行的过程中，合同当事人一方由于非自身因素或对方不履行或未能正确履行合同而受到经济损失（或权利损害）时，通过一定的合法程序，向对方提出经济（或时间补偿）的要求。索赔是一种正当的权利要求，它是发包方、监理工程师及承包方间的一项正常的及大量发生且普遍存在的合同管理业务，是一种以法律及合同为依据，合情合理的行为。

建设工程索赔包括狭义的建设工程索赔和广义的建设工程索赔。

① 狭义的建设工程索赔 指人们所说的工程索赔或施工索赔。工程索赔是指建设工程承包商在因发包人的原因或发生承包商与发包人不可控制的因素而受到损失时，向发包人提出的补偿要求。这种补偿包括补偿损失费用或延长工期。

② 广义的建设工程索赔 指建设工程承包商因合同对方的原因或合同双方不可控制的原因而受到损失时，向对方提出的补偿要求。这种补偿既可以是损失费用索赔，也可以是索赔实物。它既包括承包商向发包人提出的索赔，又包括承包商向保险公司、运输商、供货商、分包商等提出的索赔。

(2) 索赔的特征 从索赔的基本含义，可以看出索赔具有以下基本特征。

① 索赔是双向的，承包人可向发包人索赔，发包人同样也可向承包人索赔。由于实践中发包人向承包人索赔发生的频率比较低，且在索赔处理中，发包人始

终处于主动及有利地位，对承包人的违约行为他可以直接从应付工程款中扣抵、扣留保留金或通过履约保函向银行索赔来完成自己的索赔要求，因此在工程实践中大量发生的、处理比较困难的是承包人向发包人的索赔，也是工程师进行合同管理的重点内容。

② 只有实际发生了经济损失（或权利损害），一方才能向对方索赔。经济损失是指由于对方因素造成合同外的额外支出，如人工费、材料费、机械费、管理费等额外开支；权利损害是指虽然没有经济上的损失，但造成了一方权利上的损害，如因恶劣气候条件对工程进度的不利影响，承包人有权要求工期的延长等。因此，发生了实际的经济损失（或权利损害），应是一方提出索赔的一个基本前提条件。

③ 索赔是一种未经对方确认的单方行为，它与我们所说的工程签证不同。在施工过程中签证是承发包双方对额外费用补偿以及工期延长等达成一致的书面证明材料和补充协议，它可以直接作为工程款结算或最终增减工程造价的依据，而索赔是单方面行为，对对方还未形成约束力，这种索赔要求能否得到最终实现，必须在通过确认（如双方谈判、协商、调解或仲裁、诉讼）后才能够实现。

④ 归纳起来，索赔具有以下本质特征。

a. 索赔的依据是法律法规、合同文件及工程建设惯例，但主要是合同文件。

b. 索赔是要求给予补偿的一种权利、主张。

c. 索赔是由于非自身原因导致的，要求索赔一方没有过错。

d. 与合同相比较，已发生了额外的经济损失（或工期损害）。

e. 索赔必须具备切实有效的证据。

f. 索赔是单方行为，双方没有达成协议。

细节 103：索赔的分类

索赔的分类见表 6-1。

表 6-1 索赔的分类

序号	分类	具体内容
1	按索赔目的分类	① 工期索赔。因非承包人责任的原因而导致施工进程延误，要求批准顺延合同工期的索赔，即为工期索赔。工期索赔形式上是对权利的要求，以防承包人在原定合同竣工日不能完工时，被发包人追究违约责任。一旦获得批准合同工期顺延后，承包人将不仅可免除承担拖期违约赔偿费的严重风险，且可能由于提前工期得到奖励，最终仍反映在经济收益上 ② 费用索赔。费用索赔是承包人向业主要求补偿不得由承包人自己承担的经济损失（或额外开支），也就是取得合理的经济补偿。其取得的前提是：施工受到干扰，导致工作效率降低；业主指令工程变更（或产生额外工程），导致工程成本增加。因这两种情况所增加的新增费用（或额外费用），承包人有权要求索赔

序号	分类	具体内容
2	按索赔发生的原因分类	① 延期索赔。延期索赔主要表现在因发包人的原因不能按原定计划的时间进行施工所引起的索赔。因材料和设备价格时有上涨,为了控制建设的成本,发包人常把材料和设备交给自己直接订货,再供应给承包人,这样发包人则要承担由于不能按时供货,而导致工程延期的风险。建设法规的改变易造成延期索赔。此外,设计图样和规范的错误和遗漏,设计者不能及时提交审查(或批准)图纸,引起延期索赔的事件更是屡见不鲜 ② 工程变更索赔。工程变更索赔即对合同中规定的工作范围的变化而引起的索赔。其责任与损失不如延期索赔容易确定,如某分项工程所包含的详细工作内容和技术要求,施工要求很难于合同文件中用语言描述清楚,设计图纸也很难对每一个施工细节的要求都说得清楚。另外,设计的错误与遗漏或发包人和设计者主观意志的改变都会向承包人发布变更设计的命令,从而引起索赔。设计变更引起的工作量及技术要求的变化都可能被认为是工作范围的变化,为完成此变动可能会增加时间,并影响原计划工作的执行,进而可能导致工期与费用的增加 ③ 施工加速索赔。施工加速索赔是因发包人或监理工程师指令承包人加快施工速度,缩短工期,而引起承包人的人、财、物的额外开支而提出的索赔 ④ 意外风险和不可预见因素索赔。在工程实施过程中,由于人力不可抗拒的自然灾害、特殊风险及一个有经验的承包人一般不能合理预见的不利施工条件或外界障碍,如地下水、地面沉陷、地质断层、地下障碍物等引起的索赔 ⑤ 其他索赔。其他索赔包括由于货币贬值、物价与工资上涨、银行利率变化、政策法令变化、外汇利率变化等原因引起的索赔
3	按索赔的处理方式分类	① 单项索赔。单项索赔即指采取一事一索赔的方式,是指在每一件索赔事件发生后,报送索赔通知书,编报索赔报告,并要求单项解决支付,不与其他的索赔事项混在一起。工程索赔一般采用这种方式,它能有效避免多项索赔的相互影响与制约,解决起来较容易 ② 总索赔。总索赔是指承包人在工程竣工决算前,将施工过程中没有解决的和承包人对发包人答复不满意的单项索赔集中起来,提出一份索赔报告,综合起来解决。在实际工程中,总索赔方式应尽可能避免采用,由于它涉及的因素复杂,且纵横交错,不容易索赔成功

细节 104: **索赔的原因与要求**

(1) 索赔原因 在现代承包工程中,尤其在国际承包工程中,索赔常有发生,且索赔额较大。这主要是由以下几方面原因造成的。

① 施工延期引起索赔。施工延期是指因非承包商的各种原因而造成工程的进度推迟,施工不能按原计划进行。大型土木工程项目在施工的过程中,因工程规模大,技术复杂,受到天气、水文、地质条件等因素影响,又受到来自于社会的政治、经济等人为因素的影响,发生施工进度延期的现象是比较常见的。施工延期的原因有时是单一的,有时又是多种因素综合形成的。施工延期的事件发生后,会给承包商造成时间与经济方面的损失。因此,当出现施工延期的索赔事件时,常常在分清责任和损失补偿方面,合同双方容易发生争端。常见的施工延期

索赔多数是由于发包人征地拆迁受阻，未能及时提交施工场地，及气候条件恶劣，如连降暴雨造成的大部分土方工程无法开展等原因造成的。

② 恶劣的现场自然条件引起索赔。这种恶劣的现场自然条件是指一般有经验的承包商事先无法预料的，如地下水、未探明的地质断层、溶洞、沉陷等；还有地下的实物障碍，如经承包商现场考察未能发现的、发包人资料中未提供的地下人工建筑物、公共设施、地下自来水管道、坑井、隧道、废弃的建筑物混凝土基础等，这都需要承包商花费更多的时间与金钱去克服、除掉这些障碍。因此，承包商有权据此向发包人提出索赔要求。

③ 合同变更引起索赔。合同变更的含义广泛，包括工程设计变更、施工方法变更、工程量的增加（与减少）等。对于土木工程项目实施过程来说，变更是客观存在的。只是这种变更应是指在原合同工程范围内的变更，如属超出工程范围的变更，承包商有权拒绝。当工程量变化超出招标时工程量清单的 20% 以上时，可能会导致承包商的施工现场人员不足，需另雇工人；也可能会导致承包商的施工机械设备失调。工程量的增加，往往会要求承包商增加新型号的施工机械设备，或增加机械设备数量等。人工与机械设备的需求增加，则会引起承包商额外的经济支出，扩大了工程成本。相反，如工程项目被取消或工程量大减，又势必会引起承包商原有人工和机械设备的窝工、闲置，造成资源的浪费，导致承包商亏损。因此在合同变更时，承包商有权提出索赔。

④ 合同矛盾和缺陷引起索赔。合同矛盾与缺陷常出现在合同文件规定不严谨，合同中有遗漏（或错误），这些问题常反映为设计与施工规定相矛盾，技术规范与设计图纸不符合（或相矛盾），以及一些商务和法律条款规定有缺陷等。在这种情况下，承包商应及时将这些矛盾和缺陷反映给监理工程师，由监理工程师作出解释。如承包商执行监理工程师的解释指令后造成施工工期延长（或工程成本增加），则承包商可提出索赔要求，监理工程师应给予证明，发包人应给予其相应的补偿。由于发包人是工程承包合同的起草者，应该对合同中的缺陷负责，除非其中有非常明显的遗漏（或缺陷），依据法律（或合同）可推定承包商有义务在投标时发现并及时向发包人报告。

⑤ 参与工程建设主体的多元性。因工程参与单位多，一个工程项目常常会有发包人、总包商、分包商、指定分包商、监理工程师、材料设备供应商等诸多参加单位，各方面的技术、经济关系错综复杂，相互联系又相互影响，如果有一方失误，不仅造成自己的损失，而且会影响其他合作者，造成他人损失，进而导致索赔与争执。

以上问题会随着工程的逐步开展而暴露出来，使工程项目受到影响，导致工程项目成本与工期的变化，这就是索赔形成的根源。因此索赔的发生，不仅是一个索赔意识（或合同观念）的问题，从本质上讲，索赔是一种客观存在。

由于市场竞争激烈，承包商的利润水平也在逐步降低，大部分靠低标价或保本价中标，回旋余地相对较小。施工合同在实践中承发包双方风险分担不公，把主要风险转嫁于承包商一方，稍遇条件变化，承包商即处于亏损的边缘，这迫使其寻找一切可能的索赔机会来减轻自己承担的风险。所以索赔实质上是工程实施阶段承包商与发包人之间在承担工程风险比例上的合理再分配，这也是目前国内外建筑市场上，施工索赔在数量或款额上呈增长趋势的一个重要原因。

（2）索赔要求　在承包工程中，索赔要求一般有以下两个方面。

① 合同工期的延长　承包合同中都有工期和工程拖延的罚款条款。如果工程拖期是由承包商管理不善造成的，则他要承担责任，接受合同规定的处罚。而对外界干扰引起的工期拖延，承包商可通过索赔，取得发包人对合同工期延长的认可，则在这个范围内可以免除对他的合同处罚。

② 费用补偿　因为非承包商自身责任导致工程成本的增加，使承包商增加额外费用，蒙受经济损失，他可以按合同规定提出费用赔偿要求。如果该要求得到发包人的认可，发包人应向他追加支付这笔费用以补偿损失。这样，实质上承包商通过索赔提高了合同价格，往往不仅可以弥补损失，并且可增加工程利润。

细节 105：索赔的条件与作用

（1）索赔的条件　索赔的目的在于保护自身利益，追回损失，避免亏本。要取得索赔的成功，要求索赔应符合以下三个基本条件。

① 客观性。确实存在不符合合同或违反合同的干扰事件，它对承包商的工期与成本造成影响。这是事实，有确凿的证据证明。因合同双方都在进行合同管理，都在对工程施工过程监督和跟踪，对索赔事件都应该且都能够清楚地了解。因此，承包商提出的任何索赔，首先必须是真实的。

② 合法性。干扰事件非承包商自身责任引起，根据合同条款对方应给予补偿。索赔要求应符合本工程承包合同的规定。合同作为工程中的最高法律，应由它判定干扰事件的责任由谁承担，承担什么样的责任，赔偿多少等。因此不同的合同条件，索赔要求合法性也不同，就会有不同的解决结果。

③ 合理性。索赔要求合情合理，符合实际情况，真实反映因干扰事件引起的实际损失，采用合理的计算方法和计算基础。承包商应证明干扰事件与承包商所受到的损失、干扰事件的责任、施工过程所受到的影响及所提出的索赔要求之间存在着因果关系。

（2）索赔的作用　索赔与工程施工合同同时存在，其主要作用有以下几点。

① 索赔是合同与法律赋予正确履行合同者免受意外损失的权利，索赔是当事人一种保护自己、避免损失、增加利润、提高效益的重要手段。

② 索赔是落实与调整合同双方经济责、权与利关系的手段，也是合同双方风险分担的又一次合理再分配，离开了索赔，合同责任即不能全面体现，合同双方的责、权与利关系难以平衡。

③ 索赔是合同实施的保证。索赔是合同法律效力的具体体现，对合同双方形成约束条件，尤其能对违约者起到警戒作用，违约方应考虑违约后果，从而尽

可能减少其违约行为的发生。

④ 索赔对提高企业及工程项目管理水平起着重要的促进作用。我国承包商在许多项目上提不出或提不好索赔，与其企业管理的松散混乱、成本控制不力、计划实施不严等有着直接关系；没有正确的工程进度网络计划就难以证明延误的发生及天数；没有完整翔实的记录，就缺乏索赔定量要求的基础。

承包商需要正确地、辩证地对待索赔问题。在任何工程中，索赔都是不可避免的，通过索赔能使损失得到补偿，增加收益。因此承包商要保护自身利益，争取盈利，不能不重视索赔问题。

但从根本上说，索赔是因工程受干扰引起的。这些干扰事件对双方都有可能造成损失，影响工程的正常施工，造成混乱、拖延。因此从合同双方整体利益的角度出发，应极力避免干扰事件，并避免索赔的产生。而且对一具体的干扰事件，能否取得索赔的成功，能否及时如数地获得补偿，是很难预料的，也很难把握。因此承包商不能以索赔作为取得利润的基本手段，特别是不应预先寄希望于索赔，如在投标中有意压低报价来获得工程，指望通过索赔来弥补损失。这是非常危险的做法。

细节 106： 可能提出索赔的干扰事件

在施工过程中，可能提出索赔的干扰事件主要有如下几种。

① 发包人没有按合同规定的时间交付设计图纸数量与资料，未能按时交付合格的施工现场等，造成工程拖延和损失。

② 发包人未及时支付工程款。

③ 发包人提高设计、施工及材料的质量标准。

④ 发包人（或监理工程师）变更原合同规定的施工顺序，扰乱了施工计划与施工方案，使工程数量有较大增加。

⑤ 发包人与监理工程师指令增加额外工程，或指令工程加速。

⑥ 工程地质条件与合同规定、设计文件不一致。

⑦ 物价上涨，汇率浮动，造成材料价格、工人工资上涨，承包商蒙受较大损失。

⑧ 因设计错误或发包人、工程师错误指令，造成工程修改、返工或窝工等损失。

⑨ 国家政策、法令修改。

⑩ 不可抗力因素等。

细节 107： 索赔处理程序

根据合同约定，承包人认为有权得到追加付款和（或）延长工期的，应按以下程序向发包人提出索赔。

（1）发出索赔意向通知 索赔事件发生后，承包人应在知道或应当知道索赔事件发生后的 28 天内向监理工程师提交索赔意向通知，并说明发生索赔事件的事由。该意向通知是承包人就具体的索赔事件向工程师与发包人表示的索赔愿望和要求。如果超过这个期限，监理工程师与发包人有权拒绝承包人的索赔要求。索赔事件发生后，承包人有义务做好现场施工的记录工作，并加大收集索赔证据的管理力度，以便监理工程师随时检查与调阅，为判断索赔事件所造成的实际损害提供依据。

（2）递交索赔报告　承包人应在发出索赔意向通知书后 28 天内，向监理人正式递交索赔报告；索赔报告应详细说明索赔理由以及要求追加的付款金额和（或）延长的工期，并附必要的记录和证明材实；索赔事件具有持续影响的，承包人应按合理时间间隔继续递交延续索赔通知，说明持续影响的实际情况和记录，列出累计的追加付款金额和（或）工期延长天数；在索赔事件影响结束后 28 天内，承包人应向监理人递交最终索赔报告，说明最终要求索赔的追加付款金额和（或）延长的工期，并附必要的记录和证明材料。

（3）评审索赔报告　承包人的索赔意向通知应在事件发生后的 28 天内提出，包括由于对变更估价双方不能取得一致意见，而先按监理工程师单方决定的单价（或价格）执行时，承包人提出的保留索赔权利的意向通知，这在司法活动中称证据保全。如果承包人未能按时间规定提出索赔意向和索赔报告，则他就失去了就该项事件请求补偿的索赔权利。这时他所受到损害的补偿，将不超过监理工程师认为应主动给予的补偿额。监理工程师接到承包人的索赔报告后，应及时分析承包人报送的索赔资料，并对不合理的索赔进行反驳（或提出疑问）。在评审过程中，承包人应对工程师提出的各种质疑作出较为完整的答复。监理工程师根据自己掌握的资料与处理索赔的工作经验可以就以下几方面提出质疑。

① 索赔事件不属于发包人与工程师的责任，而是第三方的责任。

② 索赔是由不可抗力引起的，承包人没有划分证明双方责任的大小。

③ 合同中的免责条款已经免除了发包人补偿的责任。

④ 事实与合同依据不足。

⑤ 损失计算夸大。

⑥ 承包人必须提供进一步的证据。

⑦ 承包人没有采取适当措施避免或减少损失。

⑧ 承包人未能遵守索赔意向通知的要求。

⑨ 承包人之前已明示或暗示了放弃此次索赔的要求。

（4）确定合理的补偿额　经过监理工程师对索赔报表的评审，与承包人进行了讨论后，监理工程师应提出索赔处理的初步意见，并参加发包人与承包人索赔谈判，通过谈判，作出索赔的最后决定。

① 监理工程师与承包人协商补偿。监理工程师核查后，初步确定应给予补偿的额度常与承包人的索赔报告中要求的额度不一致，甚至差额较大。主要原因是对承担事件损害责任的界限划分不一致，索赔证据不充分，索赔计算的依据与

方法分歧较大等，因此双方应对索赔的处理进行协商。对于持续影响时间超过28天的工期延误事件，工期索赔条件成立时，对承包人每隔28天报送的阶段索赔临时报告审查后，每次均应作出批准临时延长工期的决定，并在事件影响结束后28天内，承包人提出最终的索赔报告后，批准顺延工期总天数。需要注意的是，最终批准的总顺延天数不得少于以前各阶段已同意顺延天数之和。承包人在事件影响期间应每隔28天提出一次阶段索赔报告，可使监理工程师能及时根据同期记录批准该阶段应予顺延工期的天数，以防事件影响时间太长而不能准确确定索赔额。

② 监理工程师索赔处理决定。经过认真分析研究，与承包人及发包人广泛讨论后，监理工程师应该向发包人与承包人提出自己的"索赔处理决定"。监理工程师在收到承包人送交的索赔报告与有关资料后，在28天内给予答复或要求承包人进一步补充索赔理由与证据。

《建设工程施工合同（示范文本）》（GF-2017-0201）规定，监理人应在收到索赔报告后14天内完成审查并报送发包人。监理人对索赔报告存在异议的，有权要求承包人提交全部原始记录副本；发包人应在监理人收到索赔报告或有关索赔的进一步证明材料后的28天内，由监理人向承包人出具经发包人签认的索赔处理结果。发包人逾期答复的，则视为认可承包人的索赔要求；承包人接受索赔处理结果的，索赔款项在当期进度款中进行支付；承包人不接受索赔处理结果的，按照《建设工程施工合同（示范文本）》（GF-2017-0201）第20条"争议解决"约定处理。

(5) 发包人审查索赔处理 当监理工程师确定的索赔额超过其权限范围时，应报请发包人批准。发包人应根据事件发生的原因、责任范围、合同条款审核承包人的索赔申请与工程师的处理报告，再根据工程建设的目的、投资控制、竣工投产日期要求以及针对承包人在施工中的缺陷（或违反合同规定）等的有关情况，决定是否同意监理工程师的处理意见。例如承包人某项索赔理由成立，监理工程师根据相应条款规定，既同意给予一定的费用补偿，也批准顺延相应的工期。但发包人权衡了施工的实际情况与外部条件的要求后，可能不同意顺延工期，而选择给承包人增加费用补偿额，要求其采取赶工措施，按期或提前完工。这样的决定只有发包人有权作出。索赔报告经发包人同意后，监理工程师即可签发有关证书。

(6) 承包人是否接受最终索赔处理 承包人接受最终的索赔处理决定，索赔事件的处理即结束。如果承包人不同意，就会导致合同争议。通过协商双方达到互谅互让的解决方案，是处理争议的理想方式。如果达不成谅解，承包人有权提交仲裁或诉讼解决。

细节 108： **反索赔的含义与作用**

(1) 反索赔的含义 按照《合同法》的规定，索赔应为双方面的。在工程项目过程中，发包人与承包商之间，总承包商与分包商之间，合伙人之间以及承包商与材料、设备供应商之间都可能存在双向的索赔和反索赔。如承包商向发包人提出索赔，则发包人反索赔；同时发包人也可能向承包商提出索赔，则承包商应反索赔；而监理工程师一方面要通过圆满的工作来防止索赔事件的发生，另一方面又要妥善处理合同双方的各种索赔与反索赔问题。按照通常习惯，我们把追回自方损失的手段称索赔，把防止和减少向自方提出索赔的手段称为反索赔。

（2）反索赔的作用 反索赔对合同双方都具有重要的作用，主要表现为以下几点。

① 成功的反索赔能防止（或减少）经济损失。如果不能进行有效的反索赔，不能推卸自己对干扰事件的合同责任，就要满足对方的索赔要求，支付赔偿费用，导致自己蒙受损失。对合同双方来说，反索赔同样直接关系着工程经济效益的高低，反映工程的管理水平。

② 成功的反索赔必然促进有效的索赔。能够成功有效地进行反索赔的管理者必然熟知合同条款内涵，掌握干扰事件产生的原因，占有全面的资料。具有丰富的施工经验，工作精细，能言善辩的管理者在进行索赔时，往往能抓住要害，击中对方弱点，使对方无法反驳。同时，由于工程施工中干扰事件的复杂性，往往双方都有责任，双方都有损失。有经验的索赔管理人员在对索赔报告进行仔细审查后，通过反驳索赔不仅可以否定对方的索赔要求，使自己免于损失，且可发现索赔机会，找到向对方索赔的理由。

③ 成功的反索赔能增长管理人员士气，促进工作的开展。在国际工程中常常遇到这种情况：因企业管理人员不熟悉工程的索赔业务，不敢大胆地提出索赔，又不能作有效的反索赔，在施工干扰事件处理中，处于被动地位，工作中失去了主动权。总处于被动挨打局面的管理人员必然会受到心理的挫折的影响，影响整体工作。

细节 109： **反索赔的种类与内容**

（1）反索赔的种类 由发包人向承包商提出的索赔，一般包括以下三种情况。

① 工程质量问题。发包人在工程施工期间和缺陷责任期内认为工程质量没有达到合同要求，并且这种质量缺陷是因承包商的责任造成的，而承包商又没有采取适当的补救措施，发包人可以向承包商要求赔偿，这种赔偿一般采取从工程款或保留金中扣除的办法。

② 工程拖期。由于承包商的原因，部分或整个工程没有按合同规定的日期（包括已批准的工期延长时间）竣工，则发包人有权索取赔偿。一般合同中已规定了工程拖期赔偿的标准，在此基础上按拖期天数计算即可。如果只是部分工程拖期，而其他部分已颁发移交证书，则应按拖期部分在整个工程中所占价值比重折算。如果拖期部分是关键工程，该部分工程的拖期将影响整个工程的主要使用

功能，则不作折算。

③ 其他损失索赔。根据合同条款，如果因承包商的过失给发包人造成其他经济损失时，发包人也可提出索赔要求。一般包括以下几点。

a. 当承包商运送自己的施工设备与材料时，损坏了沿途的公路（或桥梁），引起相应管理机构索赔。

b. 承包商的建筑材料（或设备）不符合合同要求而进行重复检验时，带来的费用开支。

c. 由于工程保险失效，造成发包人员的物质损失。

d. 因承包商的原因造成工程拖期时，在超出计划工期的拖期时段内的工程师服务费用等。

(2) 反索赔的内容 依据工程承包的惯例与实践，常见的发包人反索赔及具体内容主要包括以下几点。

① 工程质量缺陷反索赔。土木工程承包合同都严格规定了工程质量标准，有严格细致的技术规范和要求。因为工程质量的好坏直接与发包人的利益和工程的效益紧密相关。发包人只承担直接负责设计所造成的质量问题，监理工程师即使对承包商的设计、施工方法、施工工艺工序及对材料进行过批准、监督与检查，但都只负间接责任，并无法因此免除或减轻承包商对工程质量应负的责任。在工程施工过程中，如果承包商所使用的材料（或设备）不符合合同规定或工程质量不符合施工技术规范与验收规范的要求，或出现缺陷而未在缺陷责任期满前完成修复工作，发包人均有权追究承包商的责任，并提出由承包商所造成的工程质量缺陷而带来的经济损失的反索赔。此外，发包人向承包商提出工程质量缺陷的反索赔要求时，常常不仅包括工程缺陷所产生的直接经济损失，也包括该缺陷带来的间接的经济损失。常见的工程质量缺陷表现为以下几点。

a. 由承包商负责设计的部分永久工程与细部构造，虽经过监理工程师的复核和审查批准，但仍出现了质量缺陷或事故。

b. 承包商的临时工程（或模板支架）设计安排不当，造成了施工后永久工程的缺陷。

c. 承包商施工的分项分部工程，因施工工艺或方法问题，造成严重开裂、下挠及倾斜等缺陷。

d. 承包商使用的工程材料与机械设备等不符合合同规定及质量要求，而使工程质量产生缺陷。

e. 承包商没有完成按照合同条件规定的工作（或隐含的工作），如对工程的保护、照管，安全及环境保护等。

② 拖延工期反索赔。按照土木工程施工承包合同条件规定，承包商应在合同规定的时间内完成工程的施工任务。如果因承包商的原因造成不可原谅的完工日期拖延，则影响到发包人对该工程的使用及运营生产计划，进而给发包人带来了经济损失。发包人的此项索赔，并不是发包人对承包商的违约罚款，而是发包

人要求承包商补偿拖期完工给发包人造成的经济损失。承包商则应按双方约定合同的赔偿金额及拖延时间长短向发包人支付赔偿金，而无需再去寻找和提供实际损失的证据去进行详细计算。在有些情况下，拖期损失赔偿金按该工程项目合同价的一定比例进行计算，如在整个工程完工之前，工程师已对一部分工程颁发了移交证书，则对整个工程所计算的延误赔偿金数量应适当减少。

③ 经济担保的反索赔。经济担保是国际工程承包活动中不可或缺的一部分，担保人要承诺在其委托人不适当履约时代替委托人来承担赔偿责任或原合同所规定的权利、义务。在土木工程项目承包施工活动中，一般的经济担保有预付款担保、履约担保等。

a. 预付款担保反索赔。预付款是指在合同规定开工前（或工程价款支付之前），由发包人预付给承包商的款项。预付款的实质是发包人向承包商发放的无息贷款。对预付款的偿还，通常由发包人在应支付给承包商的工程进度款中直接扣还。为确保承包商偿还发包人的预付款，施工合同中均应规定承包商必须对预付款提供等额的经济担保。如承包商无法按期归还预付款，发包人即可从相应的担保款额中取得补偿，这其实是发包人向承包商的索赔。

b. 履约担保反索赔。履约担保是承包商与担保方为了发包人的利益不受损害而作的承诺，担保承包商按施工合同规定条件施工。履约担保有银行担保或担保公司担保的方式，以银行担保较为常见，担保金额通常为合同价的 10%～20%，担保期限为工程竣工期（或缺陷责任期）满。

当承包商违约或无法履行施工合同时，持有履约担保文件的发包人，可以在承包商的担保人的银行中取得货币补偿。

④ 保留金的反索赔。保留金是对履约担保的补充形式。工程合同中一般均规定有保留金的数额，即合同价的 5% 左右，保留金是从应支付给承包商的月工程进度款中扣下一定合同价百分比的基金，由发包人保留，以便在承包商违约时直接补偿发包人的损失。因此保留金也是发包人向承包商索赔的手段。通常应在整个工程（或规定的单项工程）完工时退还保留金款额的 50%，最后在缺陷责任期满后再将剩余的 50% 退还。

⑤ 发包人其他损失的反索赔。按合同规定，除了以上发包人的反索赔外，当发包人在受到其他因承包商原因造成的经济损失时，发包人仍可提出反索赔要求。例如由于承包商的原因，在运输施工设备（或大型预制构件）过程中，损坏了旧有的道路（或桥梁）；承包商的工程保险失效，给发包人造成的损失等。

细节 110： **反索赔的步骤**

在接到对方索赔报告后，就要着手分析、反驳。反索赔与索赔有相似的处理过程，但也有各自的特殊性。

（1）合同总体分析 反索赔也是以合同作为法律，作为反驳的理由与根据。合同分析的目的是分析和评价对方索赔要求的理由与依据。在合同中找出对对方不利，对自方有利的合同条文，以构成对对方索赔要求否定的理由。合同总体分析的重点是与对方索赔报告中提出的问题相关的合同条款，一般包括：合同的法律基础，合同的组成及其合同变更情况，合同规定的工程范围和承包商责任，工程变更的补偿条件、范围和方法，工期的调整条件、范围与方法，合同价格，对方需承担的风险，争执的解决方法及违约责任等。

（2）事态调查 反索赔是基于事实基础之上，以事实为依据。事实必须有己方对合同实施过程跟踪和监督的结果，即各种实际工程资料作为证据，用以对照索赔报告所描述的事情经过与所附证据。通过调查可确定干扰事件的起因、持续时间、事件经过及影响范围等真实的详细的情况。在此应收集整理所有与反索赔相关的工程资料。

（3）状态分析 在事态调查与收集、整理工程资料的基础上进行合同状态、实际状态及可能状态分析。通过三种状态的分析可达到以下几点。

① 全面地评价合同的实际状况，评价双方合同责任的完成情况。

② 针对对方的失误进一步分析，准备向对方提出索赔。这样在反索赔中同时使用索赔手段。国外的承包商与发包人在进行反索赔时，尤其注意寻找向对方索赔的机会。

③ 针对对方有理由提出索赔的部分作总概括。分析出对方有理由提出索赔的干扰事件，索赔的大约值或最高值。

④ 针对对方的失误与风险范围进行具体指认，这样在谈判中才有攻击点。

⑤ 分析评价索赔报告，对索赔报告作出全面分析，对索赔要求、索赔理由逐条进行分析和评价。分析评价索赔报告，可通过索赔分析评价表来进行。其中，分别列出对方索赔报告中的干扰事件、索赔要求、索赔理由，提出己方的反驳理由、证据、处理意见及对策等。

（4）起草并向对方递交反索赔报告 反索赔报告也是正规的法律文件。在调解（或仲裁）中，对方的索赔报告与己方的反索赔报告要一起递交调解人或仲裁人。反索赔报告的基本要求与索赔报告类似。一般反索赔报告的主要内容包括以下几点。

① 合同总体分析简述。

② 合同的实施情况简述与评价。重点针对对方索赔报告中的问题与干扰事件，叙述事实情况，并应包括前述三种状态的分析结果，对双方合同责任完成情况与工程施工情况进行评价。其目标为推卸自己对对方索赔报告中所提出的干扰事件的合同责任。

③ 反驳对方索赔要求。按照具体的干扰事件，逐条反驳对方的索赔要求，详细叙述自己的反索赔理由与证据，全部（或部分）地否定对方的索赔要求。

④ 提出索赔。对经合同分析与三种状态分析得出的对方违约责任，提出己方的索赔要求。对此，也可采取不同的处理方法，可在本反索赔报告中提出索赔，或另行出具己方的索赔报告。

⑤ 总结。对反索赔作全面总结，一般包括以下几点。

a. 对合同总体分析作简要概括。

b. 对合同实施情况作简要概括。

c. 对己方提出的索赔作概括。

d. 对对方索赔报告作总评价。

e. 双方要求，即索赔和反索赔最终分析结果比较。

f. 提出解决意见。

g. 附证据。证据是本反索赔报告中所述的事件经过、理由、计算基础、计算过程与计算结果等证明材料。

细节 111： 甲方防范反索赔的措施及步骤

发包方是工程承包合同的主导方，关键问题的决策由发包人掌握。发包方应预先采取措施防范索赔事件的发生，还要善于对承包商提出的索赔为自己辩护，以减少责任。发包方还要主动提出一些反索赔，以抵消、反击承包商提出的索赔。

(1) 增加限制索赔的合同条款 通过对一些合同条件的修改，增加一些限制索赔的条款，以减少责任，将工程中的一些风险转移给承包方，防止可能产生的索赔。

(2) 提高招标文件的质量 发包人可通过做好招标前的准备工作，提高招标文件的质量，以提高规范和图纸的质量，从而减少设计错误和缺陷，防止漏洞，避免承包商在这方面提出的索赔。

(3) 全面履行合同约定的义务

(4) 改变建设工程承包方式和合同形式

(5) 建立索赔信号系统 尽早发现索赔征兆与信号，及时采取准备措施，有针对性地作好详细记录，以便提出索赔和反索赔，避免延误索赔时机，使索赔权利受到限制。常见的索赔信号包括：

① 合同文件含糊不清；

② 承包商的投标报价过低或工程出现亏损；

③ 工程中变更频繁，或工程变更通知单对工程范围规定不详等。

通过对这些索赔信号的分析辨识，发现其产生的原因，并预测其产生的后果，以防止并减少工程索赔，为索赔和反索赔提供依据。

细节 112： 反索赔报告

(1) 反索赔报告编写要求 对于索赔报告的反驳，一般可从以下几个方面着手。

① 索赔事件的真实性。对于对方提出的索赔事件，应从两方面核实其真实性：

a. 对方的证据，如果对方提出的证据不充分，可要求补充证据，或否定这一索赔事件；

b. 己方的记录，如果索赔报告中的论述与己方关于工程的记录不符，可向其提出质疑，或否定索赔报告。

② 索赔事件责任分析。认真分析索赔事件的起因，澄清责任。以下几种情

况可构成对索赔报告的反驳。

a. 索赔事件是由索赔方责任造成的，如管理不善，疏忽大意或未正确理解合同文件内容等。

b. 双方都有责任，应按责任大小分摊损失。

c. 此事件应看作合同风险，且合同中未规定此风险由己方承担。

d. 此事件责任在第三方，不应由己方负责赔偿。

e. 索赔事件发生以后，对方未采取积极有效的措施降低损失。

③ 索赔依据分析。对于合同内索赔可指出对方所引用的条款不适于此索赔的事件，或找出可为己方开脱责任的条款，来驳倒对方的索赔依据；合同外索赔可指出对方索赔依据不足，或错解了合同文件的原意，或按合同条件的某些内容，不应由己方负责此类事件的赔偿。此外，可按相关法律法规，利用其中对自己有利的条文，来反驳对方的索赔。

④ 索赔证据分析。索赔证据不足、不当（或片面）的证据，均会导致索赔不成立。索赔事件的证据不足，对索赔事件的成立可提出疑问。对索赔事件产生的影响证据不足，则不能计入相应部分的索赔值。只出示对自己有利的、片面的证据，将构成对索赔的全部（或部分）的否定。

⑤ 索赔事件的影响分析。分析索赔事件对工期与费用是否产生影响及其影响的程度，这些直接决定着索赔值的计算。对于工期的影响，可分析网络计划图，通过每一工作的时差分析确定是否存在工期索赔。通过对施工状态的分析，可得出索赔事件对费用的影响。如业主没有按时交付图纸，造成工程拖期，而承包商并未按合同规定的时间安排人员与机械，因此工期要顺延，但不存在相应的各种闲置费。

⑥ 索赔值审核。索赔值的审核工作量大，涉及的资料、证据多，需要花费许多时间与精力。审核的重点包括以下几点。

a. 数据的准确性。对索赔报告中的各种计算基础数据都要进行核对，例如工程量增加的实际量方，人员出勤情况，机械台班使用量及各种价格指数等。

b. 计算方法的合理性。不同的计算方法得出的结果出入也很大。应尽量选择最科学、最精确的计算方法。对于某些重大索赔事件的计算，其选用的方法往往需双方协商确定。

c. 是否有重复计算。索赔的重复计算可能存在于单项索赔与一揽子索赔之间，相关的索赔报告之间以及各费用项目的计算中。索赔的重复计算包括工期和费用两方面，应认真比较并核对，剔除重复索赔。

（2）反索赔报告的编写 假设某工程中，承包商向业主提出一份一揽子索赔报告，业主的咨询工程师提出了一份反索赔报告，其内容与结构包括下列三部分。

第一部分：业主代表致承包商代表的答复信。

简要叙述业主代表于××××年××月××日收到承包商代表××××年××月××日所签发的一揽子索赔报告，报告的主要内容是承包商对业主的主要指责，承包商的主要观点以及索赔要求。

业主在对一揽子索赔报告处理后发现承包商索赔要求不合理，简要地阐述业主的立场、态度以及最终的结论，即对承包商索赔要求进行完全反驳或部分认可，也可反过来向承包商提出索赔要求，对解决双方争执的意见或安排，列出反索赔文件的目录。

第二部分：反索赔报告正文。

① 引言。这部分说明就本工程项目设备安装合同（合同号），承包商于××××年××月××日向业主提出了一揽子索赔报告，列出承包商的索赔要求。

② 合同分析。主要分析合同的法律基础、合同价格、合同语言、合同文件及变更、工程变更补偿条件、工程范围、合同违约责任、施工工期的规定及工期延长的条件、争执的解决规定等（附相关证据）。

③ 合同实施情况简述和评价。主要包括合同状态、可能状态及实际状态的分析。重点针对对方索赔报告中的问题与干扰事件，叙述事实情况，应包括三种状态的分析结果，对双方合同责任完成情况与工程施工情况作评价。其目的是推卸自己对对方索赔报告中提出的干扰事件的合同责任。

a. 合同状态分析：根据招标的文件（合同条件、图纸、工程量表等）、合同签订前环境条件、工期、施工方案等预计承包商总工时花费、必要的机械设备、劳动力投入、临时设施、仪器，进而计算总费用，来确定承包商一个合理的报价，并与实际报价进行对比。

b. 可能状态分析：在计划状态的基础上考虑合同规定不由承包商负责的干扰事件的影响，作调整计算，得到的可能状态下的结果。

c. 实际状态分析：根据承包商的工程报告与现场实际情况分析得到实际状态的结果。

④ 索赔报告分析

a. 总体分析

ⅰ. 简要叙述承包商索赔报告的内容及索赔要求。

ⅱ. 承包商对业主的主要指责。例如业主图纸交付太迟、业主干扰安装过程、增加工程量、业主的其他承包商拖延工程施工。

ⅲ. 业主的立场。指出承包商的指责是没有根据（或不真实）的，业主行为符合合同，而承包商则未完成他的合同责任。

ⅳ. 结论。业主在合同实施中没有违约，按合同规定没有赔偿的义务，承包商应对工程拖延、费用增加承担责任。

b. 详细分析　详细分析可按干扰事件，也可按单项（或单位工程）进行，这应与一揽子索赔报告相符。

ⅰ. 引言。本单项工程合同价与承包商的索赔要求。

ⅱ. 承包商的主要指责。列出承包商索赔报告中所列的干扰事件和索赔理由。

ⅲ. 业主的立场。针对上述指责逐条提出反驳，并详细叙述自己的反索赔理由与证据，全部（或部分）地否定对方索赔要求。

ⅳ. 结论。根据上述分析业主不承认承包商的索赔要求，或部分承认承包商的索赔要求（并列出数额）。

c. 业主对承包商的索赔要求　针对实际状态与可能状态之间的差额，指出承包商在报价、施工管理或施工组织等方面的失误造成业主的损失，例如工期拖延、工作量和工程质量未达到合同要求等，业主提出索赔要求。

d. 总结论　经过上述索赔与反索赔分析后，业主认为应向承包商支付多少，或不支付，或承包商应向业主支付。包括如下内容。

ⅰ. 对合同实施情况作简要概括。

ⅱ. 对合同总体分析作简要概括。

ⅲ. 对对方索赔报告作总评价。

ⅳ. 对已方提出的索赔作概括。

ⅴ. 双方要求，即索赔与反索赔最终分析结果比较。

ⅵ. 提出解决意见。

第三部分：附件。

即上述反索赔中所提出的所有证据。

细节 113： 合同变更常用工作表格填写

（1）工程变更申请表　见表 6-2。

表 6-2　工程变更申请表

工程名称：××工程　　　　　　　　　　　　　　　　　　　　　编号：×××

申请人	×××	申请时间	××××年××月××日
合同编号	×××—××	变更图号	××××××
变更部位	地基基础		
变更内容	调增设计标高范围内原预算土方的单价与部分工程数量。		
变更理由	龙门吊地基开挖遇岩石。		
变更预算增减情况	预算造价增加 5.87 万元。		
申请意见	同意 负责人签字：××× ××××年××月××日		
监理单位意见	同意 负责人签字：××× ××××年××月××日		
建设单位审核意见	同意 负责人签字：××× ××××年××月××日		

(2) 工程量变更审批表　　见表 6-3。

表 6-3　工程量变更审批表

工程名称：××公寓安装工程　　　　　　　　　　　　　　　　　编号：×××

元

项目	项目名称	单位	施工单位上报工程量			监理单位审核工程量			建设单位审核工程量		
			数量	单价	合价	数量	单价	合价	数量	单价	合价
1	管内照明配线，二线，塑料铜线 15mm²	m	4000.00	8.00	32000.00	4000.00	8.00	32000.00	4000.00	8.00	32000.00
2	电线硬塑料管敷设，ϕ20，砖混结构，暗配	m	5000.00	5.00	25000.00	5000.00	5.00	25000.00	5000.00	5.00	25000.00

施工单位：×××　　监理单位：×××

建设单位：×××　　日期：××××年××月××日

(3) 合同变更备案表　　见表 6-4。

表 6-4　合同变更备案表

工程名称：　　　　　　　　　　　　　　　　　　　　　　　　编号：×××

工程名称	××公寓
工程地点	××市××区××路××号

该项目经双方协商一致，变更原签订　　工程施工　　(施工、监理、设备)合同(编号：××××××)，现报送备案。

变更前条款：

变更后条款：

变更原因：

附：变更协议

报送单位	
发包方(全称)：××房地产开发有限公司 地址：××市××区××路××号 邮政编码：×××××× 合同员：××× 岗位资格证书编号：×××××× 联系电话：×××××××× 　　　　　　　　　　　　　　(章) 　　　××××年××月××日	承包方(全称)：××建筑工程公司 地址：××市××区××路××号 邮政编码：×××××× 合同员：××× 岗位资格证书编号：×××××× 联系电话：×××××××× 　　　　　　　　　　　　　　(章) 　　　××××年××月××日

注：本表一式三份，由双方填写、盖章后，承包方负责报送。

（1）索赔申请表 索赔申请表见表 6-5。

表 6-5 索赔申请表

工程名称：××公寓 　　　　　　　　　　　　　　　　　　　　　编号：×××

致：××监理公司（监理单位）

　　根据施工价表条款×条的规定，由于六层②～⑦/⑧～⑭轴混凝土工程施工出现质量问题的原因，我方要求索赔金额（大写）贰拾玖万叁仟零伍拾元请予批准

　　索赔的详细理由及经过：

　　六层②～⑦/⑧～⑭轴混凝土工程已按施工图纸（结—1，结—10）施工完毕后，我方检查时发现存在严重质量问题，需返工处理，造成我方直接经济损失

索赔金额的计算：

　　（根据实际情况，依照工程概预算定额及工程量计算）

　　附：证明材料。

　　工程洽商记录及附图

　　（证明材料主要包括有：合同文件；监理工程师批准的施工进度计划；合同履行过程中的来往函件；施工现场记录；工地会议纪要；工程照片；监理工程师发布的各种书面指令；工程进度款支付凭证；检查和试验记录；汇率变化表；种类财务凭证；其他有关资料。）

　　　　　　　　　　　　　　　　　　　　　　　　　　建设单位：××房地产开发有限公司

　　　　　　　　　　　　　　　　　　　　　　　　　　项目经理：×××

　　　　　　　　　　　　　　　　　　　　　　　　　　日期：×××年××月××日

（2）费用索赔处理申请报告 费用索赔处理申请报告见表 6-6。

表 6-6 费用索赔处理申请报告

工程名称：××公寓 　　　　　　　　　　　　　　　　　　　　　编号：×××

致：工程造价主管

　　××建筑公司（施工单位）于××××年××月××日向我方提出费用索赔，详细情况如下：

　　1. 索赔事件的经过：

　　（此处描述导致施工单位提出索赔的事件发生的经过）

　　2. 索赔的理由：

　　（此处说明施工单位提出索赔的理由）

　　3. 索赔金额：

　　（此处说明施工单位提出索赔的费用金额）

现将施工单位报送的费用索赔资料上报，请予以审查

　　　　　　　　　　　　　　　　　　　　　　　　　　　　　　工地代表：×××

　　　　　　　　　　　　　　　　　　　　　　　　　　日　期：××××年××月××日

工程造价主管回复意见：

　　同意\不同意审查施工单位报送的费用索赔资料

　　理由：（此处应说明同意审查或不同意审查索赔资料的理由）

　　　　　　　　　　　　　　　　　　　　　　　　　　　　　　工程造价主管：×××

　　　　　　　　　　　　　　　　　　　　　　　　　　日期：××××年××月××日

6.3 建设项目合同终止与后评价管理 ▶▶▶

细节 115：工程建设合同的解除

建设工程承包合同的解除原因是发生一定事实而消灭合同对双方约束力的法律行为。国家法律规定，变更和解除工程承包合同应具备以下条件。

① 在不损害国家利益和影响国家计划的前提下，建设单位和承包单位经协商同意，可变更和解除工程承包合同。

② 工程承包合同所依据的国家、地方基建计划修改或取消，法律允许变更或解除合同。

③ 一方当事人由于关闭、破产、停产、转产而无法继续履行合同，允许变更或解除合同。

④ 因为不可抗力或一方当事人虽无过错但无法防止的原因，无法按原合同内容履行，允许变更或解除合同。

⑤ 因一方违约，合同的履行成为不必要，在此情况下，双方当事人有权按规定程序解除合同，并有权要求赔偿由此而造成的损失。

细节 116：合同终止常用工作表格填写

(1) 合同终止（有效期内）审批表　见表 6-7。

表 6-7　合同终止（有效期内）审批表

工程名称：××公寓　　　　　　　　　　　　　　　　　　　　　　编号：×××

合同名称	电气安装工程施工合同	合同编号	×××—××	有效期	××××年××月××日
承包方（供应商）名称	××机电设备安装工程公司				
终止理由	完成合同约定的各项电气安装工程施工内容				
分公司采购部经理意见	同意　　　　　　　　　　　　　签字：×××　　　××××年××月××日				
分公司工程部经理意见	同意　　　　　　　　　　　　　签字：×××　　　××××年××月××日				
分公司财务部经理意见	同意　　　　　　　　　　　　　签字：×××　　　××××年××月××日				
分公司总经理意见	同意　　　　　　　　　　　　　签字：×××　　　××××年××月××日				
公司采购部经理意见	同意　　　　　　　　　　　　　签字：×××　　　××××年××月××日				
公司工程部经理意见	同意　　　　　　　　　　　　　签字：×××　　　××××年××月××日				
公司生产副总意见	同意　　　　　　　　　　　　　签字：×××　　　××××年××月××日				
总部经理意见	同意　　　　　　　　　　　　　签字：×××　　　××××年××月××日				

(2) 合同终止备案登记表　见表 6-8。

表 6-8　合同终止备案登记表

编号：×××

工程名称	×公寓		
工程地点	××市××区××路××号		
合同价格	承包价(大写)：肆万肆仟肆佰伍拾陆万元		¥:444560000.00
	结算价(大写)：肆万肆仟肆佰伍拾陆万元		¥:444560000.00
建筑面积/m²	原定：56600	质量等级	原定：优良
	实际：56600		实际：优良
工期			合同：240 天
			实际：240 天
报送单位			

发包方(全称)：××房地产开发有限公司
地　　址：××市××区××路××号
邮政编码：×××××
联系人：××
联系电话：××××××

（章）
××××年××月××日

承包方(全称)：××建筑工程集团公司
地　　址：××市××区××路××号
邮政编码：×××××
联系人：××
联系电话：××××××

（章）
××××年××月××日

注：本表一式三份，由双方填写、盖章后，承包方负责报送。

(3) 合同解除备案表　见表 6-9。

表 6-9　合同解除备案表　　　　编号：　×××

工程名称	××公寓
工程地点	××市××区××路××号

　　该项合同因以下原因，经双方协商一致，于××××年××月××日解除原签订××公寓建筑工程施工(施工、监理、设备)合同(编号：　××××××　)关系，现报送备案。

解除原因：

附：解除协议

发包方(全称)：××房地产开发有限公司
地　　址：××市××区××路××号
邮政编码：×××××
联系人：××
联系电话：××××××

（章）
××××年××月××日

承包方(全称)：××建筑工程集团公司
地　　址：××市××区××路××号
邮政编码：×××××
联系人：××
联系电话：××××××

（章）
××××年××月××日

注：本表一式三份，由双方填写、盖章后，承包方负责报送。

细节 117： 合同履行情况审查报告填写

合同履行情况审查报告见表 6-10。

表 6-10 合同履行情况审查报告

工程名称	××公寓	合同名称	××公寓机电设备安装工程施工
承包方(供应商)名称	××工程公司	承包方(供应商)推荐人	××
起止日期	××××年××月××日 ~ ××××年××月××日	评审日期	××××年××月××日
合同包含主要内容： 按合同要求按期完成××公寓所有机电设备安装工程的施工			
有无违反合同条款现象：□有　☑　无 说明：			
所承包施工工程(供应商提供产品)的质量是否符合合同要求：□是　□否 说明：			
施工工期(供应商供货周期)是否符合合同要求：□是　□否 说明：			
安全施工、管理是否符合合同要求：□是　□否 说明：			
施工配合及过程服务情况(价格、工期、有无合同变更或补充协议)： 说明：			
维护、维修及售后服务情况； 说明：			
其他情况：			

7 建设项目设计管理

7.1 建设项目设计文件的内容及编制 ▷▷▷

细节 118：项目设计文件的编制依据

经过批准的可行性研究报告（包括新建项目经批准的选址报告）和建设单位提供的必要而准确的设计基础资料，是编制设计文件的主要依据。

设计单位应按照可行性研究报告规定的内容，认真编制设计文件。设计必须严格执行基本建设程序。按现行的规定，没有经批准可行性研究报告和规划行政部门核发的《建设用地规划许可证》（需征地的项目）和规划部门核定的该项目用地位置、界限，不能进行设计，更不能进行设计审批。

细节 119：建设项目设计基础资料

建设项目（包括单项工程）进行设计招标或办理委托设计手续时，建设单位应向设计单位提供的主要设计资料和有关文件如下。

（1）方案设计

① 政府有关主管部门对立项报告的批复，设计任务书或设计委托书。

② 经规划行政部门核发的选址意见书，建设用地规划许可证和规划设计条件。其中包括建筑层数、层高、外檐装饰要求等；应注明界外主要道路及中心线标高，拟建地界边线距道路中心线的距离、角度、规划要求退建筑红线的尺寸。

③ 经批准的可行性研究报告。

④ 经环保部门批准的环境影响报告书或环境影响报告表。

⑤ 拟建项目 1/500 实测地形图。

（2）初步设计

① 工程所在地区的气象、地理条件、建设场地的工程地质条件。

② 经批准的可行性研究报告和规划部门批准的方案文件。

③ 规划用地、环保、卫生、绿化、消防、人防、抗震等要求和依据资料。

④ 扩建、改建项目（不征地的）提供的实测地形图，应标明的界内室外管线资料。包括：水表井、截门井位置、水表口径、水压、干支管走向及管径；化粪井、检查井位置及型号，排水干支管的管径及流向；界外电源引入位置或界内变电室位置、容量、电压、电杆或电缆的走向，导线的规格、截面及引入拟建单项工程的方向、位置；采暖、热水锅炉房、截门井的位置、锅炉型号、暖气干支管的走向及管径、热水（或蒸汽）温度；天然气（煤气）调压站、凝水器、截门井位置、干支管走向及管径。

⑤ 所有新建、扩建、改建项目均应提供各单项工程的详细使用要求。其主要内容包括：建筑面积、结构型式，建设规模、产品年产量、病床数、学生人数等；总投资（投资限额）；使用功能要求；装修标准；主要设备重量、布局、设备使用时的防震、防微波辐射、环境温度及湿度要求；用电负荷、各类电器安装要求；采暖、给排水、通风要求；总图布置、建筑外形要求。

(3) 施工图设计阶段　包括不编可行性研究报告的项目，均应提供经批准的年度基本建设计划。

细节 120： **建设项目设计文件编制的内容与深度**

(1) 方案设计包含的主要内容和深度要求

① 文件的主要内容：

a. 设计所采用的主要法规和标准；

b. 设计的依据；

c. 设计基础资料，如气象、地形、地貌、水文地质、地震、区域位置等；

d. 委托设计的内容和范围，包括功能项目和设备设施的配套情况；

e. 建设方和政府有关主管部门对项目设计的要求，如对总平面布置，建筑立面造型等，当城市规划对建筑高度有限制时，应说明建筑构筑物的控制高度（包括最高和最低高度限制）；

f. 工程规模（如建筑面积、总投资）和设计标准（包括工程等级、结构的设计使用年限、耐火等级、装修标准等）；

g. 主要经济指标，如总用地面积、总建筑面积及各单项工程建筑面积（还要分别列出地上部分和地下部分建筑面积），绿地总面积、建筑基底面积、建筑密度、容积率、绿地率、停车泊位数以及主要建筑或核心建筑的层数、层高和总高度等项指标；

h. 总平面图、设计委托或设计合同中规定的透视图、鸟瞰图模型等；

i. 总平面设计说明和各专业设计说明；

j. 各层平面图、建筑立面、剖面图；

k. 投资估算编制说明及投资估算表。

② 方案设计的深度要求。方案设计的深度要求应满足方案比选和编制初步设计文件的需要，对于投标方案设计文件应满足标书的要求。

(2) 初步设计文件的内容和深度要求

① 初步设计的内容：

a. 设计依据和设计指导思想；

b. 生产工艺流程；

c. 建设规模、分期建设及远景规划，企业专业化协作和装备水平、建设地点、土地面积、征地数量、总平面布置和内外交通、外部协作条件；

d. 产品方案：主要产品和综合回收产品的数量、等级、规格、质量、原料、燃料、动力来源、用量供应条件；主要材料用量；主要设备选型、数量、配置；

e. 新技术、新工艺、新设备采用情况；

f. 综合利用、环境保护和"三废"治理；

g. 主要建筑物、构筑物、公用、辅助设施、生活区建设，消防、抗震和人防措施；

h. 生产组织工作制度和劳动定员；

i. 各项技术经济指标；

j. 经济评估、成本、产值、税金、利润、投资回收期、贷款偿还期、净现值、投资收益率、盈亏平衡点、敏感性分析、资金筹措、综合经济评价等；

k. 建设顺序、建设期限；

l. 总概算及概算书、概算表；

m. 附件、附图、附表、包括设计依据的文件批文、各项协议批文、主要设备表、主要材料明细表、劳动定员表。

② 初步设计的深度要求。初步设计应满足下列要求：

a. 多方案比较、在充分细致论证设计项目的效益、社会效益、环境效益的基础上，择优推荐初步设计方案；

b. 总概算不应超过可行性研究估算投资总额；

c. 基建项目的单项工程要齐全，规模面积的误差应在允许范围内；

d. 主要设备和材料明细表要满足订货要求，可作为订货依据；

e. 满足施工图设计的准备工作的要求；

f. 满足土地征用、招标承包、施工准备、投资包干、生产准备等项工作的要求。

(3) 技术设计的内容与深度要求

① 技术设计的内容。技术设计是根据已批准的初步设计，对于设计中较为复杂的项目、遗留问题或特殊需要，通过更加详细的设计和计算，进一步研究和阐明可靠性和合理性，准确地决定各主要技术问题，其设计范围与初步设计基本一致。

② 技术设计的深度要求。应满足有关特殊工艺流程方面的实验、研究及确定，重要而复杂的设备的实验、制作和确定，大型建筑物、构筑物等一些关键部位的实验研究和确定以及某些技术复杂问题的研究和确定等要求。技术设计阶段

应编制修正概算。

（4）施工图设计的内容和深度要求

① 施工图设计的内容：

a. 重要施工安装部位和生产环节的施工操作说明；

b. 各专业施工图设计说明、施工所需要的全部图纸；

c. 在施工总图（平、立、剖面图）上，应有设备、房屋或构筑物、结构、管线各部分的布置，以及它们的相互配合，标高和外形尺寸、坐标；

d. 预制的建筑配构件明细表；

e. 设备材料明细表、标准件清单；

f. 施工详图：非标准详图，设备安装及工艺详图，建筑檐口大样及一切配件和连接、构件尺寸、结构断面图；

g. 施工图预算；

h. 各专业计算书。

② 施工图设计深度要求。施工图设计的深度要求应满足下列要求。

a. 满足非标准设备和建筑构配件制作的要求；

b. 满足编制工程量清单和标底的要求；

c. 满足设备、材料的订货和采购；

d. 满足施工组织设计的编制和土建施工、设备安装的需要；

e. 防火设计专篇及环境保护专篇应满足办理消防及环保审批手续的要求。

细节 121： 建设单位对设计的管理

（1）搞好勘察设计的招标工作 择优选择勘察设计单位，确保勘察单位提供详尽可靠的勘察文件；通过专家评选，选择经济、适用、安全的设计方案，为确保设计质量打下良好基础。

（2）搜集和提供可靠的设计基础资料 建设单位完整、全面地提供设计基础资料是控制勘察设计质量的前提。设计基础资料的内容，大体可归纳为：人文地理和技术经济状况，原材料、设备等资料，水文地质、工程地质、地形测量以及控制测量等资料，地震烈度，地震资料如大区地震等级、小区地震等级、地震等级线图等资料，气象资料如气温、降雨量、降雪量、湿度、风向及风力、气压、蒸发量等，公用工程协作条件资料，环境影响评价资料等。

（3）强化过程控制 目前建设单位的通病是设计阶段的过程控制不力，认为建设单位对设计的控制仅为对设计文件的审查，应认识到设计完成后对设计文件的审查是必要的，但如果此时发现重大问题再修改设计往往会延误时间，浪费人力、物力或由于各种条件约束，无法彻底修改设计中存在的问题，从而造成浪费投资、施工困难、影响使用等不利后果。因此建设单位或受其委托的咨询单位（监理单位）必须在设计全过程中加强控制，尤其应注意以下几点。

① 掌握设计标准是否恰当。建筑造型、设备、主要材料及结构选型是否满足实用、安全、经济、美观的要求。

② 设计单位对于政府有关部门的审批意见及使用单位的意图是否确切理解并认真贯彻。

③ 建筑物及构筑物的平面布置是否满足功能要求，平面利用率如何，层高及层数的确定是否恰当。

④ 建设单位向设计单位提供的基础资料是否齐全。

⑤ 设计单位和设备供应单位（电梯、厨具、实验设备、生产设备等）以及分包设计单位（弱电、报警、智能设计等）之间的联系及沟通存在什么问题。

⑥ 设计单位和政府有关主管部门（消防、人防、环保、规划）之间的联系和沟通方面存在什么问题。

⑦ 设计单位内部各专业之间的联系和沟通存在什么问题。

⑧ 设计单位是否采用了新技术、新材料、新结构，这些新技术是否成熟可靠。在设计中对于实施新技术、材料、结构的施工要点是否作出详细说明。

⑨ 在设计中是否遵守国家有关标准、规范的规定。

（4）聘请各专业专家对设计进行审查　聘请各专业专家对设计方案、初步设计中的建筑造型、结构选型、基础形式、结构断面尺寸、建筑的使用功能、设备、材料的选择进行全面审查。这样做可以减少设计上的浪费，使设计更加合理，给建设单位带来效益。

（5）组织好设计交底和图纸会审　在工程施工之前，建设单位应组织施工单位进行图纸的会审，组织设计单位进行设计交底，先由设计单位介绍设计意图、施工要求、结构特点、技术措施和有关注意事项，然后由施工单位提出图纸中所存在的问题和需要解决的技术难题，通过三方研究协商，拟定解决的办法，写出会议纪要，其目的是为了使施工单位熟悉设计图纸，了解工程特点和设计意图，以及对关键工程部分的质量要求，及时发现图纸中的差错，将图纸中的质量隐患消灭于萌芽状态，提高工程质量，避免不必要的变更，降低工程造价。图纸会审的主要内容有以下几方面。

① 总平面与施工图的几何尺寸、平面位置、标高等是否一致。

② 材料来源有无保证，能否代换；图中所要求的条件能否满足；新材料、新技术的应用有无问题。

③ 建筑结构与各专业图纸本身是否有差错及矛盾；结构图与建筑图的平面尺寸及标高是否一致，平立剖面图之间有无矛盾；表示方法是否清楚。

④ 建筑与结构构造是否存在不能施工、不便施工的技术问题，或容易导致质量、安全、工程费用增加等方面的问题。

⑤ 工艺管道、设备装置、电气线路、运输道路与建筑物之间有无矛盾，布置是否合理。

7.2 建筑规划设计与设计方案评价 ▶▶▶

细节 122：规划设计在建设过程中的地位与作用

规划和建筑设计是基本建设中的重要组成部分，是计划思想的集中体现和形象表现，建设过程的这一阶段，是介于从思想转变为物质从而为社会创造物质财富的枢纽环节。

适用、安全、经济、美观是设计人员对产品的追求目标，是规划和建筑设计的基本方针。一切设计，从整体布局到单体设计以至装修的各具体部位，都必须切实遵循。规划与建筑设计的过程，也是对前期计划或可行性研究，计划任务书，选址的具体落实和核正过程。一个建设项目的设计，资源利用得是否合理，布局是否得当、科学，是否具有创造精神，能否为环境增色，项目的社会效益、经济效益和环境效益能否得到充分合理的发挥，能否为施工阶段创造全优工程提供前提条件，从而最终达到多、快、好、省地建设具有中国特色的社会主义的总目标，起到举足轻重的作用。

细节 123：建筑设计方案技术经济评价方法

（1）单指标评价方法 用造价（货币指标）对设计方案评价，此种方法仅强调方案的经济性，过于片面，较少采用。

（2）多指标评价方法 用造价（货币指标）、劳动力消耗、主要材料消耗、工期、美观、适用性、安全性等对设计方案评价。此种方法在我国得到较广泛采用。但在进行比较时，如某方案的全部指标均优于其他方案，这无疑是最佳方案。但实际上这种情况是极少的。往往各方案都有部分指标较优，另一些指标较差，而且各指标对方案技术经济效果的影响是不等同的。因此为了科学正确地对方案进行分析及综合评价，需对各个指标评分或把各指标的直接计算值进行指数化运算，进而将不同量纲的数值转换为无量纲数值，然后叠加。

细节 124：建筑设计方案技术经济评价的指标体系

（1）指标体系的分类

① 按指标范围可分为综合指标和局部指标。

a. 综合指标　其是概括整个工程设计方案经济性的指标如单位面积造价，单位面积用地等。

b. 局部指标　其表示某方面指标如绿化面积占总用地面积百分比、交通面积占整个建筑的建筑面积百分比等。

② 按指标表现形态可分为实物（使用价值）指标和货币（价值）指标。

a. 实物（使用价值）指标　如单位面积材料用量、耗电量等能直接地较准确反映经济效益。但实物形态千差万别，不同质的使用价值在数量上难以相互比较，使用上受到一定限制。

b. 货币（价值）指标　可综合地反映项目在建设和使用过程中所需消耗的社会劳动，在数量上可相互比较。但对设计方案进行货币的计算在实践上有某些困难。

③ 按指标的应用时期可分为建设指标和使用指标。

a. 建设指标　用于建设阶段表示项目在建造过程中一次性消耗指标，如单位面积造价，单位面积耗钢量。

b. 使用指标　是在项目交付使用后直到其经济寿命终了前，全部使用过程中经常性消耗指标如单位面积维护费及能源耗用费等。

④ 按指标性质可分为定性指标和定量指标。建筑设计方案技术经济评价应尽量采用定量指标如单位面积造价，单位面积能耗等。但某些方面只能进行定性评价如建筑设计方案美学功能评价，美化环境对社会精神文明影响评价。

⑤ 按工程类型区别。工程类型不同，设计方案技术经济指标不完全相同，国家有关部门在总结实践经验基础上制定出一系列建筑设计的技术经济指标，有的是控制性的，有的是参考性的。这里对几种类型建筑的设计技术经济指标进行介绍。

（2）工业建筑设计方案技术经济指标

① 工厂总平面设计方案技术经济指标。

a. 建筑密度　指构筑物、建筑物、有固定装卸设备堆场、露天堆场等的占地面积之和与厂区占地面积之比。它反映总平面设计中用地是否紧凑合理，建筑密度高可节省土地和土石方量，可缩短管线长度，进而降低建设费用和使用费用，是较重要指标。

$$建筑密度 = \frac{B+C}{A} \times 100\% \tag{7-1}$$

式中　A——厂区围墙内（或规定界限内）用地面积；

B——建筑物占地面积（按外墙外围水平面积计算）及构筑物占地面积（按外轮廓计算）；

C——有固定装卸设备的堆场（如露天栈桥、龙门吊堆场）和露天堆场（如厂区燃料堆场）的占地面积。

b. 土地利用系数　比建筑密度更能反映厂区用地是否经济合理。

$$土地利用系数 = \frac{B+C+D}{A} \times 100\% \tag{7-2}$$

式中　A——厂区围墙内（或规定界限内）用地面积；

B——建筑物占地面积（按外墙外围水平面积计算）及构筑物占地面积（按外轮廓计算）；

C——有固定装卸设备的堆场（如露天栈桥、龙门吊堆场）和露天堆场

（如厂区燃料堆场）的占地面积；

D——铁路、道路、管线占地面积。

② 单项工业建筑设计方案的技术经济指标

a. 生产面积与建筑面积之比；

b. 辅助面积与建筑面积之比；

c. 单台设备占用的生产面积；

d. 服务面积与建筑面积之比；

e. 每个工人占用的生产面积。

(3) 居住建筑设计方案技术经济指标

① 平面指标（以 m^2 为面积计算单位）。用于衡量平面布置的紧凑合理性，又称平面系数。包括：

$$K=\frac{居住面积}{建筑面积}\times100\%\tag{7-3}$$

$$K_1=\frac{居住面积}{有效面积}\times100\%\tag{7-4}$$

$$K_2=\frac{辅助面积}{有效面积}\times100\%\tag{7-5}$$

$$K_3=\frac{结构面积}{建筑面积}\times100\%\tag{7-6}$$

其中，建筑面积＝有效面积＋结构面积；有效面积＝居住面积＋辅助面积＋交通面积。

② 建筑周长指标

$$单元周长指标=\frac{单元周长}{单元建筑面积}(m/m^2)\tag{7-7}$$

$$建筑周长指标=\frac{建筑周长}{建筑占地面积}(m/m^2)\tag{7-8}$$

居住建筑加大进深则单元周长缩短，可以节约用地，减少外墙面积，降低造价。

③ 建筑体积指标。是衡量层高的指标，压缩房屋体积，合理确定层高，可降低造价，节约用地。

$$建筑体积指标=\frac{建筑体积}{建筑面积}(m^3/m^2)\tag{7-9}$$

④ 平均每人（每户）造价指标。有助于控制居室面积、户室比和平面系数，使投资得到合理利用。平均每人造价可用于评价设计方案中投资和居住人数之间的关系。

$$平均每户造价=\frac{建筑总造价}{总户数}(元/户)\tag{7-10}$$

$$平均每人造价=\frac{建筑总造价}{总人数}(元/人)\tag{7-11}$$

总人数＝∑（各种户型的总户数×各种户型居住定额）

⑤ 面积定额指标。其作用是控制设计面积，计划经济时期由主管部门进行制定，设计时遵照执行。市场经济时期，开发商也使用该指标控制设计面积及户型。面宽指标用于控制面宽以节约用地。

$$平均每户建筑面积＝\frac{建筑总面积}{总户数}（m^2/户）\tag{7-12}$$

$$平均每户居住面积＝\frac{居住总面积}{总户数}（m^2/户）\tag{7-13}$$

$$平均每人居住面积＝\frac{居住总面积}{总人数}（m^2/人）\tag{7-14}$$

$$每户面宽指标＝\frac{建筑物长度}{每层总户数}（m/户）\tag{7-15}$$

⑥ 居住小区设计方案的技术经济指标。核心问题在于提高土地利用率，因此常见的衡量指标是密度指标。

$$建筑毛密度＝\frac{居住和公用建筑基底面积}{居住小区用地总面积}×100\%\tag{7-16}$$

$$居住建筑净密度＝\frac{居住建筑基底面积}{居住建筑用地总面积}×100\%\tag{7-17}$$

它也是衡量用地经济性和保证居住区必要卫生条件的主要指标。其数值和层高、层数、房屋间距、房屋排列方式等因素有关。适当提高建筑密度可节省用地但应保证通风、日照、防火、交通安全的基本需要。

$$人口毛密度＝\frac{居住人数}{居住小区用地总面积}（人/公顷）\tag{7-18}$$

$$人口净密度＝\frac{居住人数}{居住建筑用地总面积}（人/公顷）\tag{7-19}$$

$$居住面积密度＝\frac{居住面积总值}{居住建筑用地总面积}（m^2/公顷）\tag{7-20}$$

$$居住建筑面积密度＝\frac{居住建筑面积总值}{居住建筑用地总面积}（m^2/公顷）\tag{7-21}$$

8.1 建设项目施工进度管理 >>>

细节 125：影响建设项目施工进度的因素

由于工程项目的施工特点，特别是较大且复杂的施工项目，工期较长，影响项目建设进度的因素较多。编制计划与执行控制施工进度计划时，要充分认识和估计这些因素，才能克服其影响，使施工进度尽量按照计划进行，当出现偏差时，应考虑有关影响因素，分析产生的原因。

建设项目施工进度的主要影响因素见表 8-1。

表 8-1　影响施工进度的因素

序号	种类	影响因素	相应对策
1	项目经理部的内部因素	(1)施工组织不合理,人力、机械设备调配不当,解决问题不及时 (2)施工技术措施不当或发生事故 (3)与相关单位关系协调不善 (4)项目经理部的管理水平较低 (5)质量不合格引起返工	项目经理部的工作对施工进度起决定性作用,因而要求如下: (1)提高项目经理部的组织管理水平、技术水平 (2)提高施工作业层的素质 (3)重视与内、外各方关系的协调
2	相关单位因素	(1)设计图纸供应不及时或有误 (2)实际工程量增减变化 (3)业主要求设计变更 (4)水电、通讯等部门,分包单位没有认真履行合同或违约 (5)材料供应、运输等不及时,或质量、数量、规格不符合相关要求 (6)资金没有按时拨付等	相关单位的密切配合与运行是保证施工项目进度的必要条件,因此项目经理部要做好: (1)与有关单位以合同形式明确双方协作配合要求,严格履行合同,寻求法律保护,减少或避免损失 (2)编制进度计划时,要充分考虑向主管部门及职能部门进行申报、审批所需的时间,并留有余地
3	不可预见因素	(1)施工现场水文地质状况比设计合同文件所预计的要复杂得多 (2)战争、社会动荡等政治因素 (3)严重自然灾害	(1)此类因素一旦发生,就会造成较大影响,要做好调查分析和预测 (2)有些因素可通过参加保险,规避或减少风险

施工进度计划是工程项目施工进度控制的依据，因此编制工程项目施工进度计划是施工进度控制的开始过程，需按规划和分解的项目施工进度的控制目标，编制相应的、满足合同要求的、科学合理的、尽可能最优的施工进度计划，形成进度计划系统。工程项目施工进度计划系统由多个相互关联的进度计划组成。因各种进度计划编制所需要的必要资料是在项目进展过程中逐步形成的，因此工程项目进度计划系统的建立与完善也有一个过程，它也是逐步形成的。

图 8-1 为某建设项目施工进度计划系统的示例。

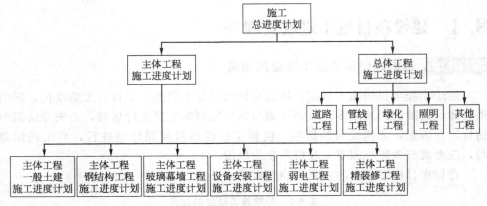

图 8-1　某建设项目施工进度计划系统示例

工程项目施工进度计划的实施即为施工活动的进展，也就是用施工进度计划指导施工活动、落实及完成计划。工程项目施工进度计划逐步实施的过程即工程项目建设逐步完成过程。为确保项目施工进度计划的实施，并尽可能按编制的计划时间逐步进行，以确保各进度目标的实现，应做好如下工作。

(1) 工程项目施工进度计划的审核

① 进度安排是否符合施工合同确定的建设项目总目标与分目标的要求，是否符合其开工与竣工日期的规定。

② 施工进度计划中的内容是否有遗漏，分期施工是否满足分批交工的需要与配套交工的要求。

③ 施工顺序安排是否符合施工程序的要求。

④ 施工图设计的进度是否满足施工进度计划要求。

⑤ 总分包之间的进度计划是否相协调，专业分工与计划的衔接是否明确、合理。

⑥ 资源供应计划是否能保证施工进度计划的实现，供应能否均衡，分包人

供应的资源能否满足进度要求。

⑦ 实施进度计划的风险是否有相应对策，是否分析清楚。

⑧ 各项保证进度计划实现的措施设计得是否周到、可行且有效。

（2）编制施工作业计划　进度计划是通过作业计划下达给施工班组的，而作业计划是保证进度计划落实与执行的关键。由于施工活动的复杂性，在编制施工进度计划时，不可能完全考虑到施工过程的一切变化情况，因此不可能一次安排好未来施工活动中的全部细节，施工进度计划只能是比较概括的，很难将其作为直接下达施工任务的依据。因此，还需要有更为符合当时情况、更为细致具体的以及短时间的计划，这即为施工作业计划。

施工作业计划是依据施工组织设计与现场具体情况，灵活安排，平衡调度，以确保实现施工进度和上级规定的各项指标任务的具体的执行计划。它是施工单位的计划任务、施工进度计划及现场具体情况的综合产物，它将三者协调起来，并将任务直接下达给每一个执行者，成为直接组织与指导施工的文件，所以成为保证进度计划的落实与执行的关键措施。

施工作业计划通常可分为月作业计划和旬作业计划。施工作业计划的内容一般应包括以下几方面。

① 明确本月（旬）应完成的施工任务，确定施工进度。

② 根据本月（旬）施工任务及其施工进度，编制相应的资源需求量计划。

③ 结合月（旬）作业计划的具体实施情况，落实相应的提高劳动生产率和降低成本的措施。

在编制作业计划时，计划人员要深入现场，检查项目实施的实际进度情况，且要深入施工队组，了解实际施工的能力，同时了解设计的要求，将主观与客观因素结合起来，征询各有关施工队组的意见，综合平衡，修正不合时宜的计划安排，提出作业计划指标，召开计划会议，通过施工任务书将作业计划落实并下达到施工队组。

（3）工程项目进度计划的贯彻

① 下达施工任务书。施工任务书是给施工队组下达具体施工任务的计划技术文件，为了方便工人掌握与领会，其表达形式应较作业计划更简明、扼要，因此施工任务书一般是以表格的形式下达的，但应反映出作业计划的全部指标，为此施工任务书需包括如下内容。

a. 施工队应完成的工程项目与工程量，完成任务的开、竣工时间和施工日历进度表。

b. 完成任务的资源需要量。

c. 采用的施工方法、技术组织措施，工程质量、安全及节约措施的各项指标。

d. 登记卡和记录单，如限额领料单、记工单等。

施工任务书是实行经济核算的原始凭证，也是实行奖惩的依据之一。施工项目经理、作业队及作业班组之间应分别签订责任状。

② 层层签订承包合同。施工项目经理、施工队及各资源部门、施工队与作业班组之间要分别签订承包合同，按计划目标明确规定工期、承担的经济责任、权限与利益，使有关责任人确保按照作业计划时间完成规定的任务。这是保证施工计划落实、执行的有效手段。

③ 进行施工进度计划交底。施工进度计划的实施是全体工作人员的共同行动，要使有关人员均明确计划的目标、任务、实施方案及措施，使管理层与作业层协调一致，把计划变成全体员工的自觉行动，在计划实施前可根据计划的范围作计划交底工作，以使计划得到全面、彻底的实施。

④ 做好施工进度记录。在计划任务完成的过程中，各级施工进度计划的执行者都要做好跟踪施工的记录，及时记载计划中每项工作的开始日期、每日完成数量以及完成日期，记录施工现场发生的各种情况与干扰因素的排除情况；跟踪做好形象进度、工程量、总产值，耗用的人工、材料及机械台班等数量的统计与分析，为施工项目进度检查和控制分析提供反馈信息。因此要求实事求是地记载，并据此填写上报统计报表。

⑤ 做好施工调度工作。调度工作是使施工进度计划实施顺利进行的重要手段之一。施工调度在施工过程中不断组织新的平衡，建立、维护正常的施工条件及施工程序所做的工作。其主要任务包括督促、检查工程项目计划与工程合同执行情况，调度劳力、物资、设备，解决施工现场出现的矛盾，协调内、外部的配合关系，促进并保证各项计划指标的落实。施工项目经理部和各施工队应设有专职（或兼职）调度员，在项目经理或施工队长的直接领导下工作。

为确保完成作业计划并实现进度目标，有关施工调度应涉及多方面的工作，包括：

a. 监督作业计划的实施、调整协调各方面的进度关系；

b. 督促资源供应单位按计划供应劳动力、施工机具、运输车辆、材料构配件等；

c. 监督检查施工准备工作；

d. 结合实际情况进行必要调整；

e. 及时发现和处理施工中的各种事故和意外事件；

f. 保证文明施工；

g. 了解气候、水、电、气的情况，采取相应的防范和保证措施；

h. 调节各薄弱环节，做好材料、机具及人力的平衡工作；

i. 定期召开现场调度会议，贯彻施工项目主管人员的决策，发布调度令。

细节 128： 建设项目施工进度计划的检查

在工程项目施工进度计划实施中，进度控制人员要经常、定期地跟踪检查施工实际进度情况，主要是收集项目施工进度材料，进行统计整理与对比分析，确定实际进度同计划进度之间的关系，其主要工作内容包括以下几方面。

（1）跟踪检查施工实际进度 跟踪检查施工实际进度是项目施工进度控制的关键措施之一，其目的是收集实际施工进度的有关数据。跟踪检查的时间及收集数据的质量，直接影响着控制工作的质量与效果。

一般检查的时间间隔与工程项目的类型、规模、施工条件及对进度执行要求程度有关。通常可以确定每周、每旬、半月或每月进行一次。如在施工中遇到天气、资源供应等不利因素的严重影响，检查的时间间隔可临时缩短，次数要频繁，甚至可以每日进行检查，或派专人驻现场督阵。检查与收集资料的方式通常采用进度报表方式或定期召开进度工作汇报会方式。为保证汇报资料的准确性，进度控制的工作人员需经常到现场察看项目施工的实际进度情况，以确保经常地、定期地准确掌握项目施工的实际进度。

按不同需要，进行日检查或定期检查的内容包括以下几项：
① 实际参加施工的人力、机械数量和生产效率；
② 检查期内实际完成和累计完成工程量；
③ 窝工人数、窝工机械台班数及其原因分析；
④ 进度偏差情况；
⑤ 进度管理情况；
⑥ 影响进度的特殊原因及分析。

（2）整理统计检查数据 收集到的施工项目实际进度数据，应通过进行必要的整理，按计划控制的工作项目统计，形成与计划进度有可比性的数据、相同的量纲与形象进度。通常可按照实物工程量、工作量与劳动消耗量以及累计百分比整理和统计实际检查的数据，以便同相应的计划完成量对比。

（3）对比实际进度与计划进度 将收集的资料整理与统计成具有与计划进度可比性的数据后，用施工项目实际进度与计划进度的比较方法进行比较。较为常用的比较方法有横道图比较法、"香蕉"形曲线比较法、S形曲线比较法、前锋线比较法和列表比较法等。通过比较得出实际进度与计划进度一致、超前与拖后三种情况。

（4）施工项目进度检查结果的处理 进度控制报告是将检查比较的结果、有关施工进度现状与发展趋势提供给项目经理及各级业务职能负责人的最简单的书面形式的报告。工程项目施工进度检查的结果，需按照检查报告制度的规定形成进度控制报告，向有关主管人员与部门汇报。进度控制报告是按报告的对象不同，确定不同的编制范围与内容而分别编写的。通常分为项目概要级进度控制报告、项目管理级进度控制报告及业务管理级进度控制报告。

项目概要级的进度报告是报给项目经理、企业经理（或业务部门）以及建设单位（或业主）的，它是以整个施工项目为对象来说明进度计划执行情况的报告；项目管理级的进度报告是报给项目经理及企业业务部门的，它是以单位工程（或项目分区）为对象说明进度计划执行情况的报告；业务管理级的进度报告是以某个重点部位（或重点问题）为对象进行编写的报告，以供项目管理者与各业务部门为其采取应急措施而使用的。

进度报告由计划负责人或进度管理人员与其他项目管理人员协同编写。报告时间通常与进度检查时间相协调，也可按月、旬、周等间隔时间编写上报。

通过检查应向企业提供月度施工进度报告的内容一般包括：

① 进度执行情况的综合描述；

② 工程变更指令、价格调整、索赔及工程款收支情况；

③ 实际施工进度图，解决问题的措施；

④ 进度偏差的状况和导致偏差的原因分析；

⑤ 计划调整意见等。

细节 129： **建设项目施工进度控制检查比较方法**

（1）垂直进度图法 垂直进度图法一般适用于多项匀速施工作业的进度检查，如图 8-2 所示，具体做法包括以下几点。

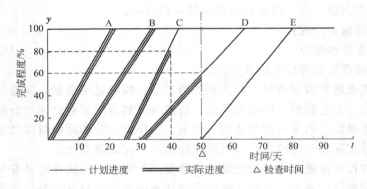

图 8-2　垂直进度图法

① 在图中绘制出表示每个工程的计划进度时间与相应计划累计完成程度的计划线。计划线与横轴的交点为计划开始时间，与 100% 水平线的交点是计划完工时间，各计划线的斜率为每个工程的施工速度。

② 建立直角坐标系，其横轴 t 表示进度时间，纵轴 y 为施工任务的完成数量情况。施工数量进度可用实物工程量、施工产值、消耗的劳动时间等指标表示，但常用的指标是由前述几个指标计算的完成任务百分比（%），由于它综合性强，便于广泛比较。

③ 对进度计划的执行情况进行检查：将在检查日已完成的施工任务标注于相应计划线的一侧。再按纵横两个坐标方向进行完成数量（进度百分比）和工期进度的比较分析。

（2）横道图比较法 横道图比较法是指将项目实施过程中检查实际进度所收集到的数据，经加工整理后，直接用横道线平行绘于原计划的横道线处，进行实际进度与计划进度比较的方法。采用这种方法，可形象且直观地反映实际进度与计划进度的比较情况。

用横道图编制施工进度计划，指导施工的实施是人们常用且熟悉的方法。它简明、形象且直观，编制方法简单，使用方便。按照工程项目中各项工作的进展是否匀速，可分别采用以下几种方法进行实际进度与计划进度的比较。

① 匀速进展横道图比较法。匀速进展即在工程项目中，每项工作在单位时间内完成的任务量均相等，即工作的进展速度是均匀的。如图 8-3 所示，此时每项工作累计完成的任务量与时间呈线性关系。完成的任务量可以用实物工程量、劳动消耗量及费用支出来表示。为了方便比较，一般用上述物理量的百分比来表示。

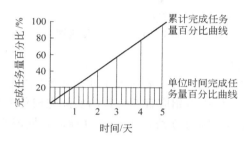

图 8-3　匀速进展工作时间与完成任务量关系曲线图

在采用匀速进展横道图比较法时，其步骤如下。

a. 编制横道图进度计划。

b. 在进度计划上标出检查日期。

c. 将检查收集到的实际进度数据经加工整理后，按照比例用涂黑的粗线标在计划进度的下方，如图 8-4 所示。

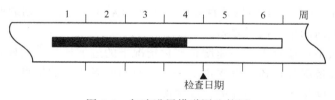

图 8-4　匀速进展横道图比较图

d. 对比分析实际进度与计划进度。如果涂黑的粗线右端落在检查日期左侧，表明实际进度拖后；如果涂黑的粗线右端落在检查日期右侧，表明实际进度超前；如果涂黑的粗线右端与检查日期重合，表明实际进度与计划进度一致。

必须指出，此方法只适用于工作从开始到结束的整个过程中，其进展速度都为固定不变的情况。如果工作的进展速度是变化的，则不得采用这种方法作实际进度与计划进度的比较，否则，会得出错误结论。

② 双比例单侧横道图比较法如图 8-5 所示。该比较法适用于工作进度按变

速进展的情况下，实际进度与计划进度进行比较。此方法在表示工作实际进度的涂黑粗线同时，并标出其相应时刻完成任务的累计百分比，将该百分比与其同时刻计划完成任务的累计百分比进行比较，判断工作的实际进度与计划进度的关系。其步骤包括以下几点。

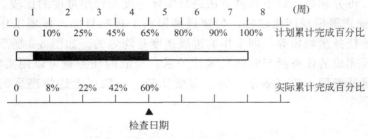

图 8-5　双比例单侧横道图

a. 编制横道图进度计划。

b. 在横道线上方，标记出各主要时间工作的计划完成任务累计百分比。

c. 在横道线下方，标记出相应日期工作的实际完成任务累计百分比。

d. 用涂黑粗线标出实际进度线，由开工日标起，同时反映出实际过程中的连续与间断情况。

e. 对比横道线上方计划完成任务累计量与同时刻的下方实际完成任务累计量，比较确定实际进度与计划进度的偏差，结果可能有三种情况：

ⅰ. 如同一时刻上下两个累计百分比相等，则表明实际进度与计划进度一致；

ⅱ. 如同一时刻上面的累计百分比大于下面的累计百分比，则表明该时刻实际进度拖后，拖后的量为两者之差；

ⅲ. 如同一时刻上面的累计百分比小于下面累计百分比，则表明该时刻实际进度超前，超前的量为两者之差。

此比较法不仅适合于进展速度是变化情况下的进度比较，同样，除标出检查日期进度比较情况外，还可以提供某一指定时间两者比较的信息。要求实施部门按照规定的时间记录当时的任务完成情况。

③ 双比例双侧横道图比较法。如图 8-6 所示，双比例双侧横道图比较法适用于工作进度按变速进展的情况下，工作实际进度与计划进度相比较。它是双比例单侧横道图比较法的改进与发展，它将表示工作实际进度的涂黑粗线，按检查的期间与完成的累计百分比交替地绘制在计划横道线上下两面，其长度表示此时间内完成的任务量。工作的实际完成累计百分比标于横道线的下面的检查日期处，通过对两个上下相对的百分比进行比较，判断该工作的实际进度与计划进度的关系。从各阶段的涂黑粗线长度就可看出各期间实际完成的任务量及与计划进度的关系。其步骤包括以下几方面。

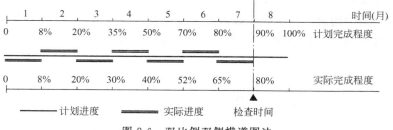

图 8-6 双比例双侧横道图法

a. 编制横道图进度计划。

b. 在横道线上方，标出各工作主要时间的计划完成任务累计百分比。

c. 在横道线下方，标出工作相对应日期实际完成任务累计百分比。

d. 用涂黑粗线分别在横道线上方与下方交替绘制出每次检查实际完成的百分比。

e. 比较实际进度与计划进度。通过标在横道线上下方两个累计百分比来比较各时刻两种进度的偏差。

以上介绍的三种横道图比较方法，因其作图简单，形象直观，易理解，所以被广泛应用于工程项目的进度监测中，并且在计划执行过程中无需修改，使用起来也比较方便，可供不同层次的进度控制人员使用。但因其以横道计划为基础，因此带有不可克服的局限性。在横道计划中，各项工作之间的逻辑关系表达不明确，关键工作与关键线路无法确定。一旦某些工作实际进度出现偏差，很难预测其对后续工作和工程总工期的影响，也就很难确定相应的进度计划调整方法。因此横道图比较法主要应用于工程项目中某些工作实际进度与计划进度的局部比较。

(3) 网络图切割线法　网络图切割线法是一种将网络计划中已完成部分割切去，再对剩余网络部分进行分析的一种方法。其具体步骤包括以下几点。

① 去掉已经完成的工作，只对剩余工作组成的网络计划进行分析。

② 将检查当前日期当作剩余网络计划的开始日期，将正在进行的剩余工作所需的历时估算出并标在网络图中，其余未进行的工作仍把原计划的历时作为标准。

③ 计算剩余网络参数，以当前时间为网络的最早开始时间来计算各工作的最早开始时间，各工作的最迟完成时间保持不变，再计算各工作的总时差，如果产生负时差，则说明项目进度拖后。应在出现负时差的工作路线上，调整工作历时，消除负时差，以确保工期按期实现。

(4) S 形曲线比较法　S 形曲线比较法与横道图比较法不同，它以纵坐标表示累计完成任务量，以横坐标表示进度时间，绘制一条按计划时间累计完成任务量的 S 形曲线，再将施工项目实施过程中各检查时间实际累计完成任务量的 S 形曲线也绘制在同一坐标系中，在此基础上进行实际进度与计划进度的比较。

从整个工程项目的施工全过程看，通常开始和结尾阶段单位时间投入的资源量比较少，而中间阶段单位时间投入的资源量多，与之相对应，单位时间完成的任务量也呈同样的变化规律，如图 8-7(a)、(b) 所示。

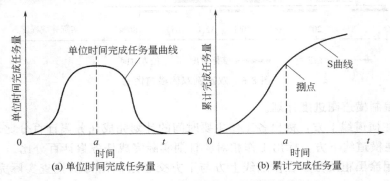

(a) 单位时间完成任务量   (b) 累计完成任务量

图 8-7   工作时间与完成任务量关系曲线图

① S 形曲线的绘制步骤。

a. 确定工程进展速度曲线。实际工程的计划进度曲线往往难以如图 8-7(a) 所示的定性分析的连续曲线那样理想，但可按每单位时间内完成的实物工程量、投入的劳动力或费用，计算出计划单位时间的量值 q_j，它是离散型的，如图 8-8(a) 所示。

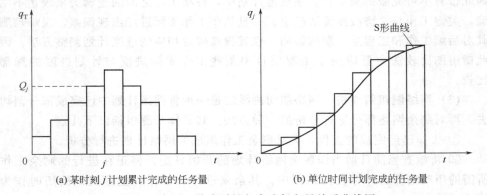

(a) 某时刻 j 计划累计完成的任务量   (b) 单位时间计划完成的任务量

图 8-8   实际工作中时间与完成任务量关系曲线图

b. 在规定时间 j 内计划累计完成的任务量的计算方法是将各单位时间完成的任务量累加求和，可以按式 (8-1) 计算。

$$Q_j = \sum_{j=1}^{n} q_j \tag{8-1}$$

式中　Q_j——某时刻 j 计划累计完成的任务量；

　　　q_j——单位时间计划完成的任务量。如图 8-8(b) 所示。

② S 形曲线比较法与横道图比较法相同，都是在图上直观地进行施工项目实际进度与计划进度的比较。一般计划进度控制人员在计划实施前绘制 S 形曲

线，在项目施工的过程中，按规定时间将检查的实际完成任务情况曲线绘制于与同一张图上，得出实际进度 S 形曲线，如图 8-9 所示。再比较这两条 S 形曲线即可得到以下信息。

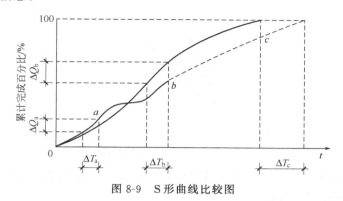

图 8-9　S 形曲线比较图

a. 项目实际进度与计划进度比较。如果实际工程进展点落于计划 S 形曲线左侧，表示此时实际进度比计划进度超前；如果落于其右侧，则表示拖后；如果刚好落在其上，表示两者一致。

b. 项目实际进度比计划进度超前或拖后的时间，如图 8-9 所示。ΔT_a 为 T_a 时刻实际进度超前的时间；ΔT_b 为 T_b 时刻实际进度拖后的时间。

c. 项目实际进度比计划进度超前或拖后的任务量，如图 8-9 所示。ΔQ_a 为 T_a 时刻超前完成的任务量；ΔQ_b 为在 T_b 时刻拖欠的任务量。

d. 预测工程进度，如图 8-9 所示。后期工程按原计划速度进行，则工期拖延预测值为 ΔT_c。

（5）"香蕉"形曲线比较法　"香蕉"形曲线是两条 S 形曲线组合成的闭合图形。如前所述，工程项目的计划时间与累计完成任务量之间的关系可分别用一条 S 形曲线来表示。在工程项目的网络计划中，各项工作通常可分为最早和最迟开始时间，于是可根据各项工作的计划最早开始时间安排进度，即可绘制出一条 S 形曲线，即为 ES 曲线，而根据各项工作的计划最迟开始时间安排进度，绘制出的 S 形曲线，即为 LS 曲线。这两条曲线均起始于计划开始时刻，终止于计划完成之时，因此图形是闭合的。一般在其余时刻，ES 曲线上各点都应在 LS 曲线的左侧，其图形如图 8-10 所示，外观似香蕉，因此得名。香蕉曲线的绘制方法与 S 形曲线的绘制方法基本类似，不同之处在于香蕉曲线是由工作按最早开始时间安排进度和按最迟开始时间安排进度分别绘制的两条 S 形曲线组合而成。

S 形曲线的绘制步骤如下。

① 以工程项目的网络计划为基础，计算各项工作的最早开始时间与最迟开始时间。

② 确定各项工作在各单位时间的计划完成任务量。可分别按以下两种情况进行考虑。

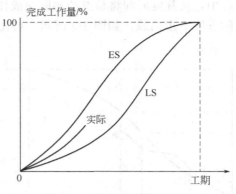

图 8-10　香蕉形曲线比较图

a. 根据各项工作按最早的开始时间安排的进度计划来确定各项工作在各单位时间的计划完成任务量。

b. 根据各项工作按最迟的开始时间安排的进度计划来确定各项工作在各单位时间的计划完成任务量。

c. 计算工程项目总任务量，是对所有工作分别在各单位时间计划完成的任务量累加求和。

d. 分别根据各项工作按最早开始时间和最迟开始时间安排的进度计划，确定工程项目在各单位时间计划完成的任务量，也就是将各项工作在某一单位时间内计划完成的任务量进行求和。

e. 分别根据各项工作按最早开始时间与最迟开始时间安排的进度计划来确定不同时间累计完成的任务量或任务量的百分比。

f. 绘制香蕉曲线。根据各项工作按最早开始时间与最迟开始时间安排的进度计划来确定的累计完成任务量或任务量的百分比描绘各点，并连接各点，得到 ES 曲线与 LS 曲线，由 ES 曲线与 LS 曲线组成香蕉曲线。

细节 130：　建设项目施工进度计划的调整

施工进度计划的调整应按照施工进度检查结果，在进度计划执行发生偏离时，通过对施工内容、工程量、起止时间以及资源供应的调整，或通过局部改变施工顺序，重新确认作业过程相互协作方式等工作关系，更充分利用施工的时间与空间进行合理交叉衔接，并编制调整后的施工进度计划，确保施工总目标的实现。

（1）进度偏差影响分析　在工程项目实施过程中，通过实际进度与计划进度进行比较，当发现有进度偏差时，应分析该偏差对后续工作及总工期的影响，进而采取相应的措施对原进度计划调整，以确保工期目标的顺利实现。进度偏差的大小及其所处的位置不同，对后续工作与总工期的影响程度也不同，分析时需要利用网络计划中工作总时差与自由时差的概念进行判断，如图 8-11 所示。

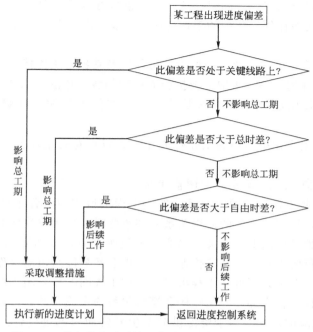

图 8-11　进度偏差对后续工作和总工期影响的分析过程

分析步骤包括以下几点。

① 分析进度偏差的工作是否为关键工作。如果出现偏差的工作为关键工作，则无论偏差大小，都会对后续工作和总工期产生影响，应采取相应的调整措施，如果出现偏差的工作为非关键工作，应根据偏差值与总时差和自由时差的大小关系，来确定对后续工作和总工期的影响程度。

② 分析进度偏差是否大于总时差。如果工作的进度偏差大于该工作的总时差，则说明此偏差必将影响后续工作与总工期，应采取相应的调整措施；如果工作的进度偏差小于或等于该工作的总时差，则说明此偏差对总工期无影响，但它对后续工作的影响程度，应根据比较偏差与自由时差的情况进行确定。

③ 分析进度偏差是否大于自由时差。如果工作的进度偏差大于该工作的自由时差，则说明此偏差对后续工作产生影响，应根据后续工作允许影响的程度而确定如何调整；如果工作的进度偏差小于或等于该工作的自由时差，说明此偏差对后续工作无影响，原进度计划可不作调整。

经分析，进度控制人员可确认产生进度偏差的工作及其调整值的大小，以确定应采取的调整措施，获得新的符合实际进度情况与计划目标的新进度计划。

（2）施工进度计划调整方法

① 缩短某些工作的持续时间。此方法并不是改变工作之间的逻辑关系，而是缩短某些工作的持续时间，以使施工进度加快，确保实现计划工期。这些被压缩持续时间的工作是位于因实际施工进度的拖延而引起总工期增长的关键线路与

某些非关键线路上的工作。同时，这些工作也是可压缩持续时间的工作。此种方法实际上即为网络计划优化中的工期优化方法及工期与费用优化的方法。具体做法有以下几点。

a. 研究后续各工作持续时间压缩的可能性及其极限工作持续时间。

b. 确定因计划调整、采取必要措施而引起的各工作的费用变化率。

c. 选择直接引起拖期的工作及其后续工作优先压缩，以避免拖期影响的扩大。

d. 选择费用变化率最小的工作优先压缩，以求花费最小代价来满足既定工期要求。

e. 综合考虑 c、d，确定新的调整计划。

② 改变某些工作间的逻辑关系。如果工程项目实施过程中产生的进度偏差影响到总工期，且有关工作的逻辑关系允许改变时，可相应改变关键线路与超过计划工期的非关键线路上的有关工作之间的逻辑关系，以达到缩短工期的目的。如果将顺序进行的工作改为平行作业、搭接作业及分段组织流水作业等，均可有效地缩短工期。对于大型群体工程项目，单位工程间的相互制约相对较小，可调幅度较大；单位工程内部因施工顺序和逻辑关系约束较大的，可调幅度较小。

③ 资源供应的调整。由于资源供应发生异常而引起进度计划执行问题，应采用资源优化的方法对计划进行调整，或采取应急措施，使其对工期影响减至最小。

④ 增减施工内容。增减施工内容需做到不打乱原计划的逻辑关系，只对局部逻辑关系调整。在增减施工内容以后，要重新计算时间参数，分析对原网络计划的影响。当对工期存在影响时，要采取调整措施，以确保计划工期不变。

⑤ 增减工程量。增减工程量是指改变施工方案、施工方法而导致工程量的增加或减少。

⑥ 起止时间的改变。起止时间的改变需在相应的工作时差范围内进行。

细节 131： **施工进度计划实施常用表格填写**

(1) 工程项目形象进度审批表 见表 8-2。

表 8-2 工程项目形象进度审批表

工程名称：××工程 　　　　　　　　　　　　　　　　　　　编号：×××

序号	项目名称	计划完成时间	计划投资/万元
1	完成招标，确定施工单位、监理单位	××××年××月××日	×××
2	办理建设工程规划许可证	××××年××月××日	×××
3	办理施工许可证		
4	项目开工		

序号	项目名称	计划完成时间	计划投资/万元
5	基础完工		
6	主体封顶		
7	全面竣工,竣工验收合格		

填表人:×××　　　审核人:×××　　　填报日期:××××年××月××日

(2) 施工进度计划审批表　　见表8-3。

表8-3　施工进度计划审批表

工程名称:××住宅小区　　　　　　　　　　　　　　　　　　编号:×××

致:×××(工程技术主管)

　　兹上报某住宅小区5#楼××××年××月份工程进度计划(调整计划)。该进度计划审查情况如下,请予以审批

　　1. 进度计划是否符合工程项目总进度目标和阶段性目标的要求。

　　☑是　　　　□否(注明原因)

　　2. 施工顺序的安排是否符合施工工艺的要求。

　　☑是　　　　□否(注明原因)

　　3. 劳动力的安排是否能够保证该进度计划的实现。

　　☑是　　　　□否(注明原因)

　　4. 施工机具和设备、施工用水、电等生产要素的供应是否能保证该进度计划的实现。

　　☑是　　　　□否(注明原因)

　　5. 施工单位自行采购的工程材料(设备)的供应是否能保证该进度计划的实现。

　　☑是　　　　□否(注明原因)

　　6. 建设单位采购的工程材料(设备)的供应是否能保证该进度计划的实现。

　　☑是　　　　□否(注明原因)

　　7. 总、分包单位分别编制的施工进度计划之间是否协调。

　　☑是　　　　□否(注明原因)

　　附件:施工进度计划(包括说明、图表、工程量、机械和劳动力计划等)

　　工地代表:×××　　　　　　　　　　　　　　　　日期:××××年××月××日

审查意见:

　　经查,该施工进度计划安排合理,拟同意按施工进度计划实施,请工程部经理批准

　　工程技术主管:×××　　　　　　　　　　　　　　日期:××××年××月××日

审查意见:

　　同意实施该施工进度计划

　　工程部经理:×××　　　　　　　　　　　　　　　日期:××××年××月××日

(3) 施工进度计划控制表　见表8-4。

表8-4　施工进度计划控制表

工程名称：××住宅小区　　　　　　　　　　　　　　　　编号：×××

序号	单项工程名称	建设面积/m²	投资额/万元	开工时间	竣工时间	项目施工单位		项目进展情况
						责任人	联系电话	
1	5号楼	5000.00	1234.00	×××年××月××日	××××年××月××日	×××	××××××	正常

填报人：×××　　　　　　　　　　　填报时间：××××年××月××日

(4) 施工进度计划完成情况月报表　见表8-5。

表8-5　施工进度计划完成情况月报表

工程名称：××工程　　　　　　　　　　　　　　　　编号：×××

序号	单项工程名称	开工、竣工日期		自年初至报告期累计完成产值/万元			工程量			结算价值/万元	工程承包额	
		开工	竣工	合计	施工单位处完成施工产值	分包产值	建筑工程	装饰装修工程	安装工程		合同总额/万元	自行承包/万元
1	4号楼	×××× 年× ×月 ××日	×××× 年× ×月 ××日	×××	×××	×××	×××	×××	×××	×××	×××	×××

填报人：×××　　　　审核人：×××　　　　填报时间：××××年××月××日

(1) 工程项目进度跟踪表　见表 8-6。

表 8-6　工程项目进度跟踪表

工程名称：××住宅楼　　　　　　　　　　　　　　编号：×××

工程编号	工程名称	工程类型	施工组别	开工日期	进度	进度简述或完成内容
001	电缆覆盖	覆盖	A组	4月1日	85%	钢线全部打完，100P 电缆差 75m，50P 电缆差 166m，管道完成、电缆已基本完成
002	小对数电缆修复	小对数	B组	6月1日	100%	完工

填报人：×××　　　　　　　　　　填报时间：××××年××月××日

(2) 周工程进度检查记录表　见表 8-7。

表 8-7　周工程进度检查记录表

工程名称：××住宅楼　　　　　　　　　　　　　　编号：×××

施工进度计划的要求	本周计划完成的施工任务	本周完成基础钢筋绑扎(40t)，基础模板支固，基础混凝土浇筑(400m³)
	劳动力配备情况	钢筋工：30 人，木工：30 人，混凝土工：15 人，其他：15 人
	主要施工机具配备情况	钢筋切断机：1 台，钢筋弯曲机：1 台，电锯：2 台，振捣棒：4 台
	主要工程材料供应情况	施工单位自购：钢筋 40t，商品混凝土 420m³
		甲方供应：无

	本周实际完成的施工任务	本周完成基础钢筋绑扎 40t,基础模板支固,基础混凝土浇筑 350m³
本周进度情况	劳动力实际配备情况	钢筋工:30 人,木工:30 人,混凝土工:15 人,其他:15 人
	主要施工机具配备情况	钢筋切断机:1 台,钢筋弯曲机:1 台,电锯:2 台,振捣棒:4 台
	主要工程材料供应情况	施工单位自购:钢筋 40t,商品混凝土 360m³
		甲方供应:无
实际进度与计划进度比较		本周未能完成基础混凝土浇筑任务,计划完成 420m³,实际完成 360m³
实际进度迟于(超于)计划的分析		未能完成的主要原因:钢筋绑扎和模板支固完成后,因遇暴雨空袭,2 天后才开始进行混凝土浇筑,影响工期 2 天
上周实施措施的效果		上周要求施工单位适当增加钢筋工和木工数量,以保证本周内按时完成任务。施工单位已按要求,将钢筋工数量由原来的 20 人增加至 30 人,木工数量由原来的 20 人增加至 30 人,施工单位已按时完成钢筋绑扎和模板支固任务
本周制定的调整措施		由于本工程工作窄小,如再增加劳动力会造成窝工,也容易造成施工单位索赔,因此决定采用延长工作时间的办法赶工,增加 1～2 个夜班即可完成本周任务

填报人：×××　　　　　　　　　　填报时间：××××年××月××日

8.2　建设项目施工质量控制 ▶▶▶

细节 133： 施工质量控制原则与依据

(1) 施工质量控制原则

① 坚持质量第一原则。建筑产品是一种特殊的商品,使用年限较长,直接关系到人民生命财产的安全。因此,应自始至终地将"质量第一"作为对工程项目质量控制的基本原则。

② 坚持以人为控制核心。人是质量的创造者,因此质量的控制必须"以人为核心",将人作为质量控制的动力,发挥人的积极性与创造性,处理好业主监理同承包单位各方面的关系,增强人的责任感,树立"质量第一"的思想,提高人的素质,避免失误,以人的工作质量保证工序质量与工程质量。

③ 坚持以预防为主。预防为主是指要重点做好质量的事前控制和事中控制,同时严格对工作质量、工序质量及中间产品质量的检查。这是保证工程质量的有效措施。

④ 坚持质量标准。质量标准是评价产品质量的尺度,而数据是质量控制的基础。产品质量是否符合合同规定的质量标准,应该通过严格检查,并以数据为依据。

⑤ 贯彻科学、公正、守法的职业规范。在控制过程中,要尊重客观事实,

尊重科学，公正、客观、不持偏见，坚持原则，遵纪守法，严格要求。

（2）施工质量控制依据 施工阶段质量控制依据分为共同性依据与专门技术法规性依据。

① 共同性依据。共同性依据是指适用于施工阶段，且与质量管理有关的通用的、具有普遍指导意义及必须遵守的基本条件。主要包括以下几方面。

a. 工程建设合同。

b. 设计文件，包含设计总说明及分部说明，施工图纸及标准图集；技术变更与设计修改，设计交底与图纸会审记录等。

c. 国家和政府有关部门颁布的与质量管理有关的法律与法规性文件，如《招标投标法》、《建筑法》和《质量管理条例》等。

② 专门技术法规性依据。包括规范、规程、标准、规定及定额等，是针对不同行业、不同质量控制对象而相应制定的专门性的技术法规文件。主要包括以下几点。

a. 工程建设项目质量检验评定标准。

b. 有关建筑材料、半成品和构配件的质量方面的专门技术法规性文件。

c. 有关材料验收、包装和标志等方面的技术标准和规定。

d. 施工工艺质量等方面的技术法规性文件。

e. 有关新技术、新工艺、新材料及新设备等质量规定和鉴定意见。

细节 134：施工质量控制方法

施工质量控制的方法，主要是审核相关技术文件、报告及直接进行现场检查或必要的试验等。

（1）审核有关技术文件、报告或报表 具体内容如下。

① 审核有关技术资质证明文件、开工报告，并经现场核实。

② 审核有关材料、半成品的质量检验报告。

③ 审核有关工序交接检查，分项、分部工程质量检查报告。

④ 审核有关质量问题的处理报告。

⑤ 审核设计变更、修改图纸和技术核定书、施工方案、施工组织设计与技术措施。

⑥ 审核并签署现场有关技术签证、文件等。

⑦ 审核有关应用新工艺、新材料、新技术及新结构的技术核定书。

⑧ 审核反映工序质量动态的统计资料或控制图表。

（2）现场质量检查 现场质量检查的内容如下。

① 开工前检查。其目的是检查是否具备开工条件，开工后能否连续正常的施工，能否保证工程质量。

② 工序交接检查。对于重要的工序（或对工程质量）有重大影响的工序，在自检与互检的基础上，还应组织专职人员进行工序的交接检查。

③ 隐蔽工程检查。凡是隐蔽工程均要检查认证后方能掩盖。

④ 停工后复工前的检查。因处理质量问题或某种原因停工后需要复工时，也应经检查认可后方能复工。

⑤ 分项、分部工程完工后，应经检查认可，签署验收记录后才能进行下一工程项目施工。

⑥ 成品保护检查。检查成品有无保护措施，或保护措施是否可靠。

另外，还应时常深入现场，对施工操作质量进行巡视检查；必要时，应进行跟班或追踪检查。

现场进行质量检查的方法有目测法、实测法与试验法三种，见表 8-8。

表 8-8　现场进行质量检查的方法

序号	方法	手　　段
1	目测法	看即根据质量标准进行外观目测。如墙纸裱糊质量应是：纸面无斑痕、气泡、空鼓、折皱；每一墙面纸的颜色、花纹一致，斜视无胶痕，纹理无压平、起光现象；对缝无离缝、张嘴、搭缝；对缝处图案、花纹完整，裁纸的一边不能对缝，只能搭接；墙纸只能在阴角处搭接，阳角应采用包角等。如清水墙面是否洁净，颜色是否均匀，喷涂是否密实，内墙抹灰大面及口角是否平直，地面是否光洁平整，油漆浆表面观感，施工顺序是否合理，工人操作是否正确等，都要通过目测检查、评价。观察检验方法的使用人需要有丰富的经验，经过反复实践才能掌握标准、统一口径。所以这种方法虽然简单，难度却最大，应予以充分重视，加强训练
		摸即手感检查，主要用于装饰工程的某些检查项目，如水刷石、干粘石黏结牢固程度，浆活是否掉粉，油漆的光滑度，地面有无起砂等
		敲即运用工具进行音感检查。对地面工程、装饰工程中的锦砖、水磨石、面砖和大理石贴面等，都要进行敲击检查，通过声音的虚实确定有无空鼓，还可根据声音的清脆和沉闷，判定属于面层空鼓或底层空鼓。另外，用手敲玻璃，如发出颤动声响，一般是底灰不满或压条不实
		照即对于难以看到或光线较暗的部位，可采用镜子反射或灯光照射的方法进行检查
2	实测法	靠即用直尺、塞尺检查墙面、屋面、地面的平整度。如对墙面与地面等要求平整的项目都利用这种方法检验
		吊即用托线板以线锤吊线检查垂直度。可于托线板上系以线锤吊线，紧贴于墙面、或在托板上下两端粘以突出小块，以触点触及受检面进行检验。板上线锤的位置可压托线板的刻度，显示出垂直度
		量即用测量工具和计量仪表等检查断面尺寸、湿度、轴线、标高、温度等的偏差。这种方法应用最多，主要是检查容许偏差项目。如外墙砌砖上下窗口偏移用经纬仪或吊线检查，钢结构焊缝余高用"量规"检查，管道保温厚度用钢针刺入保温层和尺量检查等
		套即以方尺套方，辅以塞尺检查。如对阴阳角的方正、踢脚线的垂直度、预制构件的方正等项目的检查。对门窗口及构配的对角线检查，也是套方的特殊手段
3	试验法	是指必须通过试验手段，才能对质量作出判断的检查方法。如对桩或地基的静载试验，确定其承载力；对钢筋对焊接头进行拉力试验，检验焊接的质量；对钢结构的稳定性试验，确定是否产生失稳现象等

细节 135：　施工质量控制系统过程

因施工阶段是使工程设计最终实现并形成工程实体的阶段，因此施工阶段的质量控制是一个由对投入的资源与条件的质量控制，升级为对生产过程与各环节质量进行控制，直至对所完成的工程产出品的质量检验与控制为止的全过程的系统控制过程。这个过程根据三阶段控制原理可划分三个环节。

（1）事前控制　指施工准备控制即于各工程对象正式施工活动开始前，对各项准备工作及影响质量的各因素控制，这是保证施工质量的先决条件。

（2）事中控制　指施工过程控制也就是在施工过程中对实际投入的生产要素质量及作业技术活动的实施状态与结果所进行的控制，包括作业者发挥技术能力过程的自控行为以及来自有关管理者的监控行为。

（3）事后控制　指竣工验收控制也就是对于通过施工过程所完成的具备独立的功能与使用价值的最终产品（单位工程或整个工程项目）及有关方面的质量进行控制。

上述三个环节的质量控制系统过程及其所涉及的主要方面，如图 8-12 所示。

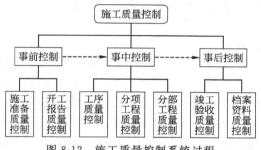

图 8-12　施工质量控制系统过程

细节 136： **施工准备阶段的质量控制**

施工准备阶段质量控制工作的基本任务是：对施工项目工程特点的掌握；对施工总进度要求的了解；对施工组织设计的编制；摸清施工条件；全面规划、安排施工力量；组织物资供应；制定合理的施工方案；做好现场"三通一平"和平面布置；兴建施工临时设施，为现场施工做好准备工作。

（1）技术准备

① 研究和会审图纸及技术交底。通过研究、会审图纸，可广泛的听取使用人员与施工人员的正确意见，弥补设计上的不足，提高设计质量；也可使施工人员了解设计意图、技术要求及施工难点，为保证工程质量打好基础。技术交底是施工前重要的准备工作。以使参与施工的技术人员和工人了解承建工程的特点、技术要求、施工工艺及施工操作要点。

② 施工组织设计和施工方案编制阶段。施工组织设计（或施工方案）是指导施工的全面性技术经济文件，可确保工程质量的各项技术措施。这个阶段的主要工作包括以下几点。

a. 签订承发包合同和总分包协议书。

b. 按照建设单位和设计单位提供的设计图纸和有关技术资料，结合施工条件编制施工组织设计。

c. 认真编制场地平整、土石方工程、施工场区道路及排水工程的施工作业计划。

d. 及时编制并提出施工材料、劳动力、专业技术工种培训，以及施工机具与仪器的需用计划。

e. 及时参加全部施工图纸的会审工作，对设计中的问题与有疑问之处应及时弄清和解决，要协助设计部门消除图纸差错。

f. 属于国外引进工程项目，应认真参加与外商进行的各种技术谈判与引进设备的质量检验，以及包装运输质量的检查工作。

施工组织设计编制阶段，质量管理工作除了以上几点外，还要着重制定好质量管理计划，编制切实可行的质量保证措施与各项工程质量的检验方法，并准备好质量检验测试器具。质量管理人员应参与施工组织设计的会审以及各项保证质量技术措施的制定工作。

（2）现场施工准备

① 工程定位及标高基准控制。工程施工测量放线是工程施工的第一步。施工测量质量的好坏直接关系着工程质量，如测量控制基准点或标高有误，将会导致建筑物或结构的位置或高程出现误差，进而影响整体质量；设备的基础预埋件定位测量失准，会造成设备难以正确安装的质量问题等。工程测量控制是施工质量控制的一项最为基础的工作，它是施工准备阶段的重要内容。

a. 施工承包单位应对建设单位给定的原始基准点、基准线及标高等测量控制点进行复核，并将复测结果报经监理工程师审核、经过批准后施工承包单位才能据以准确的测量放线，建立施工测量控制网，并应对其正确性承担责任，同时做好基桩的保护工作。

b. 复测施工测量控制网。在工程总平面图上，各种建筑物或构筑物的平面位置是用施工坐标系统的坐标来表示。复测施工测量控制网时，要抽检建筑方格网、控制高程的水准网点及标桩埋设位置等。

② 施工平面布置的控制。建设单位根据合同约定并结合承包单位施工的需要，事先划定并提供给承包单位占有及使用现场有关部分的范围。监理工程师应检查施工现场总体布置的是否合理，是否有利于保证施工的正常及顺利进行，是否有利于保证质量，尤其是要对场区的道路、器材存放、防洪排水、给水及供电、混凝土供应及主要垂直运输机械设备布置等方面也包括施工质量检验制度与质量评价考核制度，并做好施工现场质量管理检查记录。

③ 物质准备。

a. 材料质量控制的要求。

ⅰ. 掌握材料信息，优选供货厂家。

ⅱ. 合理组织材料供应，确保施工正常进行。

ⅲ. 合理地组织材料使用，减少材料的损失。

ⅳ. 加强材料检查验收，严把材料质量关。

对用于工程的主要材料，在进场时应具备正式的出厂合格证的材质化验单。如不具备或对检验证明有影响时，需补做检验。工程中所有各种构件，应具有厂家批号和出厂合格证。钢筋混凝土与预应力钢筋混凝土构件都要按规定的方法进行抽样检验。因为运输、安装等原因出现的构件质量问题，需分析研究，经处理鉴定后方能使用。标志不清或认为质量有问题的材料，对质量保证资料有怀疑或与合同规定不相符的一般材料；因工程重要程度决定，要进行一定比例试验的材料；需要作追踪检验，以控制、保证其质量的材料等，都要进行抽检。

对于进口的材料设备和重要工程或关键施工部位所用的材料，则要进行全部检验。材料质量抽样与检验的方法，要符合相关标准规范和规程，要能反映该批材料的质量性能。重要构件或非匀质的材料，还要酌情增加采样的数量。在现场配制的材料，如混凝土、砂浆、防水材料、防腐材料、绝缘材料、保温材料等的配合比，需先提出试配要求，经试配检验合格后才可使用。进口材料与设备应会同商检局检验，如核对凭证书发现问题，要取得供方与商检人员签署的商务记录，按期提出索赔。高压电缆与电压绝缘材料应进行耐压试验。

ⅴ. 应重视材料的使用认证，以防错用或使用不合格的材料。对主要装饰材料及建筑配件，要在订货前要求厂家提供样品或看样订货；主要设备在订货时，要审核其设备清单，是否符合设计要求。对材料性能、质量标准与适用范围和对施工要求要充分了解，以便慎重选择、使用材料。凡是用于重要结构、部位的材料，在使用时应仔细地核对、认证其材料的品种、规格、型号及性能有无错误，是否适合工程特点和满足设计要求。新材料应用要通过试验和鉴定；代用材料要通过计算和充分的论证，并符合结构构造的要求。材料认证不合格时，不得用于工程中；有些不合格的材料，如过期、受潮的水泥是否降级使用，也需结合工程的特点进行论证，但决不允许用于重要的工程或部位。

b. 材料质量控制的内容。材料质量控制的内容主要有：材料质量的标准，材料的性能，材料取样、试验方法，材料的适用范围及施工要求等。

ⅰ. 材料质量标准。材料质量标准是用来衡量材料质量的尺度，也是作为验收、检验材料质量的重要依据。不同的材料有着不同的质量标准，掌握材料的质量标准，便于可靠地控制材料和工程的质量。

ⅱ. 材料质量的检验。材料质量检验是为了通过一系列的检测手段，将所取得的材料数据同材料的质量标准进行比较，来判断材料质量的可靠性，能否使用于工程中；同时，还利于掌握材料信息。材料质量检验的具体内容见表 8-9。

c. 材料的选择与使用。材料的选择与使用不当，均会严重影响工程质量或造成质量事故。因此，应针对工程特点，根据材料的性能、质量标准与适用范围和对施工要求等方面综合考虑，慎重地选择和使用材料。

如贮存期超过 3 个月的过期水泥或受潮、结块的水泥，需重新检定其强度等

表 8-9　材料质量检（试）验

项目		具体内容
检验方法	书面检验	书面检验是通过对提供的材料质量保证资料、试验报告等进行审核，取得认可才能使用
	外观检验	外观检验是对材料从品种、标志、规格、外形尺寸等进行直观检查，看其有无质量问题
	无损检验	无损检验是在不破坏材料样品的前提下，利用 X 射线、超声波、表面探伤仪等进行检测
	理化检验	理化检验是借助试验设备与仪器对材料样品的化学成分、机械性能等进行科学的鉴定
检验程度	免检	免检即免去质量检验过程。对有足够质量保证的一般材料，以及实践证明质量长期稳定且质量保证资料齐全的材料，可免检
	抽检	抽检即按随机抽样的方法对材料抽样检验。当对材料的性能不清楚，或对质量保证资料有怀疑，或对成批生产的构配件，都应按一定比例进行抽样检验
	全检验	凡对进口的材料、设备和重要工程部位的材料，以及贵重的材料，需进行全部检验，以确保材料和工程质量
检验取样		材料质量检验的取样要有代表性，即所采取样品的质量应能代表该批材料的质量。在采取试样时，应按规定的部位、数量及采选的操作要求进行
检验判断		抽样检验适用于对原材料、半成品或成品的质量鉴定。因产品数量大或检验费用高，不可能对产品逐个进行检验，特别是破坏性与损伤性的检验。通过抽样检验，可判断整批产品是否合格

级，并且不得用于重要工程中，不同品种和强度等级的水泥，因水化热的不同，不得混合使用；矿渣水泥适用于配制大体积混凝土与耐热混凝土，但具备泌水性大的特点，易降低混凝土的匀质性和抗渗性；硅酸盐水泥、普通水泥因水化热大，适于冬期施工，而不适于大体积混凝土工程。

d. 施工机械设备的选用。施工机械设备是实现施工机械化的物质基础，是现代施工中必不可少的设备，对施工项目的质量有着直接的影响。因此，施工机械设备的选用，要综合考虑施工场地的条件、机械设备性能、建筑结构形式、施工工艺和方法、施工组织与管理、建筑经济等各种因素作多方案比较，使其有机联系、合理装备、配套使用，以充分发挥机械设备的效能，以求获得较好的综合经济效益。

机械设备的选用，应着重从机械设备的选型、机械设备的主要性能参数及机械设备使用与操作要求三方面进行控制。

ⅰ. 机械设备的选型。机械设备的选择，要本着因地制宜、因工程制宜，按照技术先进、经济合理、生产适用、性能可靠、操作方便、使用安全和维修方便的原则，贯彻执行机械化、半机械化与改良工具相结合的方针，突出施工和机械相结合的特色，使其具备工程的适用性，具备保证工程质量的可靠性，具备使用操作的方便性与安全性。

ⅱ. 机械设备的主要性能参数。机械设备的主要性能参数是选择机械设备的重要依据，应满足需要和保证质量的要求。

ⅲ．机械设备的使用与操作要求。合理使用机械设备，正确地进行操作，是确保项目施工质量的重要环节之一。要贯彻"人机固定"原则，实行定机、定人及定岗位责任的"三定"制度。操作人员应认真执行各项规章制度，严格遵守操作规程，以防出现安全质量事故。机械设备在使用中，应尽可能避免发生故障，尤其是预防事故损坏，即指人为的损坏。造成事故损坏的原因包括：机械设备保养、维修不良；操作人员违反安全技术操作规程与保养规程；操作人员技术不熟练（或麻痹大意）；机械设备运输和保管不当；施工使用方法不合理和指挥错误，气候和作业条件的影响等。这些都要采取措施，严加防范，随时要以"五好"标准予以检查控制。

完成任务好：要做到优质、高效、低耗及服务好。

技术状况好：应做到机械设备经常处于完好状态，工作性能达到相关要求，机容整洁和随机工具部件以及附属装置等完整齐全。

使用好：要认真执行以岗位责任制为主的各项制度，做到合理使用、正确操作和原始记录齐全准确。

保养好：要认真执行保养规程，做到精心保养，随时做好清洁、紧固、润滑、调整、防腐。

安全好：要认真遵守安全操作规程与有关安全制度，做到安全生产，无机械事故。

只要调动人的积极性，建立健全合理的规章制度，严格执行技术规定，即可提高机械设备的完好率、利用率及其效率。

细节 137： **施工工序的质量控制**

（1）工序质量及其控制 工序质量是工程项目的基础，直接影响工程项目的整体质量。要控制工程项目施工过程的质量，首先控制工序的质量。

工序质量是指施工中人、材料、机械、工艺方法和环境等对产品综合起作用的过程的质量，也称过程质量，它体现为产品质量。工序质量包含两方面的内容：工序活动条件的质量；工序活动效果的质量。从质量管理的角度来看，这两者是互相关联的，一方面要管理工序活动条件的质量，即每道工序投入品的质量（即人、材料、机械、方法和环境的质量）是否符合相关要求；另一方面又要管理工序活动效果的质量，即每道工序施工完成的工程产品是否达到相关质量标准。

工序质量的控制，即为对工序活动条件的质量管理和工序活动效果的质量管理，来达到整个施工过程的质量管理。

（2）施工工序质量控制的内容

① 工序活动条件的控制。工序活动条件是指从事工序活动的各种生产要素与生产环境条件。控制方法可采取检查、试验、测试及跟踪监督等方法。控制依据是坚持设计质量标准、材料质量标准、机械设备技术性能标准及操作规程等。控制方式对工序准备的各种生产要素及环境条件应采用事前质量控制的模式。

工序活动条件的控制包括以下几方面。

a. 施工准备方面的控制。在工序施工前，应对影响工序质量的因素（或条件）进行监控。要控制的内容包括：

ⅰ. 人的因素（如施工操作者和有关人员是否符合上岗要求）；

ⅱ. 材料因素（如材料质量是否符合标准，能否使用）；

ⅲ. 施工机械设备的条件（如其规格、性能、数量能否满足要求，质量有无保障）；

ⅳ. 施工的环境条件是否良好；

ⅴ. 采用的施工方法及工艺是否恰当，产品质量有无保证等。

这些因素或条件应符合规定的要求或保持良好状态。

b. 在施工过程中对工序活动条件的控制。对影响工序产品质量的各因素的控制体现在开工前的施工准备中，还应贯穿于整个施工过程中，其中包括各工序、各工种的质量保证和强制活动。在施工过程中，工序活动是在经过审查认可的施工准备的条件下而展开的，要注意各因素或条件的变化，如果发现某种因素或条件向不利于工序质量方面变化，要及时控制或纠正。

在各因素中，投入施工的物料如材料、半成品等，以及施工操作或工艺是最活跃和易变化的因素，应特别的监督与控制，使它们的质量始终处在控制之中，符合相关标准及要求。

② 工序活动效果的控制。工序活动效果主要反映在工序产品的质量特征与特性指标方面。对工序活动效果控制即是控制工序产品的质量特征、特性指标是否达到设计要求和施工验收标准。工序活动效果质量控制通常属于事后质量控制，其控制的基本步骤包括实测、统计、分析、判断、认可或纠偏。

a. 实测。采用必要的检测手段，对抽取的样品检验，测定其质量特性指标（如混凝土的抗拉强度）。

b. 分析。对检测所得数据进行整理、分析，并找出规律。

c. 判断。按照对数据分析的结果，判断该工序产品是否达到规定的质量标准，如果未达到，应找出原因。

d. 纠正或认可。如发现质量不符合规定标准，需采取措施纠正，如果质量符合要求则进行确认。

(3) 施工工序质量控制实施要点

① 确定工序质量控制工作计划。要求对不同的工序活动制定专门的保证质量的技术措施，做出物料投入与活动顺序的专门规定；须规定质量控制的工作流程及质量检验制度等。

② 主动控制工序活动条件的质量。工序活动条件指影响质量的五大因素，即人、机械设备、材料、方法以及环境等。

③ 设置工序质量控制点（即工序管理点），实行重点控制。工序质量控制点是针对影响质量的关键部位（或薄弱环节）而确定的重点控制对象。正确设置控

制点，严格实施是进行工序质量控制的重点。

④ 及时检验工序活动效果的质量。主要是实行班组自检、互检及上下道工序交接检，特别是对隐蔽工程和分项（分部）工程的质量检验。

（4）工序施工质量动态控制　影响工序施工质量的因素对工序质量所产生的影响，有可能表现为一种偶然的、随机性的影响，也有可能表现为一种系统性的影响。前者表现为工序产品的质量特征数据以平均值为中心，上下波动不定，并呈随机性变化，此时的工序质量基本处于稳定，质量数据波动正常，它是因工序活动过程中一些偶然的、不可避免的因素造成的，如所用材料上的微小差异、检验误差、施工设备运行的正常振动等。这种正常的波动通常对产品质量影响不大，在管理上是容许的。后者表现在工序产品质量特征数据方面出现异常大的波动（或散差），其数据波动呈一定的规律性（或倾向性）变化，如数值不断增大（或减小）、数据均大于（或小于）标准值、或呈周期性变化等。

这种质量数据的异常波动一般是由于系统性的因素造成的，如使用了不合格的材料、违章操作、施工机具设备严重磨损、检验量具失准等。这种异常波动在质量管理上是不允许的，施工单位应采取相应措施设法加以消除。因此，施工管理者应在整个工序活动中，连续地实施动态跟踪控制，通过对工序产品进行抽样检验，判定其产品质量波动状态，如工序活动处于异常状态，则应查找出影响质量的原因，采取措施并排除系统性因素的干扰，使工序活动恢复到正常的状态，进而保证工序活动及其产品的质量。

（5）施工工序质量控制点设置　质量控制点是指为了确保工序质量而确定的重点控制对象、关键部位（或薄弱环节）。设置质量控制点是保证达到工序质量要求的重要前提，监理工程师在拟定质量控制工作计划时，应进行详细的考虑，并用制度来保证落实。对于质量的控制点，一般要事先分析可能造成质量问题的原因，再针对原因制定对策与措施进行预控。

① 质量控制点的实施要点。

a. 交底。将控制点的"控制措施设计"向操作班组进行认真交底，必须使工人真正了解操作要点，这是保证"制造质量"，实现"以预防为主"思想的关键环节。

b. 质量控制人员在现场作重点指导、检查、验收。对重要的质量控制点，质量管理人员应当旁站指导、检查及验收。

c. 工人按作业指导书进行认真操作，保证操作中每个环节的质量。

d. 按照规定做好检查并认真记录检查结果，取得第一手数据。

e. 运用数理统计的方法不断分析与改进（实施 PDCA 循环），直至质量控制点验收合格。

② 质量控制点设置的原则。质量控制点设置的原则是根据工程的重要程度（即质量特性值对整个工程质量的影响程度）来确定。因此，在设置质量控制点时，首先要对施工的工程对象作全面分析、比较，来明确质量控制点；再进一步

分析所设置的质量控制点在施工过程中可能出现的质量问题（或造成质量隐患）的原因，针对隐患的原因，相应地提出对策、措施进行预防。由此可见，设置质量控制点是对工程质量进行预控的有力措施。

质量控制点的涉及面广泛，根据工程特点以及其重要性、精确性、复杂性、质量标准与要求，可能是结构复杂的某一工程项目，也有可能是技术要求高、施工难度大的某一结构构件或分项（分部）工程，也有可能是影响质量关键的某一环节中的某一工序（或若干工序）。总体来说，无论是操作、机械设备、施工顺序、材料、技术参数、自然条件、工程环境等，均可作为质量控制点来设置，主要是根据其对质量特征影响的大小及危害程度而定。

质量控制点一般设置于以下部位：

a. 重要的和关键性的施工环节和部位；

b. 施工技术难度大的、施工条件困难的部位或环节；

c. 质量标准或质量精度要求高的施工内容与项目；

d. 质量不稳定、施工质量没有把握的施工工序和环节；

e. 采用新技术、新工艺及新材料施工的部位或环节；

f. 对后续施工或后续工序质量（或安全）有重要影响的施工工序或部位。

细节 138： **施工现场成品质量保护**

成品质量保护通常是指在施工过程中，某些分项工程已经完成，而其他一些分项工程还在施工；或是在其分项工程施工过程中，一些部位已完成，而其他部位正在施工。此时，施工单位应负责对已完成部分采取妥善的措施进行保护，以免因成品缺乏保护（或保护不善）而造成损伤或污染，影响工程整体质量。

(1) 合理安排施工顺序 合理地安排施工顺序，按正确的施工流程组织施工，是进行成品保护的有效途径。

① 遵循"先地下后地上"及"先深后浅"的施工顺序，就不至于破坏地下管网与道路路面。

② 地下管道与基础工程相配合施工，可避免基础在完工后再打洞挖槽安装管道，影响其质量与进度。

③ 先在房心回填土后再作基础防潮层，可保护防潮层不致受填土夯实的损伤。

④ 装饰工程采取自上而下的流水顺序，可使房屋主体工程完成后，有一定的沉降期；已做好的屋面防水层，可防止雨水渗漏。这些均利于保护装饰工程质量。

⑤ 先做地面，后做顶棚、墙面抹灰，可起到保护下层顶棚、墙面抹灰不致受渗水污染的作用；但在已作好的地面上施工，需要对地面进行保护。如先做顶棚、墙面抹灰，后作地面时，则要求楼板灌缝密实，以防漏水污染墙面。

⑥ 楼梯间和踏步饰面应在整个饰面工程完成后，再自上而下地进行；门窗扇的安装一般在抹灰后进行；先油漆，后安装玻璃；这些施工顺序均有利于成品

保护。由于砖墙上面有脚手洞眼，因此一般情况下内墙抹灰需在同一层外粉刷完成，脚手架拆除，洞眼填补后，才可进行，以防影响内墙抹灰的质量。

⑦ 先喷浆而后安装灯具，可以避免安装灯具后又修理浆活，进而污染灯具。

⑧ 当铺贴连续多跨的卷材防水屋面时，要按先高跨、后低跨，先远、后近，先天窗油漆、玻璃，后铺贴卷材屋面的顺序进行。这样可以防止在铺好的卷材屋面上行走和堆放材料与工具等物，有利于保护屋面的质量。

（2）对成品质量采取保护措施 根据建筑产品特点的不同，可以分别对成品采取"防护"、"包裹"、"覆盖"、"封闭"等保护措施，以及合理安排施工顺序等来达到保护成品的目的。具体内容见表8-10。

表8-10 成品质量保护措施

序号	措施	具体方法
1	防护	针对被保护对象的特点采取各种防护的措施。如对清水楼梯踏步可采取护棱角铁上下连接固定；进出口台阶可垫砖或方木搭脚手板供人通过的方法来保护台阶；门口易碰部位可钉上防护条或槽型盖铁保护；门扇安装后可加楔固定等
2	包裹	将被保护物包裹起来，以防损伤或污染。如对镶面大理石柱可用立板包裹捆扎进行保护；铝合金门窗可用塑料布包扎进行保护等
3	覆盖	用表面覆盖的办法防止堵塞或损伤。如对地漏、落水口排水管等安装后可进行覆盖，以防异物落入而被堵塞；预制水磨石或大理石楼梯可用木板覆盖加进行保护；地面可用锯末、苫布等覆盖以防喷浆等污染；其他需要防晒、保温、防冻养护等项目也应采取可靠的防护措施
4	封闭	采取局部封闭的办法进行保护。如垃圾道完成后，可将其进口封闭起来，以防止建筑垃圾堵塞通道；房间水泥地面或地面砖完成后，可将该房间局部封闭，以防人们随意进入而损害地面

因此，在工程项目施工过程中，要充分重视成品的保护工作。

细节 139： **施工质量控制常用工作表格填写**

（1）施工图会审记录 见表8-11。

表8-11 施工图会审记录

工程名称：××住宅楼　　　　　　　　　　　　　　　　编号：×××

工程名称		××住宅楼	日期	××××年××月××日
地点		工地办公室	专业名称	建筑结构
序号	图号	图纸问题		图纸问题交底
1	结-1	结构说明1中，混凝土材料：地下室底板外墙使用抗渗混凝土，未给出抗渗等级		抗渗等级为P8
2	结-3,结-5	地下一层顶板③～⑤/Ⓒ～Ⓔ轴分布筋未标注		分布筋双向双排，均为 $\phi 8@200$
3	结-10	Z$_{14}$中标高出23.5～28.0m与剖面图不符		Z$_{14}$标高应改为22.5～28.0m
4	建-1,结-3,结-12	地下室外墙防水层使用SBSⅢ型防水卷材，是否需加砌砖墙做防水保护层		砌120厚砖墙做保护层
签字栏	建设单位	监理单位	设计单位	施工单位
	×××	×××	×××	×××

(2) 工程设计技术交底记录 见表 8-12。

表 8-12 工程设计技术交底记录

工程名称：××住宅楼   编号：×××

工程名称	××住宅楼		共×页　第1页	
交底地点	工地办公室	日期	××××年××月××日	
交底内容： (1)结-3,结-5,地下一层顶板③～⑤/ⓒ～ⓔ轴分布筋双排,均为 φ8@200 (2)结-10,Z₁₄ 标高改为 22.5～28.0m				
各单位技术 负责人签字	设计单位	×××	建设单位公章	
	建设单位	×××		
	监理单位	×××		
	施工单位	×××		

(3) 施工组织设计（方案）会审记录 见表 8-13。

表 8-13 施工组织设计（方案）会审记录

工程名称：××住宅楼   编号：×××

对施工单位报送的施工组织设计(方案)的审查情况如下,请各级领导予以审批

(1)施工组织设计(方案)中,施工单位和监理单位的审批手续是否齐全

☑是　　　　　　　□否(注明原因)

(2)施工单位项目管理机构的质量管理、技术管理、质量保证体系是否健全,质量保证措施是否切实可行且有针对性

☑是　　　　　　　□否(注明原因)

(3)施工现场总体布置是否合理

☑是　　　　　　　□否(注明原因)

(4)施工组织设计(方案)中,工期、质量目标与施工合同是否一致

☑是　　　　　　　□否(注明原因)

(5)施工组织设计(方案)中的施工布置和程序是否符合本工程的特点及施工工艺,满足设计文件的要求。

☑是　　　　　　　□否(注明原因)

(6)施工组织设计中进度计划是否采用流水施工方法和网络计划技术,以保证施工的连续性和均衡性,且工料、机械进场是否与进度计划保持协调

☑是　　　　　　　□否(注明原因)

(7)安全、环保、消防和文明施工措施是否切实可行,并符合有关规定

☑是　　　　　　　□否(注明原因)

(8)施工组织设计(方案)中,是否有提高造价的措施(如有,则需工程部经理报请分公司经理批准)

☑是　　　　　　　□否(注明原因)

附件:施工组织设计(方案)

工地代表:×××　　　　　　　　　　　　　　日期:××××年××月××日

审查意见：
同意\不同意施工单位按该施工组织设计(方案)施工 　　理由：(此处应说明同意或不同意的理由) 　　工程技术主管：×××　　　　　　　　　　　　　　日期：××××年××月××日
审查意见： 　　同意\不同意施工单位按该施工组织设计(方案)施工 　　理由：(此处应说明同意或不同意的理由) 　　工程造价主管：×××　　　　　　　　　　　　　　日期：××××年××月××日
审查意见： 　　同意\不同意施工单位按该施工组织设计(方案)施工 　　理由：(此处应说明同意或不同意的理由) 　　子(分)公司工程部经理：×××　　　　　　　　　日期：××××年××月××日

注：本表由工地代表填写一份，经各级领导审批后，由工地代表保存。

(4) 工程定位放线交底表格　见表8-14。

表 8-14　工程定位放线交底表格

工程名称：××住宅楼　　　　　　　　　　　　　　　　编号：×××

放线内容	××住宅楼工程定位放线
工程定位射线图： 　　(此处画工程定位放线图,标注尺寸) 　　误差要求：(此处应明确施工测量放线与上图误差极限) 　　工地代表：×××　　　　　　　　　　　　　　　日期：××××年××月××日	
工程技术主管审查意见： 　　同意按上述内容向施工单位交底 　　理由： 　　工程技术主管：×××　　　　　　　　　　　　　日期：××××年××月××日	

注：本表由工地代表填写，一式三份，监理单位、施工单位、工地代表各存一份。

(5) 工程定位放线检验表格　见表8-15。

表 8-15 工程定位放线检验表格

工程名称：××住宅楼　　　　　　　　　　　　　编号：×××

测量放线内容	××住宅楼工程定位放线		
测量人员	测量人员岗位证书编号	测量设备	测量设备鉴定证书编号
×××	××××××	经纬仪	××××××
×××	××××××	钢卷尺	××××××
×××	××××××	塔尺	××××××

附：施工测量放线成果图

（此处画实测工程测量放线成果图）

施工测量放线检查结论：

(1)本次测量放线的内容与交底记录是否一致

☑是　　　　　　　□否(注明原因)

(2)本次测量放线成果的误差是否在交底记录规定范围之内

☑是　　　　　　　□否(注明原因)

(3)本次测量放线成果是否有效

☑是　　　　　　　□否(注明原因)

工地代表：×××　　　　　　　　　　　日期：××××年××月××日

审查意见：

同意\不同意工地代表的检查结论

理由：(此处应说明同意或不同意的理由)

工程技术主管：×××　　　　　　　　　日期：××××年××月××日

8.3　建筑工程季节性施工管理 ▷▷▷

细节 140：混凝土工程冬期施工

混凝土是一种应用极为广泛的建筑材料，是构成建筑物主体的重要组成部分。由于混凝土自身的特点，环境温度对工程质量的影响极大。在我国北方广大地区，冬季时间长，气温低，为了使建筑业实现常年均衡施工，必须组织冬季施工。根据当地多年气温资料，室外日平均气温连续 5d 稳定低于 5℃时，混凝土结构工程应按冬期施工要求组织施工。

在冬期施工时，水泥与水的化学反应，在低温条件下进行缓慢，在 4～5℃时尤其如此。因此，寒冷的冬季气候对混凝土工程影响很大。新浇筑的混凝土对温度非常敏感，在低温条件下，混凝土强度的增长要比常温下慢得多。如果温度降至 4℃以下，尤其当温度降至 −0.5～2℃时，混凝土中的水即开始膨胀，这对于新形成的脆弱的混凝土结构会产生永久性损害。如果混凝土温度降至水的冰点（-2.5℃）以下，因为结冰的水不能与水泥化合，在混凝土内，水化反应停止，所产生的新复合物就大为减少。一旦冻结时，不只是水化作用不能进行，其后即使给以适宜的温度养护，也会对强度、耐久性、抗渗性等性能带来不利影响。因此，在混凝土凝结硬化初期，当预计到日平均气温在4℃以下时，必须以适当的方法保护混凝土，使其不受冻害。

(1) 混凝土冬期施工要求

① 混凝土受到冻害影响之前，应给予加热或进行保温养护，或掺入防冻外加剂。特别是从养护结束到开春之前，混凝土须具有充分的抗冻融性能。

② 在施工过程中的各阶段，对预想的各种荷载，应具有足够的强度。

③ 竣工的结构物，应满足使用时所要求的强度、耐久性及抗渗性。

④ 按当地多年气温资料，当室外的平均气温连续5天稳定低于5℃时，必须遵守冬期施工混凝土的有关规定。

⑤ 混凝土的冬期施工是寻求一种混凝土的施工方法，使之在室外气温低于冰点的气候条件下，也能达到所需要的强度和耐久性。

⑥ 尚未硬结的混凝土在-0.5℃时就冻结，混凝土强度将因冻结而明显受到损害。因此冬期施工混凝土在受冻前的抗压强度（临界强度）不得低于下述规定。

a. 硅酸盐水泥和普通硅酸盐水泥配制的混凝土为设计强度等级的30%，但是C15以下的混凝土，其强度不得低于3.5MPa。

b. 矿渣硅酸盐水泥、火山灰质硅酸盐水泥和粉煤灰硅酸盐水泥配制的混凝土为设计强度等级的40%，但C15以下的混凝土不得低于5.0MPa。

一般说来，当抗压强度达到3.5~5.0MPa时，有1~3次冻结，混凝土不会受到很大冻害。寒冷地区，暴露在露天的结构物，从保温养护结束到开春之前，有1~3次以上的冰冻是较为常见的，因此上述强度是不够的。

(2) 混凝土冬期施工的材料要求

① 水泥。

a. 水泥品种的选择。对于不同的养护方式，不同的构筑物，应采用不同的水泥。

ⅰ. 在冬季混凝土的一般施工方法中，如掺早强防冻剂法、暖棚法、蓄热法等，除厚大结构物外，应选用活性高而水化热大的水泥品种，因此，应优先选用硅酸盐水泥和普通硅酸盐水泥。

ⅱ. 对于厚大体积的结构物，则选用水化热较小的水泥，以避免温差应力对结构产生的影响。

b. 水泥强度等级和用量的选择。冬期施工混凝土一般采用强度等级不低于32.5级的水泥；水泥用量最低不少于300kg/m³。

② 骨料。混凝土骨料分细骨料和粗骨料。

a. 细骨料宜选用中砂，含泥量小于 3%。

b. 粗骨料须选用经 15 次冻融值试验合格（总质量损失小于 5%）的坚实级配花岗岩或石英岩碎石，不应有风化的颗粒，含泥量小于 1%。

骨料多处于露天堆场，因此，要提前清洗和储备，做到骨料清洁。要使用冰雪完全融化了的骨料，不宜使用冻结的或是掺有冰雪的骨料，否则，会降低混凝土的温度。另外在混凝土中，冰雪的融化会留下孔隙。为了有利于骨料的加热，特别要注意在运输和贮存过程中，不要混入冰雪，以防冰雪融化时吸热降温。冬期施工混凝土所用骨料的堆场，应选地势较高、不积水的地方。

③ 水灰比。混凝土的冻结，主要是由于其中的水分结冰所致。混凝土中，孔隙率和孔结构特征（大小、形状、间隔距离）对抵抗冻害起着明显的作用，而水灰比又直接影响混凝土的孔结构，因此冬期施工混凝土的水灰比应不大于 0.60。

④ 早强防冻剂。掺有早强防冻剂的混凝土，可在负温下硬化而不需要保温或加热，最终能达到与常温养护的混凝土相同的质量水平。

目前，比较理想的防冻剂应同时具备下列特点。

a. 具有高效减水作用。可有效地减少每 1m³ 混凝土的用水量，细化毛细孔径，亦即减少了冰胀的内因。

b. 具有良好的早强作用。可使混凝土在较短的时间内达到临界强度，从而增强混凝土的抗冻能力。

c. 具有显著降低混凝土冰点的作用。可使混凝土在较低的环境温度条件下保持一定数量的液态水存在，为水泥的持续水化提供条件，保证混凝土强度的持续发展。

d. 对钢筋无锈蚀作用。另外，许多资料认为，防冻剂应具有一定的引气作用，以缓和因游离水冻结而产生的冰晶应力。但实践证明，含气量对混凝土的早期抗冻能力并无益处，从冬季施工的要求出发，防冻剂无须包含引气组分。如设计方面对混凝土的抗冻融性能有特殊要求，可再掺入引气剂。

(3) 混凝土冬期蓄热施工 蓄热法工艺的基本特点是：对拌合水和骨料适当进行加热，用热的拌合物浇筑，浇筑完成的构件用保温材料覆盖围护。利用在原材料中预加的热量和水泥放出的水化热，使混凝土缓慢冷却，于温度降至 0℃ 前获得早期抗冻能力或达到预定的强度目标。

蓄热法相对较为简单，在混凝土周围，无需特殊的外加热设备和外表加热设施，因此，各期施工费用比较低廉，故混凝土工程在冬季施工时，首先应考虑用蓄热法。只有当确定蓄热法不能满足要求时，才考虑选择其他方法。

蓄热法适用于气温不太寒冷的地区或是初冬和冬末季节，室外气温在 −10℃ 以上时，或是厚大结构建筑物其表面系数为 6～8 的构件。经验表明，对大型深基础和地下建筑，如挡土墙、地下室、地基梁以及室内地坪等，均能取得良好效果。因其易于保温，热量损失较少，并能利用地下土壤的热量。对于表面系数大的结构（大于 6.0 者）和气候较寒冷地区（在 -10℃ 以下）也可应用。但对于保温，则特别要注意，如增加保温材料厚度或使用早强剂，则较为有利。这样，可以防止混凝土的早期冻结，但要经过热工计算。

使用蓄热法除与上述各项因素有关外，还与下列条件有关：

① 室外气温愈高，风力愈小时，也愈宜用此法；

② 混凝土拆模时，所需达到的强度愈小，愈宜采用此法；

③ 当水泥强度等级愈高，发热量愈大或用量愈多时，愈宜采用此法施工，同时，也应考虑经济效果。

（4）材料的加热方法

① 水的加热方法。水的加热方法有：

a. 直接向水箱内导入蒸汽；

b. 用锅炉或锅直接烧水；

c. 在水箱内装置螺形管传导蒸汽的热量；

d. 水箱内插入电极加热。

② 砂、石骨料的加热方法。

a. 直接加热。直接将蒸汽管通到需要加热的骨料中去。其优点为加热迅速，并能充分利用蒸汽中的热量，有效系数高。缺点为骨料中的含水量增加，不易控制搅拌时的用水量。

b. 间接加热。在骨料堆、贮料斗或运输骨料工具中，安装气盘管间接地对砂、石送汽加热。这种方法加热较慢，但易控制在搅拌时的用水量。

c. 用大锅或大坑进行加热。此法设备简单，但热量损失较大，有效系数低，加热不均匀，一般用于小型工程。

原材料无论用何种方法进行加热，在设计加热设备时，必须先求出每天的最大用料量和要求达到的温度。根据原材料的初温和比热，求出需要的总热量，考虑到加热过程中的热量损失，求出总需热量。有了总需热量，即可决定采用热源的种类、规模及数量。

（5）混凝土冬期施工中外加剂的应用　在混凝土中加入适量的抗冻剂、早强剂、减水剂及加气剂（又称冷混凝土），使混凝土在负温下能继续水化，增长强度，这样能使混凝土冬期施工工艺简化，节省能源，降低冬期施工成本，是冬期施工有发展前途的施工方法。

混凝土在冬期施工中外加剂的使用，应满足抗冻、早强的需要，对结构钢筋无锈蚀作用，对混凝土后期强度和其他物理力学性能无不良影响，同时应该适应结构工作环境的需要。单一的外加剂常不能完全满足混凝土冬期施工的要求，一般宜采用复合配方。

冷混凝土允许在外界气温 -15℃ 以内浇筑，同时要求浇筑后在 15 天内混凝土内部温度不低于 -15℃。在施工时，应注意以下几点。

① 采用冷混凝土时，混凝土强度等级不得低于 C10，每立方米混凝土水泥

用量不小于 250kg，水灰比要求小于 0.65。当抗冻等级大于等于 F50 时，水灰比要小于 0.50。

② 冷混凝土宜采用机械搅拌、机械振捣。混凝土入模温度应控制在 5℃以上。混凝土运到浇筑地点应立即浇筑，减少热损失。浇筑与振捣要衔接好，间歇时间不得超过 15min。为了避免冷混凝土在浇筑后迅速冷却和失去水分，应覆盖养护，并防止水和雪直接落到混凝土中，直至混凝土获得规定强度后，方可拆除覆盖材料。

③ 如果混凝土在浇筑后的 15 天内，温度低于计算温度，且强度尚未达到设计强度等级的 30%，则必须通过热工计算进行保温处理。

(6) 混凝土冬期施工养护

① 蓄热法养护。混凝土浇筑后，利用原材料加热及水泥水化热的热量，通过适当保温延缓混凝土的冷却，使混凝土冷却到 0℃以前达到预期要求强度的养护方法称蓄热法养护。蓄热法施工比较简单，混凝土养护无需外加热源，冬施费用比较低廉，因此在冬期施工时应优先考虑采用。当日平均气温在 −10℃，最低温度不低于 −15℃的期间，混凝土表面系数不大于 5 或地面以下结构都适宜采用蓄热法养护。

② 掺外加剂混凝土的冬期养护。

a. 氯盐冷混凝土　是指用氯盐溶液配制的混凝土。在性能上其具有防冻早强的明显效果，在工艺上除水之外其他材料不进行加热，浇筑后只采取适当保温覆盖措施，可在严寒条件下施工，由于它有使钢筋锈蚀的危险性，因此只能在无筋混凝土中应用。

b. 低温早强混凝土　由无氯盐的低温早强剂配制的混凝土。在性能上它既具低温早强效果，又避免了钢筋锈蚀的缺点；在工艺上它主要采用低温早强剂、原材料加热和保温覆盖等综合措施，使混凝土在低温养护期间达到受冻临界强度或受荷强度。

c. 负温混凝土　由亚硝酸盐、碳酸盐、硝酸盐、氯盐或以这些盐类为防冻组分，与早强、减水、引气、阻锈等组分复合配制的混凝土。在工艺上它主要采用复合防冻剂，并采用原材料加热和浇筑后的混凝土表面做防护性的简单覆盖，使混凝土在负温养护期间硬化，并在规定的时间内达到一定的强度。

③ 混凝土冬期蒸汽养护。对于表面系数较大，养护时间要求很短的混凝土工程，当自然气温降低，在技术上存在困难时，可以利用蒸汽养护新浇筑的混凝土。它既能加热，使混凝土在较高的温度下硬化，又能供给一定的水分，使混凝土不致蒸发过量而干燥脱水。在工艺上它比短时加热复杂，在混凝土强度增长上它可根据要求达到拆模或受荷强度，这是一种快速湿热养护方法。尽管如此，要通过蒸汽加热得到质地优良的混凝土仍是一个非常复杂的问题，其中最关键的是要选择一套合理的蒸养制度，见表 8-16，进行严格控制，否则很容易出现质量问题。蒸汽养护法的分类及适用范围见表 8-17。

表 8-16　蒸汽加热养护混凝土升温和降温速度

结构表面系数/(1/m)	升温速度(℃/h)	降温速度(℃/h)
≥6	15	10
<6	10	5

注：厚大体积的混凝土，应根据实际情况确定。

表 8-17　混凝土蒸汽养护法的适用范围

方法	简述	特点	适用范围
棚罩法	用帆布或其他罩子扣罩，内部通蒸汽养护混凝土	设施灵活，施工简便，费用较小，但耗汽量大，温度不易均匀	预制梁、板、地下基础、沟道等
蒸汽套法	制作密封保温外套，分段送汽养护混凝土	温度能适当控制，加热效果取决于保温构造，设施复杂	现浇梁、板、框架结构，墙、柱等
热模法	模板外侧配置蒸汽管，加热模板养护	加热均匀、温度易控制，养护时间短，设备费用大	墙、柱及框架结构
内部通汽法	结构内部留孔道，通蒸汽加热养护	节省蒸汽，费用较低，入汽端易过热，需处理冷凝水	预制梁、柱、桁架，现浇梁、柱、框架单梁

④ 暖棚法养护。暖棚法是将被养护的构件或结构安置于棚中，内部安设散热器、热风机或火炉等，作为热源加热空气，使混凝土获得正温养护条件。

暖棚法适用于下列工程：

a. 有抗渗要求的钢筋混凝土；

b. 混凝土表面装修工程；

c. 混凝土量比较集中的结构；

d. 地下结构工程。

(7) 混凝土冬期施工的质量检查　在冬期施工时，混凝土质量检查除应遵守常规施工的质量检查规定外，还应符合冬期施工的规定。

① 混凝土的温度测量。为确保冬期施工混凝土的质量，必须对施工全过程的温度进行测量监控。对施工现场环境温度每天在 2:00、8:00、14:00、20:00 定时测量四次；对外加剂、水、骨料的加热温度和加入搅拌机时的温度，混凝土自搅拌机卸出时和浇筑时的温度每一工作班至少应测量四次；如果发现测试温度和热工计算要求温度不符合时，应马上采取加强保温措施或其他措施。

在混凝土养护时期除按上述规定监测环境温度外，同时还应对掺用防冻剂的混凝土养护温度进行定点定时测量。采用蓄热法养护时，在养护期间至少每 6h 一次；对掺用防冻剂的混凝土，在强度未达到 3.5N/mm^2 以前每 2h 测定一次，以后每 6h 测定一次；在采用蒸汽法时，在升温、降温期间每 1h 一次，在恒温期间每 2h 一次。

常用的测温仪包括温度计、各种温度传感器、热电偶等。

② 混凝土的质量检查。在冬期施工时，混凝土质量检查除应遵守常规施工的质量检查规定之外，还应符合冬期施工的规定。要严格检查外加剂的质量和浓

度；混凝土浇筑后应增加两组与结构同条件养护的试块，一组用来检验混凝土受冻前的强度，另一组用来检验转入常温养护28天的强度。

混凝土试块不得在受冻状态下进行试压，当混凝土试块受冻时，对边长为150mm的立方体试块，应在15～20℃室温下解冻5～6h，或浸入10℃的水中解冻6h，将试块表面擦干后进行试压。

细节 141： 混凝土工程夏期施工

我国长江以南广大地区夏期气温相对较高，月平均气温超过25℃的时间有3个月左右，日最高气温有的高达40℃以上。因此，应重视夏期混凝土的施工。高温环境对混凝土拌合物及刚成型的混凝土的影响见表8-18。

表8-18 高温环境对混凝土拌合物及刚成型的混凝土的影响

序号	因素	对混凝土的影响
1	骨料及水的温度过高	(1)拌制时，水泥容易出现假凝现象 (2)运输时，工作性损失大，振捣或泵送困难
2	成型后直接曝晒或干热风影响	表面水分蒸发快，内部水上升量低于蒸发量，面层急剧干燥，外硬内软，出现塑性裂缝
3	成型后白昼温差大	出现塑性裂缝

混凝土在高温环境下的施工技术措施，见表8-19。

表8-19 混凝土在高温环境下的施工技术措施

序号	项目	施工技术措施及做法
1	材料	(1)掺用缓凝剂，减少水化热的影响 (2)用水化热低的水泥 (3)将贮水池加盖，将供水管埋入土中，避免太阳直接暴晒 (4)当天用的砂、石用防晒棚遮盖 (5)用深井冷水或在水中加碎冰，但不能让冰屑直接加入搅拌机内
2	搅拌设备	(1)送料装置及搅拌机不宜直接暴晒，应有荫棚遮挡 (2)搅拌系统尽量靠近浇筑地点 (3)运送混凝土的搅拌运输车，宜加设外部洒水装置，或涂刷反光涂料
3	模板	(1)应及时填塞因干缩出现的模板裂缝 (2)浇筑前应充分将模板淋湿
4	浇筑	(1)适当减小浇筑层厚度，从而减少内部温差 (2)浇筑后立即用薄膜覆盖，不使水分外溢 (3)露天预制场宜设置可移动荫棚，避免制品直接暴晒
5	养护	(1)自然养护的混凝土，应确保其表面的湿润 (2)对于表面平整的混凝土表面可采用涂刷塑料薄膜养护
6	质量要求	主控项目、一般项目和允许偏差必须符合施工规范的规定

细节 142： 混凝土工程雨期施工

在运输和浇捣的过程中，雨水会增大混凝土的用水量，改变水灰比，导致混凝土强度降低；刚浇筑好尚处于凝结或硬化阶段的混凝土，强度很低，在雨水冲刷和冲击作用下，表面的水泥浆极易流失，产生露石现象，如果遇暴雨，还会使砂粒和石子松动，造成混凝土表面破损，导致构件受压截面积的削弱，或受拉区钢筋保护层的破坏，影响构件的承载能力。雨期进行混凝土施工，无论是在浇捣、运输过程中的混凝土的拌合物，还是刚浇好之后的混凝土，都不允许受雨淋。雨期混凝土施工，应做好下列工作。

① 模板隔离层在涂刷前要及时掌握天气的情况，以防隔离层被雨水冲掉。

② 雨期施工时，应加强对混凝土粗细骨料含水量的测定，及时调整混凝土的施工配合比。

③ 大面积的混凝土浇筑前，要了解 2～3d 的天气预报，尽量避开大雨。混凝土浇筑现场要预备大量防雨材料，以备浇筑时突然遇雨进行覆盖。

④ 遇到大雨应停止浇筑混凝土，已浇部位应加以覆盖。浇筑混凝土时应根据结构情况和可能情况，多考虑几道施工缝的留设位置。

⑤ 模板支撑下部回填土要夯实，并加好垫板，雨后及时检查有无下沉。

细节 143：钢筋工程冬期施工

(1) 钢筋工程冬期施工一般规定

① 在负温下承受静荷载作用的钢筋混凝土结构构件，其主要受力钢筋可选用 HPB300、HRB335、HRBF335、HRB400、HRBF400、HRB500、HRBF400 级热轧钢筋、RRB300 级钢筋、热处理钢筋、高强度圆形钢丝、钢绞线及冷拔低碳钢丝。

② 在 $-40\sim-20$℃ 条件下直接承受中、重级工作制吊车的构件，当采用 HRB500 级钢筋时除应有可靠的试验依据以外，宜选用细直且碳及合金元素为中、下限的钢筋。

③ 对在寒冷地区缺乏使用经验的特殊结构构造，易使预应力钢筋产生刻痕或咬伤的锚夹具，应进行构造、构件和锚夹具的负温性能试验。

④ 在负温条件使用的钢筋，在施工时，应加强检验。钢筋在运输和加工过程中应防止撞击和刻痕。

⑤ 当温度低于 -20℃ 时，不得对 HRB335、HRB400、钢筋进行冷弯操作，以免在钢筋弯点处发生强化，造成钢筋脆断。

(2) 钢筋负温连接　在环境温度低于 -5℃ 的条件下，进行钢筋闪光对焊、电弧焊、电渣压力焊及气压焊时，称为钢筋负温焊接。

在负温进行焊接时，除了要遵守常温焊接的有关规定外，应调整焊接参数，使焊缝和热影响区缓慢冷却。当雨、雪天必须施焊时，应有防雨、雪和挡风措施。焊后未冷却的接头不得碰到冰雪。

当环境温度低于 -15℃ 时，应对接头采取预热和保温缓冷措施；当环境温度低于 -20℃ 时，不得进行施焊。

钢筋负温焊接与常温焊接相比，主要是由于负温引起的冷却速度加快的问题，因此其接头构造与焊接工艺除了必须遵守常温焊接的规定外，还必须在焊接工艺参数上作调整。调整方法为采用弱参数焊接，使焊缝和热影响区缓慢冷却，避免产生淬硬组织。

① 负温闪光对焊焊接。在负温的条件下，进行闪光对焊时，应采用预热闪光焊或闪光—预热—闪光焊工艺，焊接参数的选择与常温焊接相比，可以进行以下调整：

a. 采用较低焊接变压器级数；

b. 增加调伸长度；

c. 增加预热次数和间歇时间。

② 负温电弧焊焊接。

a. 在负温的条件下，进行帮条电弧焊或搭接电弧焊时，从中部引弧，对两端就起到了预热的作用。在平焊时，应从中间向两端施焊；而在立焊时，应先从中间向上端施焊，再从下端向中间施焊。

b. 当采用多层施焊时（坡口焊的焊缝余高应分两层控温施焊），层间温度应控制在 150～350℃之间，使接头热影响区附近的冷却速度减慢 1～2 倍左右，进而减弱了淬硬倾向，改善了接头的综合性能。

c. 若采用预热与缓冷两种工艺，还不能保证焊接质量时，则应采用"回火焊道施焊法"；HPB300 级和 HRB335 级钢筋多层施焊时，焊后可采用回火焊道施焊，其回火焊道的长度宜比前一焊道的两端缩短 4～6mm，如图 8-13 所示。

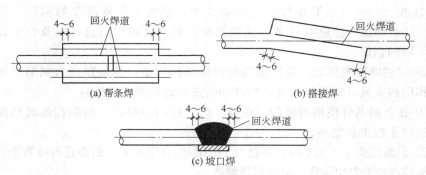

(a) 帮条焊　　　　(b) 搭接焊

(c) 坡口焊

图 8-13　钢筋负温电弧焊回火焊道示意图

回火焊道施焊的作用主要是对原来的热影响区起到回火的效果，回火的温度为 500℃左右；如果一旦产生淬硬组织，经回火后将产生回火马氏体、回火索氏体组织，进而改善接头的综合性能。

细节 144：砌筑工程冬期施工

按照《砌体结构工程施工质量验收规范》（GB 50203—2011）规定，当室外日平均气温连续 5 天稳定低于 5℃时，砌体工程应采取冬季施工。

冬期砌砖的突出问题是砂浆遭受冰冻，砂浆中的水在 0℃ 以下结冰，使水泥得不到水分，砂浆无法凝固，失去胶粘能力而不具有强度，使砌体强度降低，或砂浆解冻后砌体出现沉降。冬期施工方法，就是要采取有效措施，使砂浆达到早期强度，既保证砌筑在冬期能正常施工又保证砌体的质量。

(1) 材料要求

① 冬期施工所用材料应符合下列规定。

a. 拌制砂浆用砂，不得含有冻块和大于 10mm 的冻结块。

b. 石灰膏、电石膏等应防止受冻，如遭冻结，应经融化后使用。

c. 砌体用砖或其他块材不得遭水浸冻。

② 冬期施工砂浆试块的留置，除应按常温规定要求外，还应增留不少于 1 组与砌体同条件养护的试块，测试检验 28 天强度。

③ 砖石材料。冬期施工砖石材料除了应该达到国家标准要求外，还应符合表 8-20 的要求。

表 8-20　冬期施工砖石材料的要求

序号	材料名称		吸水率不大于/%	要　　求
1	普通黏土砖	实心	15	应清除表面污物及冰、霜、雪等
		空心		遇水浸泡后受冻的砖、砌块不能使用
2	黏土质砖	实心	8	砌筑时，当室外气温高于 1℃ 普通黏土砖可适当浇水，但不宜过多，一般以表面吸进 10mm 为宜，且随浇随用
		空心		
3	小型空心砌块		3	
4	加气混凝土砌块		70	
5	石材		5	应清除表面污物及冰、霜、雪等

注：1. 黏土质砖指粉煤灰砖、煤矸石砖等。

2. 小型空心砌块指硅酸盐质砌块。

3. 普通砖、多孔砖和空心砖在气温高于 0℃ 条件下砌筑时，应浇水湿润。在气温低于、等于 0℃ 条件下砌筑时，可不浇水。但必须增大砂浆稠度。抗震设防烈度为 9 度的建筑物，普通砖、多孔砖和空心砖无法浇水湿润时，如无特殊措施，不得砌筑。

④ 防冻剂。砌筑时砂浆使用的防冻剂分单组分和复合产品。

a. 单组分材料的质量要求应符合相应的国家标准。

b. 复合产品使用应是经省、市级以上部门鉴定并认证的产品，其质量要求见厂家产品说明书。

⑤ 微沫剂。使用的微沫剂应是经省、市以上部门鉴定并认证的产品。主要指标 pH 在 7.5～8.5 之间；有效成分不少于 75%；游离松香含量不大于 10%；1.0% 水溶液起泡高度 80～90mm；0.02% 水溶液起泡率 >350%；消泡时间大于 7d。

微沫剂的掺量一般为水泥用量的 0.005%～0.010%（微沫剂按 100% 纯度

计）。使用微沫剂宜用不低于 70℃ 的热水配制溶液，按规定浓度溶液投入搅拌机中搅拌砂浆时，搅拌时间不少于 3min。拌制的溶液不得冻结。

⑥ 砌体冬期施工防冻剂宜优先选用单组分氯盐类外加剂，如氯化钠、氯化钙。当气温不太低时，可采用单掺氯化钠，当温度低于 −15℃ 以下时可采用双掺盐（氯化钠和氯化钙）。氯盐砂浆的掺量应符合表 8-21 的规定。

表 8-21　氯盐砂浆掺盐量（占用水量的百分比）

盐及砌体材料种类			日最低气温/℃			
			≥−10	−15～−11	−20～−16	<−20
单盐	氯化钠	砖、砌块	3	5	7	—
		石	4	7	10	—
双盐	氯化钠	砖、砌块	—	—	5	7
	氯化钙		—	—	2	3

注：1. 掺盐量以无水氯化钠和氯化钙计。

2. 如有可靠试验依据，也可适当增减盐类的掺量。

3. 日最低气温低于 −20℃ 时，砌石工程不宜施工。

(2) 氯盐外加剂法施工

① 氯盐砂浆所用氯盐以氯化钠（食盐）为主，气温在 −15℃ 以下时可掺用氯化钠和氯化钙（双盐）。氯盐砂浆的掺盐量随盐及砌体材料、日最低气温而定，应符合表 8-21 的规定。

② 掺入氯盐（氯化钠、氯化钙）的水泥砂浆、水泥混合砂浆称为氯盐砂浆，采用这种砂浆砌筑砌体的方法称为氯盐外加剂法。

③ 外加剂溶液配置应采用比重（密度）法测定溶液浓度。在氯盐砂浆中掺加微沫剂时，应首先加氯盐溶液，后加微沫剂溶液，并应先配制成规定浓度溶液置于专用容器中，然后再按规定加入搅拌机中拌制成所需砂浆。

④ 当采用加热方法时，砂浆的出机温度不宜超过 35℃，使用时的砂浆温度应不低于 5℃。

⑤ 砂浆配置计量要准确，应以重量比为主，水泥、外加剂掺量的计量误差控制在 ±2% 以内。

⑥ 冬期施工砌砖时，砖与砂浆的温度差值宜控制在 20℃ 以内，最大不得超过 30℃。

⑦ 冬期施工砖浇水有困难，可通过增加砂浆稠度来解决砖含水率不足而影响砌筑质量等问题，但砂浆最大稠度不得超过 130mm。

⑧ 当冬期施工砌筑砌块时，不可浇水湿润砌块。砌筑砂浆宜选用水泥石灰混合砂浆，不宜用水泥砂浆或水泥黏土混合砂浆。为确保铺灰均匀，并且与砌块黏结良好，砂浆稠度宜为 50～60mm。

⑨ 冬期施工砌砖，墙体每日砌筑高度以不超过 1.80m 为宜，墙体留置的洞

口，距交接墙处不应小于 50cm。

⑩ 施工过程中应将各种材料集中堆放，并用草帘草包遮盖保温，砌好的墙体也应用草帘遮盖。

⑪ 施工时不可浇水润湿砌块。

⑫ 砌块就位后，如发现偏斜，可用人力轻轻推动或用小铁棒微微撬挪移动，发现高低不平，可用木槌敲击偏高处，直至校正为止。也可将块体吊起，重新铺平灰缝砂浆，再安装到水平。不得用石块或楔块等垫在砌块的底部以求平整。

⑬ 砌筑砂浆宜选用水泥石灰混合砂浆，不宜用水泥砂浆或水泥黏土混合砂浆。为确保铺灰均匀，并与砌块黏结良好，砂浆稠度宜为 50～60mm。

⑭ 下列工程不应采用氯盐外加剂法施工：

a. 有高压线路的建筑物（如变电所、发电站等）；

b. 热工要求高的工程；

c. 对装饰有特殊要求的工程；

d. 经常受 40℃以上高温影响的建筑物；

e. 使用湿度大于 60％的工程；

f. 经常处于地下水位变化范围及地下未设防水层的结构或构筑物。

(3) 冻结法施工 冻结法是指采用不掺有化学外加剂的普通水泥砂浆或水泥混合砂浆进行砌筑，砌体砌筑完毕后，无需加热保温等附加措施的一种冬期施工方法。

采用冻结法施工水平分段作业要求如下几点。

① 在采用冻结法施工时，砌筑前应先测定所砌部位基面标高误差，通过调整灰缝厚度来调整砌体高度的误差，砌体的水平灰缝应控制在 10mm 以内。

② 施工中宜采取水平分段施工，有利于合理安排施工工序，进行分期施工，以减少建筑物各部分不均匀沉降和满足砌体在解冻时的稳定要求。

③ 在接槎处调整同一墙面标高和同一水平灰缝误差时，可采用提缝和压缝的办法。砌筑时注意灰缝均匀和砂浆饱满密实，标高误差分配在同一步架的各层砖的水平灰缝中，要求逐层调整控制，不允许集中分配的不均匀做法。接槎砌筑时，应仔细弄清楚接槎部位的残留冰雪或已经冻结的砂浆。在进行接槎砌筑时砂浆必须密实饱满，水平灰缝的砂浆饱满度不得低于 80％。

④ 砌筑的墙体不宜昼夜连续作业和集中大量人力突击作业，要求每天的砌筑高度和临时间断处的高度差均不大于 1.20m。且间断处的砌体应做成阶梯式，并埋设 $\phi6$ 拉接筋，其间距不超过 8 皮砖，拉接筋伸入砌体两边不应小于 1.0m。

⑤ 墙体砌筑过程中，为达到灰缝平直、砂浆饱满和墙面垂直及平整的要求，砌筑时必须做到皮上跟线、三皮一吊、五皮一靠，并还要随时目测检查，发现偏差及时纠正，确保墙体砌筑质量。对超过五皮的砌体，如发现歪斜，不准敲墙、砸墙或撬墙，必须拆除重砌。

⑥ 在墙和基础的砌体中，不得留设未经设计同意的水平槽和斜槽。留置在

砌体中的洞口、沟槽等，宜在解冻前填砌完毕。

⑦ 冻结法砌筑的墙体，在解冻前要进行检查，解冻过程中应组织观测，必要时还需进行临时加固处理，以提高砖石结构的整体稳定性和承载能力，但是临时加固不得妨碍砌体的自然沉降，或使砌体的其他部分受到附加荷载作用。在砌体解冻后，砂浆硬化初期，临时加固件应继续留置，时间不少于 10 天。

⑧ 冻结法砌筑的砌体在解冻的过程中，当发现砌体有超应力变形，如不均匀沉降、裂缝、倾斜、鼓起等现象时，应分析变形发生的原因，并立即采取措施，以消除或减弱其影响。

⑨ 在解冻期进行人工观测时，应特别注意观测多层房屋的下层的柱和窗间墙、梁端支撑处、墙的交接处及梁模板支撑处等地方。此外还必须观测砌体的沉降大小、方向和均匀性，以及砌体灰缝内砂浆的硬化情况。

⑩ 观测应在整个解冻期内不间断的进行，根据各地气温状况的不同，一般不应少于 15 天。

(4) 暖棚法施工 暖棚法砌筑多用于较寒冷地区的地下工程和基础工程的砌体砌筑。

① 采用暖棚法进行施工，棚内的温度要求一般不低于 5℃。

② 采用暖棚法施工，搭设的暖棚要求坚实牢固，并要齐整而不过于简陋。出入口最好设一个，并设置在背风面，同时做好通风屏障，并用保温门帘。

③ 在暖棚法施工之前，应根据现场实际情况，结合工程特点，制定经济、合理、低耗、适用的方案措施，编制相应的材料进场计划和作业指导书。

④ 在采用暖棚法施工时，对暖棚的加热优先采用热风机装置。如利用天然气、焦炭炉或火炉等加热时，施工时应严格注意安全防火或煤气中毒。对暖棚的热耗应考虑围护结构的热量损失。

⑤ 施工中应做好同条件砂浆试块制作与养护，并同时做好测温记录。

(5) 质量标准

① 主控项目。

a. 砌体用砖或其他块材不得遭水浸冻。

b. 石灰膏、电石膏等应防止受冻，如遭冻结，应经融化后使用。

c. 拌制砂浆用砂，不得含有冰块和大于 10mm 的冻结块。

d. 外加剂的使用按设计要求或按有关规定使用。

e. 冬期低温下砌筑墙柱，收工时表面应用草垫，塑料薄膜做适当覆盖保温，防止冻坏墙体。

f. 冬期施工的砌体，应按"三一"砌砖法施工，灰缝不应大于 10mm。

g. 拌合砂浆时，水的温度不得超过 80℃，砂的温度不得超过 40℃，砂浆稠度宜较常温适当增大。

② 一般项目。

a. 基土有冻胀性时，应在未冻的地基上砌筑。在施工期间和回填土前，均应防止地基遭受冻结；基土无冻胀性时，基础可在冻结的地基上砌筑。

b. 普通砖、多孔砖和空心砖在气温高于0℃条件下砌筑时，应浇水湿润。气温低于或等于0℃条件下砌筑时，可不浇水，但必须增大砂浆稠度。抗震设防烈度为9度的建筑物，多孔砖、普通砖和空心砖无法浇水湿润时，如无特殊措施，不得砌筑。

c. 搅拌砂浆的出罐温度宜控制在15℃以上。其使用温度应符合下列规定：

ⅰ. 采用暖棚法时，不应低于5℃；

ⅱ. 采用掺外加剂法时，不应低于5℃；

ⅲ. 采用氯盐砂浆法时，不应低于5℃；

ⅳ. 采用冻结法。当室外空气温度分别为－10～0℃、－25～－11℃、－25℃以下时，砂浆使用最低温度分别为10℃、15℃、20℃。

d. 采用暖棚法施工时，要求砖石或砂浆的温度均不应低于5℃，而距离所砌的结构底面500mm处的棚内温度也不应低于5℃。

e. 在暖棚内的砌体，养护时间应根据暖棚内的温度按表8-22确定，同时暖棚内应保持一定的湿度，以利于砌体强度的增加。

表8-22　暖棚法砌体的养护期限　　　　　　　　　　　　　　d

暖棚的温度	5℃	10℃	15℃	20℃
养护时间	≥6	≥5	≥4	≥3

f. 在冻结法施工的解冻时间，应经常对砌体进行观测和检查，如果发现裂缝、不均匀下沉等情况，应立即采取加固措施。

g. 配筋砌体不得采用掺盐砂浆法施工。

h. 当采用掺盐砂浆法施工时，宜将砂浆强度等级按常温施工的强度等级提高一级。

细节145： 砌筑工程雨期施工

(1) 材料要求

① 砌块应规格一致，品种、强度必须符合设计要求；用于清水墙、柱表面的砌块，应边角整齐、色泽均匀；砌块应有出厂合格证明及检验报告；中小型砌块还应说明制造日期和强度等级。

② 水泥的品种与强度等级应根据砌体的部位及所处环境进行选择，一般宜采用32.5级普通硅酸盐水泥、矿渣硅酸盐水泥；有出厂合格证明及检验报告方可使用；不同品种的水泥不得混合使用。

③ 砂宜采用中砂，不得含有草根等杂物；配制水泥砂浆或水泥混合砂浆的强度等级≥M5时，砂的含泥量≤5%，强度<M5时，砂的含泥量≤10%。

④ 应采用不含有害物质的洁净水。

⑤ 掺合料

a. 黏土膏：以使用不含杂质的黄黏土为宜；使用前加水淋浆，并过 6mm 孔径的筛子，沉淀后方可使用。

b. 石灰膏：熟化时间不少于 7 天，严禁使用脱水硬化的石灰膏。

c. 其他掺合料：粉煤灰、电石膏等掺量应由试验部门试验决定。

⑥ 对木门、木窗、石膏板、轻钢龙骨等以及怕雨淋的材料如水泥等，应采取有效的措施，放入棚内或屋内，要垫高码放并要通风，以防受潮。

⑦ 防止混凝土、砂浆受雨淋含水过多，影响砌体质量。

(2) 雨期施工措施

① 雨期施工的工作面不宜过大，应该逐段、逐区域地分期施工。

② 在雨期施工前，应对施工场地原有排水系统进行检修疏通或加固，在必要时应增加排水措施，保证水流畅通；另外，还应防止地面水流入场地内；在傍山、沿河地区施工，应采取必要的防洪措施。

③ 基础坑边要设挡水埝，为防止地面水流入。基坑内设集水坑并配足水泵。坡道部分应备有临时接水措施（如草袋挡水）。

④ 基坑挖完后，应立即浇筑好混凝土垫层，防止雨水泡槽。

⑤ 当基础护坡桩距既有建筑物较近者时，应随时测定位移情况。

⑥ 控制砌体的含水率，不得使用过湿的砌块，以避免砂浆流淌，影响砌体质量。

⑦ 确实无法施工时，可留接槎缝，但应做好接缝的处理工作。

⑧ 在施工过程中，考虑足够的防雨应急材料，如人员配备雨衣、电气设备配置挡雨板、成形后砌体的覆盖材料。尽量避免砌体被雨水冲刷，以免砂浆被冲走，影响砌体的质量。

(3) 安全施工措施

① 脚手架下的基土夯实，搭设稳固，并有可靠的防雷接地措施。

② 雨期施工基础放坡，除按规定要求外，必须做补强护坡。

③ 雨天使用电气设备，要有可靠防漏电措施，防止漏电伤人。

④ 对各操作面上的露天作业人员，准备好足够的防雨、防滑防护用品，以确保工人的健康安全，同时避免造成安全事故。

⑤ 雷雨时工人不要在高墙旁或大树下避雨，不要走近电杆、铁塔、架空电线和避雷针的接地导线周围 10m 以内地区。

⑥ 当有大雨或暴雨时，砌体工程一般应停工。

⑦ 严格控制"四口五临边"的围护，设置道路防滑条。

细节 146： **抹灰工程冬期施工**

在我国北方全年最高温差大约为 70℃ 以上，而且负温时间延续近 5 个月之久。抹灰的砂浆在温度的变化下，亦有相当程度的反应，因此冬期施工也是一个技术性的问题。一般在连续 10 天最高温度不超过 5℃，或当天温度不超过 -3℃

时，应按照冬期施工法施工。冬期施工依温度的高低程度和工程对施工的要求，可分为冷做法和热做法。

(1) 冷做法 冷做法是通过在砂浆中掺入化学外加剂，例如氯化钠、氯化钙、漂白粉、亚硝酸钠，以降低砂浆的冰点，来达到砂浆抗冻的目的。但所掺加的化学外加剂中含有对结构中的钢筋有腐蚀作用的 Cl^-、HCO_3^-、HNO_3^- 等负离子以及活跃的 Na^+、Ca^{2+} 等正离子，因而又增加砂浆的导电性能，以及在砂浆干燥后化学剂会不断在抹灰层表面析出，使抹灰层上的油漆等粉刷层脱皮，影响美观。因此在一些工程如发电所、变电站及一些要求较高的建筑中不得使用。

冷做法施工的砂浆的配合比及化学外加剂的种类掺入量，应按照设计要求或通过试验室试验后决定。如无设计要求和试验能力，可参考下列方法。

① 在砂浆中掺入氯化钠时，要依当日气温而定，具体可参考表 8-23。

表 8-23　砂浆中掺入氯化钠与大气温度关系

项目	室外大气温度/℃				备注
	−3～0	−6～−4	−8～−7	−14～−9	
墙面抹水泥砂浆	2	4	6	8	
挑檐、阳台雨罩抹水泥砂浆	3	6	8	10	
抹水刷石	3	6	8	10	掺量均以百分率计
抹干粘石	3	6	8	10	
贴面砖、锦砖	2	4	6	8	

② 氯化钠的掺入量是按砂浆中总含水量计算而得，由于砂子和石灰膏中均有含水量，因此要把石灰膏和砂的含水量计算出来综合考虑。砂子的含水量可依砂的用量多少，通过试验测定出砂子的含水率。砂的含水率可依照下式进行计算：

含水率＝(未烘干砂子质量−烘干后砂子质量)/未烘干砂子质量×100％

$$(8-2)$$

然后再用砂子含水率乘以用量得出含水量。

石灰膏的含水量可依石灰膏的稠度与含水率的关系计算得出。石灰膏的稠度与含水率的关系，见表 8-24。

③ 在采用氯化钠作为化学附加剂时，应由专人配制溶液。方法是先在两个大桶中，化 20％浓度的氯化钠溶液；在用另外两个大桶放入清水，搅拌砂浆前，清水桶中放入适量的浓溶液，稀释成所需浓度，测定浓度时可用比重计先测定出溶液的密度，再依密度和浓度的关系及所需浓度兑出所需密度值的溶液。密度和浓度的关系可参照表 8-25。

④ 砂浆中漂白粉的掺入量要按比例掺入水中，先搅拌至融化后，加盖沉淀1～2h，待澄清后使用。漂白粉掺入量与温度之间关系可参见表 8-26。

表 8-24　石灰膏稠度与其含水率关系

石灰膏稠度/cm	含水率/%	石灰膏稠度/cm	含水率/%
1	32	8	46
2	34	9	48
3	36	10	50
4	38	11	52
5	40	12	54
6	42	13	56
7	44	—	—

表 8-25　密度与浓度关系

浓度/%	1	2	3	4	5	6	7	8	9	10	11	12	25
相对密度	1.005	1.013	1.020	1.027	1.034	1.041	1.049	1.056	1.063	1.071	1.078	1.086	1.189

表 8-26　氯化砂浆的温度与大气温度关系

大气温度/℃	−12~−10	−15~−13	−18~−16	−21~−19	−25~−22
每100kg水中加入的漂白粉量/kg	9	12	15	18	21
氯化钠水溶液相对密度	1.05	1.06	1.07	1.08	1.09

当大气温度在−25~−10℃之间时，对于急需的工程，可以采用氯化钠砂浆进行施工。但氯化钠只可掺加在硅酸盐水泥及矿渣硅酸盐水泥中，不允许掺入高铝水泥中。在大气温度低于−26℃时，不得施工。冷做法施工时，调制砂浆的水要进行加温，但不得超过35℃。砂浆在搅拌时，首先要把水泥和砂先行掺合均匀，加氯化水溶液搅拌至均匀，如果采用混合砂浆，石灰膏的用量不允许超过水泥质量的一半。砂浆在使用时要具有一定的温度。砂浆的温度可依气温的变化而不同。砂浆的温度可参考表 8-27。

表 8-27　氯化砂浆中漂白粉掺量与温度关系

室外温度/℃	搅拌后的砂浆温度/℃		室外温度/℃	搅拌后的砂浆温度/℃	
	无风天气	有风天气		无风天气	有风天气
−10~0	10	15	−25~−21	20~25	30
−20~−11	15~20	25	−26 以下时	不宜再施工	不宜再施工

冷做法抹灰时，如果基层表面有霜、雪、冰，要用热氯化钠溶液进行刷洗，当基层融化后方可施工。冻结后的砂浆要待砂浆融化，搅拌均匀后方可使用，拌制的氯化砂浆要随拌随用，不可停放。在抹灰完成后，不能浇水养护。冷做法施工的具体操作，基本与通常抹灰相似。

（2）**热做法**　热做法是通过各种方法提高环境温度，达到防冻目的的施工方法。热做法一般多用于室内抹灰，对于室外一些急需工程，且工程量不很大时，可通过搭设暖棚的方法进行施工。

热做法施工时，环境温度要在5℃以上，要将门窗事先封闭好。室内要进行采暖，采暖的方式可通过正式工程的采暖设备。如果没有条件，要采用搭火炉的方法，但在使用火炉时，要用烟囱，并保持良好的通风，以免煤气中毒。

所用的材料要进行保温和加热，如淋灰池、砂浆机处都要搭棚保温，砂子要通过蒸汽或在铁盘上炒热及火炕加热。水要通过蒸汽加热或大锅烧水等方法进行加热。运输砂浆的小车要有保温覆盖的草袋等物。房间的进出口要设有棉布门帘保温。施工用的砂浆，要在正温房间及暖棚中进行搅拌，砂浆的使用温度应在5℃以上，一般采用水或砂加热的方法来提高砂浆温度。但拌制砂浆的水要低于80℃，以免水泥产生假凝的现象。

热做法的操作与常温下操作方法相同，但抹灰的基层要在5℃以上，否则要对基层提前加温，对于结构采用冻结法施工的砌体，应进行加热解冻后方可施工。在热做法施工的过程中，要有专人对室内进行测温，室内的环境温度，以地面以上50cm处为准。

细节 147： **抹灰工程雨期施工**

雨期施工要对所用材料进行防雨、防潮管理。水泥库房要封闭密闭，顶、墙不得渗水和漏水，库房要设在地势较高的地方。水泥的进料要有计划，一次不能进料过多，要随用随进，在运输和存放时不能受潮。

拌合好的砂浆要避雨运输，一般在阴雨时节施工时，砂浆吸水较慢，因此要控制用水量，拌合的砂浆要比晴天拌合的砂浆稠度要稍小一些。砂子的堆放场地也应在较高的地势之处，不能积水，必要时要挖好排水沟。搅拌砂浆时加水量要包括砂子所含的水量。

饰面板、块也要在室内或搭棚存放，如果经长时间雨淋后，在使用时一定要阴干至表面水膜退去后在使用，以免造成粘贴滑坠和粘贴不牢而空鼓。

对麻刀等松散材料一定不要受潮，要保持干燥、膨松状态。

在抹灰施工时，要先把屋面防水层做完后，再进行室内抹灰，在室外抹灰时，要掌握好当天或近几日气象信息，有计划地进行各部的涂抹。在局部涂抹后，如在未凝固前有降雨时，要进行遮盖防雨，以免被雨水冲刷而破坏抹灰层的平整和强度。

在雨期施工时，基层的浇水湿润，要掌握适度，该浇水的要浇水，浇水量要依据具体情况而决定，不该浇水的一定不能浇水，而且对某局部被雨水淋透之处要阴干后才能在其上涂抹砂浆，以免造成滑坠和鼓裂、脱皮等现象。要将整个雨期的施工，做一整体计划，采用相应的若干措施，做到在保证质量的前提下，进行稳步生产。

9 建设项目监理管理

9.1 建设工程监理合同的内容与形式 ▶▶▶

细节 148：《建设工程监理合同》（示范文本）的内容

《建设工程监理合同（示范文本）》（GF-2012-0202）由"协议书"、"通用条件"、"专用条件"组成。

（1）"协议书" 协议书明确了当事人双方确定的委托监理工程的概况（包括工程名称、工程地点、工程规模、工程概算投资额或建筑安装工程费）；词语限定；组成监理合同的文件，包括协议书、中标通知书（适用于招标工程）或委托书（适用于非招标工程）、投标文件（适用于招标工程）或监理与相关服务建议书（适用于非招标工程）、专用条件、通用条件、附录（即：附录A相关服务的范围和内容、附录B委托人派遣的人员和提供的房屋、资料、设备）；总监理工程师（姓名、身份证号码、注册号）；签约酬金（包括监理酬金和相关服务酬金）；期限（包括监理期限和相关服务期限）；双方承诺；合同订立等。

（2）"通用条件" 通用条件包括：定义与解释；监理人的义务；委托人的义务；违约责任；支付；合同生效、变更、暂停、解除与终止；争议解决；其他（包括外出考察费用、检测费用、咨询费用、奖励、守法诚信、保密、通知、著作权）。

（3）"专用条件" 由于标准条件适用于所有的建设工程监理，因此其中的某些条款规定得比较笼统，需要在签订具体工程项目的监理合同时，结合地域特点、专业特点以及委托监理项目的工程特点，对标准条件中的某些条款补充、修正。如对委托监理的工作内容，如果认为标准条件中的条款还不够全面，可允许在专用条件中增加合同双方议定的条款内容。

① 补充是指标准条件中的某些条款明确规定，在该条款确定的原则下在专用条件的条款中进一步明确具体内容，使两个条件中相同序号的条款共同组成内容完备的条款。

② 修改是指标准条件中规定的程序方面的内容，如果双方认为不合适，可

经协议进行修改。如果委托人认为这个时间太短，在与监理人协商并达成一致意见后，可在专用条件的相同序号条款内修改，延长时间。

细节 149： 建设工程监理合同的形式

监理合同的形式见表9-1。

表 9-1　监理合同的形式

序号	形式	具体内容
1	标准化合同	为了使委托监理行为规范化,减少合同履行过程中的争议(或纠纷),政府部门或行业组织制定出标准化的合同示范文本,以供委托监理任务时作为合同文件采用。标准化合同通用性强,采用规范的合同格式,条款内容覆盖面较广,双方只要就达成一致的内容写入相应的具体条款即便可。标准合同因将履行过程中所涉及的法律、技术及经济等各方面问题都作出了相应的规定,合理地分担双方当事人的风险并约定了各种情况下的执行程序,不仅利于双方在签约时讨论、交流及统一认识,且有助于监理工作的规范化实施
2	信件式合同	信件式合同一般由监理单位编制有关内容,由委托人(发包人)签署批准意见,并留一份备案后给监理单位执行。这种合同形式一般适用于监理任务较小或简单的小型工程。也可在正规合同的履行过程中,根据实际工作进展情况,监理单位认为需要增加某些监理工作任务时,以信件的形式提交委托人,经委托人批准后,作为正规合同的补充合同文件
3	双方协商签订合同	这种监理合同以法律与法规的要求作为基础,双方结合委托监理工作的内容和特点,通过友好协商订立相关条款,达成一致后,签字盖章生效。合同的格式与内容不受任何限制,双方就权利与义务所关注的问题以条款形式具体约定即可
4	委托通知单	正规合同履行过程中,委托人用通知单形式把监理单位在订立委托合同时建议增加而当时未接受的工作内容进一步委托给监理方。这种委托只是在原定工作范围外增加少量工作任务,通常原订合同中的权利义务不变。如果监理单位不表示异议,委托通知单即成为监理单位所接受的协议
5	合同变更	监理合同内涉及合同变更的条款主要指合同责任期的变更与委托监理工作内容的变更两方面。 ①合同责任期的变更。签约时注明的合同有效期未必就是监理人的全部合同责任期,如果在监理过程中因工程建设进度推迟或延误而超过约定的日期,监理合同并不到期终止。当因委托人和承包人的原因而使监理工作受到阻碍(或延误),则监理人应当将此情况与可能产生的影响及时通知委托人,完成监理业务的时间相应延长 ②监理工作内容变更。监理合同内约定的正常监理服务工作,监理人要尽职尽责地完成。合同履行期间因发生某些客观或人为事件而导致一方或双方不能正常履行其职责时,委托人代表与监理人都有权提出变更合同的要求。合同变更的后果一般都会导致合同有效期的延长(或提前终止),及增加监理方的附加工作或额外工作

9.2 建设工程监理合同的订立与履行 ▶▶▶

细节 150： **监理合同的订立**

(1) 监理合同订立 签约双方要对对方的基本情况有所了解，其中包括资质等级、财务状况、营业资格、工作业绩、社会信誉等。作为监理人还应结合自身状况和工程情况，考虑竞争该项目的可行性。监理人在获得委托人的招标文件或与委托人草签协议之后，应立即对工程所需费用作出预算，提出报价，同时对招标文件中的合同文本分析、审查，为合同谈判和签约提供决策依据。无论何种方式招标中标，委托人与监理人都要就监理合同的主要条款进行谈判。谈判内容应具体，责任要明确，并且要有准确的文字记载。委托人代表不得以手中有工程的委托权，而不以平等的原则对待监理人，同时应当认识到，监理工程师的良好服务，将会为委托人带来巨大的利益。监理人应利用法律赋予的平等权利进行对等谈判，对重大问题不能迁就或无原则让步。经过谈判，双方就监理合同的各项条款达成一致意见，即可正式签订合同文件。

(2) 委托监理业务范围 监理合同的范围包括监理工程师为委托人提供服务的范围与工作量。委托人委托监理业务的范围非常广泛，从工程建设各阶段来说，可包括项目前期立项咨询、实施阶段、设计阶段、保修阶段的全部监理工作或某一阶段的监理工作。在每一阶段内，又可进行投资、质量与工期的三大控制，及信息与合同两项管理。但就具体项目而言，应结合工程的特点，监理人的能力，建设不同阶段的监理任务等诸多因素，将委托的监理任务详细地写入合同的专用条件之中。如进行工程技术咨询服务，其工作范围可确定为进行可行性研究，各种方案的成本效益分析，提出质量保证措施，建筑设计标准、技术规范准备等。施工阶段监理可包括以下几方面内容。

① 技术监督和检查。检查工程设计、材料与设备质量，对操作或施工质量的监理与检查等。

② 协助委托人选择承包人，组织设计、施工与设备采购等招标。

③ 施工管理包括质量控制、成本控制及计划和进度控制等。一般施工监理合同中"监理工作范围"条款，一般应与工程项目总概算、单位工程概算所涵盖的工程范围相一致，或与工程总承包合同、单项工程承包所涵盖的范围相一致。

(3) 监理合同订立时需注意的问题

① 坚持按法定程序签署合同。监理合同的签订意味着委托关系的形成，委托方与被委托方的关系即将受到合同的约束，因此签订合同必须是双方法定代表人或经其授权的代表签署并监督执行。在合同签署的过程中，应检验代表对方签字人的授权委托书，以防合同失效或不必要的合同纠纷。

② 不可忽视来往函件。在合同洽商的过程中，双方一般会用一些函件确认

双方达成的某些口头协议或书面交往文件，后者构成招标文件与投标文件的组成部分。为了确认合同责任及明确双方对项目的有关理解和意图，以防将来产生分歧，在签订合同时，双方达成一致的部分应写入合同附录或专用条款内。

③ 其他应注意的问题。在监理合同的签署过程中，双方均应注意，涉及合同的每一份文件均为双方在执行合同过程中对各自承担义务相互理解的基础。一旦出现争议，这些文件也是保护双方权利的法律基础。因此要注意合同文字的简洁、清晰，每个措辞都应是经过双方讨论，以确保对工作范围、采取的工作方式方法以及双方对相互间的权利与义务确切理解。一份写得很清楚的合同，如果未经充分的讨论，双方的理解不可能完全一致；对于一项时间要求特别紧迫的任务，在委托方选择了监理单位之后，在签订委托合同之前，双方均可通过使用意图性信件进行交流，监理单位对意图性信件的用词要认真审查，尽量使对方容易理解、接受，否则就有可能在忙乱中导致合同谈判失败或者遭受其他意外损失。监理单位在合同事务中，应注意充分利用法律服务，因为监理合同的法律性很强，监理单位应配备此方面的专家，这样在准备标准合同格式、检查其他人提供的合同文件以及研究意图性信件时，才不会出现失误。

细节 151： 监理合同的履行

(1) 委托人的履行要点

① 严格按照监理合同的规定履行义务。监理合同内规定的应由委托人负责的工作，是合同最终实现的基础，如外部关系的协调，为监理工作提供外部条件或为监理人提供获取本工程使用的原材料、构配件及机械设备等生产厂家名录等，均为监理人做好工作的先决条件。委托人应严格按照监理合同的规定，履行其应尽的义务，才有权要求监理人履行合同。

② 按照监理合同的规定行使权力。监理合同中规定的委托人权利，主要体现在以下几方面：

a. 对设计、施工单位的发包权；

b. 对监理人的监督管理权；

c. 对工程规模、设计标准的认定权及设计变更的审批权。

③ 委托人的档案管理。在全部工程项目竣工后，委托人需将全部合同文件，其中包括完整的工程竣工资料进行系统整理，并按照国家《档案法》及有关规定，建档保管。为确保监理合同档案的完整，委托人对合同文件及履行中与监理人之间进行的签证、补充合同备忘录、记录协议、电报、函件及电传等都要系统地认真整理，并妥善保管。

(2) 监理人的履行要点 监理合同一经生效，监理人就要按合同规定，行使权力，履行义务。

① 确定项目总监理工程师，成立项目监理机构。每一个拟监理的工程项目，监理人都要结合工程项目性质、规模、委托人对监理的要求，委派称职的人员担

任项目的总监理工程师，代表监理人全面负责此项目的监理工作。总监理工程师对内向监理人负责，对外向委托人负责。在总监理工程师的领导下，组建项目的监理机构，并按签订的监理合同，制订监理规划与具体的实施计划，开展监理工作。一般监理人在承接项目监理业务时，在参与项目监理的投标、拟订监理方案，及与委托人代表商签监理合同时，即应选派人员主持此项工作。在监理任务确定并签订监理合同后，该主持人可作为项目总监理工程师。这样，项目的总监理工程师在承接任务阶段早期介入，更能了解委托人的建设意图与对监理工作的要求，并与后续工作能更好地衔接起来。

② 制订工程项目监理规划。工程项目的监理规划是开展项目监理活动的纲领性文件，是按委托人委托监理的要求，在详细了解监理项目有关资料的基础上，根据监理的具体条件编制的开展监理工作的指导性文件。其内容主要包括：

a. 工程概况；

b. 监理主要措施；

c. 监理范围和目标；

d. 监理组织和项目监理工作制度等。

③ 制订各专业监理工作计划或实施细则。在监理规划的指导下，为具体指导投资控制、质量控制及进度控制的进行，还应结合工程项目实际情况，制订相应的实施计划（或细则）。

④ 根据制订的监理工作计划和运行制度，规范化地开展监理工作。

⑤ 监理工作总结归档。监理工作总结包括以下三部分内容。

a. 向委托人提交监理工作总结。其内容包括：

ⅰ. 监理合同履行情况概述；

ⅱ. 由委托人提供的供监理活动使用的办公用房、车辆及试验设施等清单；

ⅲ. 监理任务或监理目标完成情况评价；表明监理工作终结的说明等。

b. 监理单位内部的监理工作总结。其内容包括：

ⅰ. 监理工作的经验，可为采用某种监理技术、方法的经验；

ⅱ. 可以是签订监理合同方面的经验，也可以是采用某种经济措施、组织措施的经验；

ⅲ. 处理好与建设单位及承包单位关系的经验等。

c. 监理工作中存在的问题与改进的建议，以指导今后的监理工作，并向政府有关部门提出相关政策建议，不断提高我国工程建设监理的水平。

在全部监理工作完成后，监理人要注意做好监理合同的归档工作。监理合同归档资料需包括：监理合同（包括与合同有关的在履行中与委托人之间进行的签证、补充合同备忘录、电报、函件等）、监理规划、监理大纲、在监理工作中的程序性文件（包括监理会议纪要及监理日记等）。

(3) 监理合同的变更

① 任何一方提出变更请求时，双方经协商一致后可进行变更。

② 除不可抗力外，因非监理人原因导致监理人履行合同期限延长、内容增加时，监理人应当将此情况与可能产生的影响及时通知委托人。增加的监理工作时间、工作内容应视为附加工作。附加工作酬金的确定方法在"专用条件"中约定。

③ 合同生效后，如果实际情况发生变化使得监理人不能完成全部或部分工作时，监理人应立即通知委托人。除不可抗力外，其善后工作以及恢复服务的准备工作应为附加工作，附加工作酬金的确定方法在"专用条件"中约定。监理人用于恢复服务的准备时间不应超过 28 天。

④ 监理合同签订后，遇有与工程相关的法律法规、标准颁布或修订的，双方应遵照执行。由此引起监理与相关服务的范围、时间、酬金变化的，双方应通过协商进行相应调整。

⑤ 因非监理人原因造成工程概算投资额或建筑安装工程费增加时，正常工作酬金应作相应调整。调整方法在"专用条件"中约定。

⑥ 因工程规模、监理范围的变化导致监理人的正常工作量减少时，正常工作酬金应作相应调整。调整方法在"专用条件"中约定。

9.3 监理合同的违约责任与争议解决 ▶▶▶

细节 152：监理合同的违约责任

在合同履行过程中，因当事人一方的过错，造成合同不能履行或不能完全履行，由有过错的一方承担违约责任；如果是双方的过错，根据实际情况，由双方分别承担其违约责任。为确保监理合同规定的各项权利义务能顺利实现，《建设工程监理合同（示范文本）》（GF-2012-0202）制定了约束双方行为的条款："委托人责任"、"监理人责任"。

(1) 监理人的违约责任 监理人未履行监理合同义务的，应承担相应的责任。

① 因监理人违反监理合同约定给委托人造成损失的，监理人应当赔偿委托人损失。赔偿金额的确定方法在专用条件中约定。监理人承担部分赔偿责任的，其承担赔偿金额由双方协商确定。

② 监理人向委托人的索赔不成立时，监理人应赔偿委托人由此发生的费用。

(2) 委托人的违约责任 委托人未履行监理合同义务的，应承担相应的责任。

① 委托人违反监理合同约定造成监理人损失的，委托人应予以赔偿。

② 委托人向监理人的索赔不成立时，应赔偿监理人由此引起的费用。

③ 委托人未能按期支付酬金超过 28 天，应按专用条件约定支付逾期付款利息。

(3) 除外责任 因非监理人的原因，且监理人无过错，发生工程质量事故、安全事故、工期延误等造成的损失，监理人不承担赔偿责任。

因不可抗力导致监理合同全部或部分不能履行时，双方各自承担其因此而造成的损失、损害。

细节 153： 监理人的责任限度

由于建设工程监理是以监理人向委托人提供技术服务为特性，在服务过程中，监理人主要凭借自身知识、技术与管理经验，向委托人提供咨询与服务，替委托人管理工程。同时，在工程项目的建设过程中，会受到诸多因素限制。鉴于上述情况，在责任方面作出下列规定：

① 监理人在责任期内，如果因过失而造成经济损失，要负监理失职的责任；

② 监理人不对责任期以外发生的任何事情所引起的损失（或损害）负责，也不对第三方违反合同规定的质量要求和完工（交图、交货）时限负责。

细节 154： 对监理人违约处理的规定

① 如委托人发现从事监理工作的某个人员无法胜任工作或有严重失职行为时，有权要求监理人调换监理人员。监理人接到通知后，应在合理的时间内调换该监理人员，而且不应让他在该项目上再承担监理工作。如果发现监理人或某些工作人员从被监理方获取任何贿赂（或好处），将构成监理人严重违约。如监理人的严重失职行为或有失职业道德的行为而使委托人受到损害的，委托人有权终止合同关系。

② 监理人在责任期内因其过失行为而造成委托人损失的，委托人有权要求进行赔偿。赔偿的计算方法是扣除与该部分监理酬金相适应的赔偿金，但赔偿总额不得超出扣除税金后的监理酬金总额。如果监理人员不按合同履行监理职责，或与承包人串通给委托人或工程造成损失的，委托人有权要求监理人更换监理人员，直至终止合同，并要求监理人承担相应的赔偿责任及连带赔偿责任。

细节 155： 监理合同的暂停与解除

除双方协商一致可以解除监理合同外，当一方无正当理由未履行监理合同约定的义务时，另一方可以根据监理合同约定暂停履行监理合同直至解除监理合同。

① 在监理合同有效期内，由于双方无法预见和控制的原因导致监理合同全部或部分无法继续履行或继续履行已无意义，经双方协商一致，可以解除监理合同或监理人的部分义务。在解除之前，监理人应作出合理安排，使开支减至最小。

因解除监理合同或解除监理人的部分义务导致监理人遭受的损失，除依法可以免除责任的情况外，应由委托人予以补偿，补偿金额由双方协商确定。

解除监理合同的协议必须采取书面形式，协议未达成之前，监理合同仍然有效。

② 在监理合同有效期内，因非监理人的原因导致工程施工全部或部分暂停，委托人可通知监理人要求暂停全部或部分工作。监理人应立即安排停止工作，并将开支减至最小。除不可抗力外，由此导致监理人遭受的损失应由委托人予以补偿。

暂停部分监理与相关服务时间超过 182 天，监理人可发出解除监理合同约定的该部分义务的通知；暂停全部工作时间超过 182 天，监理人可发出解除监理合同的通知，监理合同自通知到达委托人时解除。委托人应将监理与相关服务的酬金支付至监理合同解除日，且应承担约定的责任。

③ 当监理人无正当理由未履行监理合同约定的义务时，委托人应通知监理人限期改正。若委托人在监理人接到通知后的 7 天内未收到监理人书面形式的合理解释，则可在 7 天内发出解除监理合同的通知，自通知到达监理人时监理合同解除。委托人应将监理与相关服务的酬金支付至限期改正通知到达监理人之日，但监理人应承担约定的责任。

④ 监理人在"专用条件"中约定的支付之日起 28 天后仍未收到委托人按监理合同约定应付的款项，可向委托人发出催付通知。委托人接到通知 14 天后仍未支付或未提出监理人可以接受的延期支付安排，监理人可向委托人发出暂停工作的通知并可自行暂停全部或部分工作。暂停工作后 14 天内监理人仍未获得委托人应付酬金或委托人的合理答复，监理人可向委托人发出解除监理合同的通知，自通知到达委托人时监理合同解除。委托人应承担约定的责任。

⑤ 因不可抗力致使监理合同部分或全部不能履行时，一方应立即通知另一方，可暂停或解除监理合同。

⑥ 监理合同解除后，监理合同约定的有关结算、清理、争议解决方式的条件仍然有效。

细节 156：监理合同争议解决

（1）协商 双方应本着诚信原则协商解决彼此间的争议。

（2）调解 如果双方不能在 14 天内或双方商定的其他时间内解决本合同争议，可以将其提交给专用条件约定的或事后达成协议的调解人进行调解。

（3）仲裁或诉讼 双方均有权不经调解直接向专用条件约定的仲裁机构申请仲裁或向有管辖权的人民法院提起诉讼。

10 建设项目收尾与竣工验收管理

10.1 项目收尾管理 >>>

细节 157：项目收尾配套及各项试验工作

(1) 外线配套工程 外线配套工程指上水、下水、供气、供暖、供电、交通、通信等与相应的市政设施或单位内部已有设施的连通和供给。当主项工程进入收尾阶段时，与市政设施连通的所有外线配套工程应当全部完成，待主项工程验收完毕，交付使用前接通供给。单位内部的外线配套工程，应充分考虑单位的总体建设规划，安排相对永久性的设施，其配套工程也应在主项工程交付使用前完成。

(2) 各项试验 上水管道要做打压试验，下水管道要做通水试验。其设备要做通水试验，包括给排情况、给排方式、给排质量以及给排对外界的影响等，均须按照设计要求和《规范》规定进行满负荷或超负荷试验。将各项隐患和质量问题充分暴露，以便及时完善，给验收做好准备。

供热和煤气的管道必须做打压试验，煤气设备器具在正式供气之前应连同管道一起作模拟试验。

电气工程除应做管线的绝缘试验和接地电阻试验外，对灯具、开关、插销、配电盘以及各种警示、保护设施等都应进行安装和使用的检查。设备要做试运转。

甲方除督促乙方组织各项试验以及设备试运转工作外，还应当邀请该设备交付使用后的管理人员和技术人员共同参加，以便于熟悉情况，衔接工作。

细节 158：项目收尾阶段的最后修补

当工程进入收尾阶段时，甲方应组织各专业人员分期分批分段对工程的全部项目进行逐项细致检查，检查时发现的质量问题应按项目分别列出并注明位置、情况及修补意见和期限，开列清单，交施工单位按期进行修补。修完后按清单再行复查。如存在问题，再列清单提出补修。如此反复数次，直至确认全部修好，始可组织初验。

修补工作应由有经验的技术工人处理，一次做好。修补过程中应加强检查监督。对于修补后的检查，更应认真仔细，务使彻底合格，不可马虎，留下隐患。

细节 159： **工程项目遗留事项的商订**

对于大型工程项目而言，即使已达到竣工验收的标准，办理了验收和移交固定资产手续的投资项目，不可避免地存在某些影响生产和使用的遗留问题。《建设项目（工程）竣工验收办法》规定，不合格的工程不予验收，对遗留的问题提出具体解决意见，限期落实完成。对于这些问题应实事求是地妥善加以处理。常见的遗留问题主要表现在以下几个方面。

（1）遗留尾工

① 属于承包合同范围内的遗留的尾工，要求承包商在一定的期限内扫尾完成。

② 属于各承包合同以外的工程少量尾工，建设单位可一次或分期划给生产单位包干实施。基本建设投资（包括贷款）仍由银行监督结转使用，但从包干投资划归生产单位起，大中型项目即从计划中销号，不再列入大中型工程收尾项目。

③ 分期建设分期投产的项目，前一期工程验收时遗留的少量尾工，可在建设后一期工程时一并组织实施。

（2）协作配套问题

① 投产后原材料、协作配套供应的物资等外部条件不落实或发生变化，验收交付使用后由建设方和有关主管部门抓紧解决。

② 因为产品成本高、价格低、或产品销路不畅、验收投产后要发生亏损的项目，仍应按时组织验收。在交付生产后，建设方应抓好经营管理、提高生产技术水平，增收节支等措施解决亏损。

（3）"三废"治理 "三废"治理工程必须严格按照规定与主体工程同时建成交付使用。对于不符合要求的情况，验收委员会会同地方环保部门，根据"三废"的危害程度予以区别对待。

① 危害后果不很严重，为了迅速发挥投资效益，可同意办理固定资产移交手续，但要安排足够的投资、材料、限期完成治理工程。在期限内，环保部门根据具体情况，如果同意，可酌情减免排污费。当逾期未完成时，环保部门有权勒令停产或征收排污费。

② 危害很严重的，"三废"未解决前不允许投料试车，否则，要追究责任。

（4）劳保安全措施 劳动保护措施必须严格按照规定与主体工程同时建成，同时交付使用。对竣工中遗留的或试车中发现的必须新增的安全、卫生保护设施，要安排投资和材料限期完成。

（5）工艺技术和设备缺陷 对于工艺技术有问题，设备存在缺陷的项目，除应追究有关方的责任和索赔外，可根据不同的情况区别对待。

① 经过投料试车考核，证明设备性能确实达不到设计能力的项目，在索赔之后征得原批准单位同意，可以在验收中根据实际情况重新核定设计能力。

② 经主管部门审查同意，继续作为投资项目调整、巩固，以期达到预期生产能力，或另行调整其用途。

10.2 项目竣工验收管理 >>>

细节 160： 项目竣工验收的范围、条件与依据

项目竣工验收的范围、条件与依据见表 10-1。

表 10-1 项目竣工验收的范围、条件与依据

序号	项目	具体内容
1	建设项目竣工验收的范围	根据国家颁布的建设法规，凡新建、扩建、改建的基本建设项目和技术改造项目，按批准的设计文件所规定的内容建成，符合验收标准，即：工业项目经过投料试车合格，形成生产能力的，非工业项目符合相关设计要求，能够正常使用的，都要及时组织验收，办理移交固定资产手续。某些特殊情况，工程施工虽未全部按设计要求完成，也要进行验收，这些特殊情况是指以下几种 ①由于少数非主要设备或某些特殊材料短期内不能解决，虽然工程内容还未全部完成，但已可以投产或使用的工程项目 ②按规定的内容已完成，但由于外部条件的制约，如流动资金不足，生产所需原材料不能满足等，导致已建成工程不能投入使用的项目 ③有些建设项目或单项工程，已形成部分生产能力或实际上生产单位已经使用，但近期内不能按原设计规模进行续建，应从实际情况出发经主管部门批准后，可缩小规模对已完成的工程与设备组织竣工验收，移交固定资产
2	建设项目竣工验收的条件	建设项目应达到以下基本条件，才能组织竣工验收 ①建设项目按照工程合同规定及设计图纸要求已全部施工完毕，达到国家规定的质量标准，能够满足生产与使用的要求 ②主要工艺设备已安装配套，经联动负荷试车合格，构成生产线，形成生产能力，并能够生产出设计文件中所规定的产品 ③交工工程达到窗明地净，水通灯亮及采暖通风设备正常运转 ④职工公寓及其他必要的生活福利设施，能适应初期的需要 ⑤建筑物周围 2m 以内的场地清理完毕 ⑥生产准备工作能适应投产初期的需要 ⑦竣工决算已完成 ⑧技术档案资料齐全，符合交工要求
3	建设项目竣工验收的依据	进行建设项目竣工验收的主要依据包括以下几方面 ①上级主管部门对该项目批准的各种文件。包括可行性研究报告、初步设计及与项目建设有关的各种文件 ②国家颁布的各种标准和规范 ③工程设计文件。包括施工图纸及说明与设备技术说明书等 ④合同文件。包括施工承包的工作内容和应达到的标准，及施工过程中的设计修改变更通知书等

安装工程、土建工程、管道工程、人防工程等的各自的验收标准不尽相同。

(1) 安装工程的验收标准 按照设计要求的施工项目内容、技术质量要求及验收规范的规定进行验收。

(2) 土建工程的验收标准 凡生产性工程、辅助公用设施及生活设施按照设计图纸、技术说明书、验收规范验收。同时，工程质量还应符合施工承包合同条款规定的要求。

(3) 大型管道工程的验收标准 按设计内容、设计要求、施工规格、验收规范（或分段）按质量标准铺设完毕和竣工，泵验必须符合规定要求，管道内部的垃圾要清除干净，输油管道、自来水管道还要经过清洗和消毒，输气管道还要经过输气换气实验。在实验前对管道材质及防腐层（内壁及外壁）要根据规定标准进行验收，钢材要注意焊接质量并加以评定和验收。

(4) 人防工程的验收标准 凡有人防工程或结合建设的人防工程的验收必须符合人防工程的有关规定，并要求按安装工程等级安装好防护密闭门；室外通道在人防密闭门外的部位增设防护洞，排风洞等设备安装完毕。尚未安装的设备的，要做好设备基础预埋件等有了设备以后即能达到安装的条件；应做到内部粉刷完工；内部照明设备安装完毕，并可通电；工程无漏水，回填土结束；通道畅通等。

细节 162：项目竣工验收

(1) 施工单位申请交工验收 整个建设项目如果分成若干个合同交予不同的施工单位，施工方已完成了合同工程或按合同约定可分步移交工程的，均可申请交工验收。交工验收通常为单位工程，但在某些特殊情况下，也可以是单项工程的施工内容，如特殊基础处理工程及电站单台机组完成后的移交等。施工单位的施工满足竣工条件后，自身要先进行预检验，修补有缺陷的工程部位。设备安装工程还应与甲方及监理工程师共同进行无负荷的单机和联动试车。施工单位在完成以上工作并准备好竣工资料以后，即可向甲方提交竣工验收报告。

(2) 单项工程验收 单项工程验收对大型工程建设项目的意义重大，尤其是一些能独立发挥作用、产生效益的单项工程，更应竣工一项验收一项，这样可以使工程项目及早发挥效益。单项工程的验收也称交工验收，即验收合格后甲方便可投入使用。初步验收指国家有关主管部门还未进行最终的验收认可，只是施工涉及的有关各方所进行的验收。由甲方组织的交工验收主要是按照国家颁布的有关技术规范和施工承包合同，对以下几方面进行检查、检验。

① 检查工程质量、隐蔽工程的验收资料及关键部位的施工记录等，考查施工质量是否符合合同要求。

② 检查、核实竣工项目准备移交给甲方的所有技术资料的完整性及准确性。

③ 检查试车记录及试车中所发现的问题是否得到改正。

④ 按照设计文件与合同检查已完建工程是否有漏项。

⑤ 在交工验收中如发现需要返工、修补的工程，明确规定完成期限。

⑥ 其他有关问题。在验收合格后，甲方与施工单位共同签署《交工验收证书》。再由施工单位将有关技术资料，连同试车记录、试车报告及交工验收证书一并上报主管部门，经过批准后，该部分工程即可投入使用。

验收合格的单项工程，在全部工程验收时，不再办理验收手续。

(3) 全部工程验收　全部工程施工完成后，由国家有关主管部门组织的竣工验收，也称为动用验收。甲方参与全部工程验收。竣工验收分为验收准备、预验收及正式验收三个阶段。

① 验收准备阶段。竣工验收准备阶段的工作应由甲方组织施工、监理及设计等单位共同进行，主要包括以下几点。

a. 核实建筑安装工程的完成情况，列出已交工工程与未完工工程一览表（包括工程量、预算价值、完工日期等）。

b. 提出财务决算分析。

c. 落实生产准备工作，提出试车检查的情况报告。

d. 整理汇总项目档案资料，将所有档案资料整理装订成册，分类编目，并绘制工程竣工图。

e. 检查工程质量，查明需返工或补修的工程，提出具体修竣时间。

f. 登载固定资产，编制固定资产构成分析表。

g. 编写竣工验收报告。

② 预验收阶段。工程预验收阶段通常由上级主管部门或甲方代表组织设计、监理、施工、使用单位及有关部门组成预验收组，主要包括以下几项内容。

a. 检查财务账表是否齐全，数据是否真实，开支是否合理。

b. 检查项目建设标准，评定质量，对隐患与遗留问题提出处理意见。

c. 检查、核实竣工项目所有档案资料的完整性与准确性是否符合归档要求。

d. 检查试车情况与生产准备情况。

e. 督促返工、补做工程的修竣及收尾工程的完工。

f. 预验收合格后，甲方向主管部门提出正式验收报告。

g. 编写竣工预验收报告、移交生产准备情况报告。

h. 排除验收中有争议的问题，协调项目与有关方面、部门的关系。

③ 正式验收。工程竣工的正式验收由国家有关主管部门组成的验收委员会主持，建设单位与有关部门参加，主要包括以下几点。

a. 审查竣工项目移交生产使用的各种档案资料。

b. 审查试车规程，检查投产试车情况。

c. 听取建设单位对项目建设的工作报告。

d. 评审项目质量。对主要工程部位的施工质量复验、鉴定，对工程设计的合理性、先进性、经济性进行鉴定与评审。

e. 核定尾工项目，对遗留问题提出处理意见。

f. 审查竣工预验收鉴定报告，签署《国家验收鉴定书》，对整个项目作出总验收鉴定，对项目动用的可靠性作出结论。

(4) 竣工验收遗留问题处理

① 项目在竣工验收时，由于各方面原因，还有一些零星项目无法按时完成的，承发包双方应协商妥善处理。

② 对已形成生产能力，但近期内不能按设计规模建成的，已完成部分要先进行验收。

③ 引进设备已建成，形成生产能力的，组织验收。

④ 建设项目基本达到竣工验收标准，虽存在一些零星任务未完成，但不影响正常使用的，也需办理竣工验收手续，剩余未完成部分，限期完成。

⑤ 一般已具备竣工验收条件的项目，3个月内要组织验收。

⑥ 在事后控制中，应督促施工单位的质量回访及保修期内的质量保修，协助落实施工单位与建设单位的工程项目交接。

细节 163：项目竣工验收常用工作表格填写

(1) 分项工程质量验收表格 分项工程质量验收记录表见表 10-2。

表 10-2 分项工程质量验收记录表

工程名称：××工程　　　　　　　　　　　　　　　　　编号：×××

分项工程名称	填充墙砌体工程	质量验收执行标准	《砌体工程施工质量验收规范》 （GB 50203—2011）
序号	检验批部位、区、段	监理单位验收意见	建设单位验收意见
1	一层①～⑩轴	合格	合格
2	一层①～⑳轴	合格	合格
附件:检验批工程质量验收资料			
监理工程师的验收意见： 　　本分项工程所含检验批工程经验收合格,本分项工程验收合格 　　　　　　　　　　　　　　　　　　　监理工程师：××× 　　　　　　　　　　　　　　　　日期：××××年××月××日			
工地代表的验收意见： 　　本分项工程所含检验批工程经验收合格,本分项工程验收合格 　　　　　　　　　　　　　　　　　　　工地代表：××× 　　　　　　　　　　　　　　　　日期：××××年××月××日			

注：本表由工地代表填写一份，竣工后交工程技术主管审核，公司工程部存档。

（2）分部工程质量验收表格　分部工程质量验收记录表见表 10-3。

表 10-3　分部工程质量验收记录表

工程名称：××工程　　　　　　　　　　　　　　　　　　　　　编号：×××

分项工程名称	室内采暖系统子分部工程		质量验收执行标准	《建筑给水排水及采暖工程施工质量验收规范》(GB 50242—2002)
序号	子分部工程名称	检验批数	监理单位验收意见	建设单位验收意见
1	管道及配件安装分项工程	12	合格	合格
2	辅助设备及散热器安装分项工程	12	合格	合格
3	系统水压试验及调试分项工程	12	合格	合格
附件：分项工程质量验收资料				
总监理工程师的验收意见： 　　该子分部工程所含分项工程验收合格，该子分部工程验收合格 　　　　　　　　　　　　　　　　　　　　　　　　　总监理工程师：××× 　　　　　　　　　　　　　　　　　　　　　　　　　日期：××××年××月××日				
工地代表的验收意见： 　　该子分部工程所含分项工程验收合格，该子分部工程验收合格 　　　　　　　　　　　　　　　　　　　　　　　　　　　工地代表：××× 　　　　　　　　　　　　　　　　　　　　　　　　　日期：××××年××月××日				
工程技术主管的验收意见： 　　该子分部工程所含分项工程验收合格，该子分部工程验收合格 　　　　　　　　　　　　　　　　　　　　　　　　　工程技术主管：××× 　　　　　　　　　　　　　　　　　　　　　　　　　日期：××××年××月××日				

注：本表由工地代表填写一份，经工程技术主管签字后，由公司工程部保存。

（3）单位工程质量验收表格　单位工程质量竣工预验收记录见表 10-4。

表 10-4　单位工程质量竣工预验收记录

工程名称：××工程　　　　　　　　　　　　　　　　　　　　　编号：×××

工程结构类型	框架	建筑规模（层数、建筑面积）	地下 2 层、地上 4 层，592m²
施工单位	××建筑工程公司	开工日期	××××年××月××日
序号	项目	验收记录	验收结论
1	分部工程	共核查 8 分部，经查 8 分部符合标准及设计要求，0 分部不符合要求	合格
2	质量控制资料核查情况	共核查 48 项，经审查符合要求 48 项，经核定符合规范要求 48 项	合格

工程结构类型	框架	建筑规模（层数、建筑面积）	地下 2 层、地上 4 层，592m²
3	安全和主要使用功能核查及抽查结果	共核查 25 项，符合要求 25 项，共抽查 11 项，符合要求 11 项，经返工处理符合要求 0 项	合格
4	观感质量验收情况	共抽查 21 项，符合要求 21 项，不符合要求 0 项	合格
5	综合验收结论	验收合格	合格

总监理工程师验收意见：

同意验收

总监理工程师：×××

日期：××××年××月××日

工地代表验收意见：

同意验收

工地代表：×××

日期：××××年××月××日

工程技术主管验收意见：

同意验收

工程技术主管：×××

日期：××××年××月××日

注：本表由工地代表填写一份，经工程技术主管签字后，由工地代表保存。

参 考 文 献

[1] 张毅，陈仁中. 工程前期筹划. 上海：同济大学出版社，2001.

[2] 王勇，方志达. 项目可行性研究与评估. 北京：中国建筑工业出版社，2004.

[3] 宁素莹. 建设工程招标投标与管理. 北京：中国建筑工业出版社，2003.

[4] 李启明，朱树英，黄文杰. 工程建设合同与索赔管理. 北京：科学出版社，2001.

[5] 北京土木建筑学会. 建筑工程资料表格填写范例. 北京：经济科学出版社，2003.

[6] 吴涛，丛培经. 建设工程项目管理规范实施手册. 北京：中国建筑工业出版社，2006.

[7] 谭德精，杜晓玲. 工程造价确定与控制（第三版）. 重庆：重庆大学出版社，2004.

化学工业出版社建筑施工类精品图书目录

ISBN	书名	定价	出版日期
9787122164018	实用混凝土结构加固技术	39.80	2013 年 7 月
9787122165350	施工现场细节详解丛书——建筑电气工程施工现场细节详解	38.00	2013 年 6 月
9787122161970	实用钢结构施工技术手册	58.00	2013 年 5 月
9787122158949	实用钢结构工程设计与施工系列图书——钢结构施工图识读与实例详解	36.00	2013 年 3 月
9787122143587	钢筋工程实用技术丛书——钢筋工程常用数据速查	20.00	2013 年 3 月
9787122160263	建筑工长技能培训系列——水暖工长技能图解	25.00	2013 年 4 月
9787122159380	建筑工长技能培训系列——焊工工长技能图解	25.00	2013 年 3 月
9787122158765	建筑工长技能培训系列——钢筋工长技能图解	25.00	2013 年 3 月
9787122155023	建筑工长技能培训系列——砌筑工长技能图解	18.00	2013 年 3 月
9787122155009	建筑工长技能培训系列——混凝土工长技能图解	19.00	2013 年 3 月
9787122143587	钢筋工程实用技术丛书——钢筋工程常用数据速查	20.00	2013 年 3 月
9787122152169	砌体结构设计规范释义与应用	39.00	2013 年 1 月
9787122149206	建筑结构 CAD 绘图快速入门（附光盘）	48.00	2013 年 1 月
9787122148346	建筑水暖电施工技术与实例（第二版）	49.00	2013 年 1 月
9787122151605	就业金钥匙——家装电工上岗一路通	29.00	2013 年 1 月
9787122155740	施工现场细节详解丛书——地基基础工程施工现场细节详解	28.00	2013 年 1 月
9787122142948	幕墙工程技术要点精解	45.00	2013 年 1 月
9787122153043	施工现场细节详解丛书——防水工程施工现场细节详解	26.00	2013 年 1 月
9787122153296	施工现场细节详解丛书——钢结构工程施工现场细节详解	28.00	2013 年 1 月
9787122153685	实用钢结构工程设计与施工系列图书——钢结构设计计算实例详解	29.00	2013 年 1 月
9787122153678	实用钢结构工程设计与施工系列图书——钢结构工程造价与实例详解	38.00	2013 年 1 月
9787122142955	施工现场常用计算实例系列——建筑工程现场常用计算实例	39.80	2013 年 1 月
9787122151155	施工现场细节详解丛书——消防工程施工现场细节详解	28.00	2013 年 1 月
9787122137494	建筑电气工程师实用手册	49.00	2013 年 1 月
9787122145352	建筑工程施工现场管理人员必备系列——安全员传帮带	36.00	2013 年 1 月
9787122156990	地基基础处理技术与实例（第二版）	49.00	2013 年 1 月
9787122156570	施工现场细节详解丛书——高层建筑工程施工现场细节详解	26.00	2013 年 1 月
9787122143419	建筑电气施工图快速识读	58.00	2012 年 11 月
9787122142313	土木工程设计宝典丛书——水工结构设计要点	48.00	2012 年 9 月

9787122142580	建筑工程施工现场管理人员必备系列——施工员传帮带	29.80	2012 年 9 月
9787122144348	建筑工程施工现场管理人员必备系列——预算员传帮带	32.00	2012 年 9 月
9787122143143	建筑工程施工现场管理人员必备系列——监理员传帮带	35.00	2012 年 9 月
9787122144126	钢筋工程实用技术丛书——钢筋翻样方法与技巧	28.00	2012 年 9 月
9787122138576	铁道工程土建施工技术指南	58.00	2012 年 8 月
9787122139849	工程结构（邵军义）（新规范版）	68.00	2012 年 8 月
9787122134844	建筑工程常用资料备查手册系列——建筑结构常用资料备查手册	168.00	2012 年 8 月
9787122139108	建筑工程快速识图丛书——建筑给水排水施工图识读（第二版）	38.00	2012 年 8 月
9787122140012	建筑工程施工现场管理人员必备系列——资料员传帮带	29.00	2012 年 8 月
9787122138644	就业金钥匙——建筑电气识图一点通（图解版）	29.00	2012 年 8 月
9787122140036	建筑工程施工现场管理人员必备系列——测量员传帮带	29.00	2012 年 8 月
9787122134318	就业金钥匙——建筑识图一点通（图解版）	26.00	2012 年 7 月
9787122127525	精品施工组织与方案设计系列——施工组织设计编制与范例精选（附光盘）	39.80	2012 年 7 月
9787122133052	结构工程师实用手册	58.00	2012 年 6 月
9787122135919	钢筋工程实用技术丛书——钢筋连接方法与技巧	22.00	2012 年 6 月
9787122135285	新编建筑工程施工实用技术手册	85.00	2012 年 6 月
9787122137531	建筑工程快速识图丛书——建筑结构识图（第二版）	38.00	2012 年 6 月
9787122131188	建筑电气安装实用技能手册	58.00	2012 年 5 月
9787122137562	建筑工程快速识图丛书——建筑工程识图（二版）	38.00	2012 年 5 月
9787122130266	施工现场常用计算实例系列——道桥隧工程施工常用计算实例	39.80	2012 年 5 月
9787122125224	建筑工程施工人员操作流程与禁忌丛书——防水工操作流程与禁忌	16.00	2012 年 2 月
9787122126535	建筑工程施工人员操作流程与禁忌丛书——建筑焊工操作流程与禁忌	16.00	2012 年 2 月
9787122125231	建筑工程施工人员操作流程与禁忌丛书——砌筑工操作流程与禁忌	15.00	2012 年 2 月
9787122129055	建筑工程施工人员操作流程与禁忌丛书——混凝土工操作流程与禁忌	18.00	2012 年 2 月
9787122121431	建筑工程施工手册	68.00	2012 年 2 月
9787122125286	建筑工程施工人员操作流程与禁忌丛书——建筑电工操作流程与禁忌	18.00	2012 年 2 月
9787122126399	建筑工程施工人员操作流程与禁忌丛书——钢筋工操作流程与禁忌	18.00	2012 年 2 月

9787122128461	建筑工程施工人员操作流程与禁忌丛书——管道工操作流程与禁忌	16.00	2012 年 2 月
9787122123664	测量放线工必备技能	28.00	2012 年 2 月
9787122127495	幕墙与采光工程施工问答实例	45.00	2012 年 2 月
9787122074300	中国仿古建筑构造精解	68.00	2011 年 11 月
9787122098146	结构施工图识读技巧与要诀	36.00	2011 年 10 月
9787122117038	实用建筑结构设计	58.00	2011 年 10 月
9787122114471	河道工程施工·管理·维护	68.00	2011 年 10 月
9787122083937	零起点就业直通车——钢筋工	15.00	2011 年 10 月
9787122094889	建筑施工企业会计核算实务	58.00	2011 年 8 月
9787122068002	民用建筑空调设计（二版）	78.00	2011 年 8 月
9787122102546	民用建筑太阳能热水系统工程技术手册（第二册）	58.00	2011 年 7 月
9787122104922	建筑工程技术细节指导丛书——建筑电气技术细节与要点	38.00	2011 年 6 月
9787122099327	建筑施工图识读技巧与要诀	29.00	2011 年 6 月
9787122102652	顶管工程技术	49.00	2011 年 5 月
9787122101952	建筑工程常用资料备查手册系列——暖通空调常用资料备查手册	90.00	2011 年 5 月
9787122101938	建筑工程常用资料备查手册系列——建筑给水排水常用资料备查手册	98.00	2011 年 5 月
9787122101945	建筑工程常用资料备查手册系列——建筑电气常用资料备查手册	85.00	2011 年 5 月
9787122101174	建筑工程技术细节指导丛书——建筑结构设备技术细节与要点	45.00	2011 年 5 月
9787122103581	建筑工程技术细节指导丛书——建筑设备技术细节与要点	45.00	2011 年 5 月
9787122097897	实用建筑钢结构技术	49.00	2011 年 5 月
9787122100344	建筑钢材速查手册	58.00	2011 年 4 月
9787122076427	建筑电气专业 CAD 绘图快速入门（附光盘）	39.80	2011 年 4 月
9787122089205	建筑电气图解与数据——电力、照明、防雷接地分册	38.00	2011 年 2 月
9787122095367	结构力学解题指导	25.00	2011 年 2 月
9787122096647	玻璃工程施工现场技术与实例	45.00	2011 年 2 月
9787122098443	桥梁工程材料与施工现场技术问答详解	48.00	2011 年 2 月
9787122025913	建筑工程快速识图丛书——建筑结构识图	28.00	2011 年 2 月
9787122097545	建筑电气工长实用手册	66.00	2011 年 2 月
9787122096258	实用建筑测量技术	35.00	2011 年 2 月
9787122091796	建筑工长常用数据速查掌中宝丛书——电工工长速查	25.00	2011 年 2 月
9787122050038	建筑施工现场制图与读图技术实例	35.00	2011 年 2 月

9787122095046	图解施工细部工艺系列——图解暖通空调工程细部工艺	20.00	2011 年 2 月
9787122096098	从大学生到造价工程师——安装工程造价指导	29.80	2011 年 2 月
9787122096104	建筑工长常用数据速查掌中宝丛书——架子工长速查	28.00	2011 年 2 月
9787122095053	建筑工长常用数据速查掌中宝丛书——装饰装修工长速查	28.00	2011 年 2 月
9787122092847	建筑工长常用数据速查掌中宝丛书——管道工长速查	28.00	2011 年 2 月
9787122095978	建筑工长常用数据速查掌中宝丛书——通风工长速查	28.00	2011 年 2 月
9787122093059	建筑工长常用数据速查掌中宝丛书——焊工工长速查	25.00	2011 年 1 月
9787122092786	建筑工长常用数据速查掌中宝丛书——电气工长速查	28.00	2011 年 1 月
9787122068958	建筑工程业务管理人员速学丛书——施工员速学手册	28.00	2011 年 1 月
9787122035714	建筑工程快速识图丛书——建筑电气施工图识读	28.00	2010 年 11 月
9787122093103	预应力碳纤维布加固混凝土结构技术	38.00	2010 年 10 月
9787122037732	建筑施工图工程量清单计价实例（二版）	28.00	2010 年 10 月
9787122035639	建筑水暖电施工技术与实例	48.00	2010 年 10 月
9787122090898	建筑工长常用数据速查掌中宝丛书——木工工长速查	18.00	2010 年 9 月
9787122089199	建筑工长常用数据速查掌中宝丛书——抹灰工长速查	18.00	2010 年 9 月
9787122090447	建筑工长常用数据速查掌中宝丛书——混凝土工长速查	20.00	2010 年 9 月
9787122087201	建筑工长常用数据速查掌中宝丛书——油漆工长速查	26.00	2010 年 9 月
9787122087379	建筑工地实用技术手册	68.00	2010 年 9 月
9787122085825	节能住宅施工技术	39.00	2010 年 9 月
9787122072641	建筑工长常用数据速查掌中宝丛书——砌筑工长速查	18.00	2010 年 8 月
9787122085665	建筑工长常用数据速查掌中宝丛书——防水工长速查	28.00	2010 年 8 月
9787122082695	建筑电气数据选择指南	58.00	2010 年 8 月
9787122082831	桩基工程理论与实践	48.00	2010 年 8 月
9787122082244	建筑工程不可忽视的问题丛书——建筑结构工程师不可忽视的问题	45.00	2010 年 7 月
9787122084477	市政工程材料与施工现场技术问答详解	39.00	2010 年 7 月
9787122084347	建筑工长常用数据速查掌中宝丛书——模板工长速查	25.00	2010 年 7 月
9787122084637	建筑工长常用数据速查掌中宝丛书——水暖工长速查	25.00	2010 年 7 月

9787122080752	市政管道施工技术（二版）	48.00	2010 年 6 月
9787122079978	建筑工程不可忽视的问题丛书——建筑设备工程师不可忽视的问题	36.00	2010 年 6 月
9787122081766	建设工程工程量计算规则实例解释	19.00	2010 年 6 月
9787122079268	水利工程材料与施工现场技术问答详解	39.00	2010 年 5 月
9787122069733	钢结构工程设计与施工系列——实用钢结构工程设计与计算	38.00	2010 年 2 月
9787122070609	钢结构工程设计与施工系列——钢结构工程质量控制手册	36.00	2010 年 2 月
9787122065704	英汉·汉英建筑施工词汇	49.00	2010 年 1 月
9787122066671	实用新型建材施工技术百问	28.00	2010 年 1 月
9787122067654	看图学施工丛书——看图学通风空调工程施工	28.00	2010 年 1 月

如需更多图书信息，请登录 www.cip.com.cn

服务电话：010-64518888，64518800（销售中心）

网上购书可登录化学工业出版社天猫旗舰店：http：//hxgycbs.tmall.com

也可通过当当网、卓越亚马逊、京东商城输入书号购买

邮购地址：（100011）北京市东城区青年湖南街 13 号　化学工业出版社

如要出版新著，请与编辑联系。

联系电话：010-64519347